죽은 몸은
과학이 된다

STIFF
Copyright © 2003 by Mary Roach
Published by arrangement with William Morris Endeavor Entertainment, LLC.
All rights reserved.

Korean Translation Copyright © 2024 by Billybutton
Korean edition is published by arrangement with William Morris Endeavor Entertainment, LLC.
through Imprima Korea Agency

이 책의 한국어판 저작권은 Imprima Korea Agency를 통해
William Morris Endeavor Entertainment, LLC.와의 독점 계약으로 빌리버튼에 있습니다.
저작권법에 의해 한국 내에서 보호를 받는 저작물이므로 무단 전재와 무단 복제를 금합니다.

죽음 이후 남겨진 몸의 새로운 삶

죽은 몸은 과학이 된다

메리 로치 지음 | 권루시안 옮김

빌리버튼

일러두기

* 도서명은 《 》로, 논문 및 기사명은 〈 〉로, 영화 제목은 『 』로, 음악 및 미술 작품명은 「 」로 표기했습니다.

추천의 말

인간의 지성을 매료시킨
죽음에 관한 과학

    이 세상의 모든 생명체는 반드시 죽게 되어 있지만, 그 많은 생명체 중에서 오직 인간만이 오랜 시간과 노력을 들여 죽은 시신을 매장하거나 화장한다. 인간의 사후세계에 대한 관심은 신앙의 원천으로 사후의 내세와 영생을 내세우지 않는 종교는 없다. 피라미드나 진시황릉, 장군총, 황남대총 같은 거대한 무덤은 세속 권력의 기념비이다. 수많은 예술가들은 죽음에서 영감을 얻었고, 의학은 죽음과의 사투에서 발전하였다. 인간은 언제든지 찾아올 수 있는 죽음 앞에서 삶의 의미를 깨닫기도 한다.

    이러한 죽음에 대한 관심에도 불구하고 목숨을 다한 후 우리의 육신이 어떻게 되는지는 정작 잘 알지 못한다. 과학이 발달한

현대에 와서도 사후 시신이 어떻게 되는지는 화제에 올리기조차 꺼려지는 주제이다. 용감하게도 메리 로치는 사후에 경직이 일어나 딱딱해진 시체라는 의미의 "스티프(Stiff, 원서의 제목)"를 제목으로 이러한 터부에 도전하고 있다. 저자는 죽음이라는 슬프고 무거운 주제를 다루지는 않았다. 죽은 후 사체가 어떻게 쓰이고 어떻게 처리되는지에 대해 재치 넘치는 필체로 흥미롭게 그렸을 뿐이다. 사체는 매장된 후 박테리아에 의해 분해되어 흙으로 돌아가지만은 않는다. 의과대학에 기증되기도 한다. 의과대학생들은 시신을 해부하여 의학적 지식을 늘리고 예비의사로서의 길에 들어선다. 또 심장 이식, 관상동맥우회술, 간 이식과 같은 중요한 수술방법에서부터 질병과는 별 관련이 없는 미용성형, 성전환 수술에 이르기까지 새로운 수술 방법은 먼저 시신을 대상으로 시도되었다. 오늘날 의학이 이루어 낸 발전에 가장 큰 계기가 된 것은 르네상스 시대부터 의학의 한 과목으로 편입된 인체 해부이다. 인체 해부 이전의 서양의학은, 동양의학이 음양오행에 근거하여 진단하고 치료하듯이 4원소설과 영기설에 근거해 치료하는 것이 전부였다. 그러나 인체 해부가 시행된 이후 객관적이고 과학적인 관찰에 근거하여 진단하고 치료하는 현대의학이 태동되었다.

로치는 이러한 고귀한 희생을 아름답게 그리고자 이 책을 쓰지는 않았다. 오히려 그 이면에 숨어 있는 이야기들, 즉 해부의 태동기에 해부용 사체가 부족하자 무덤에서 시신을 훔쳐 내거나 심지어 살인까지 저지른 탐욕스러운 부활업자 이야기, 1990년대

초 콜롬비아 바랑키야에서 해부용 사체를 위해 빈민을 살해한 사건, 의료 목적으로 또는 식용으로 인체를 사용한 사례 등도 다루고 있다.

또한 자동차 충돌 실험에 쓰이는 사체, 총알과 폭탄 등 무기의 효과를 시험하기 위해 사용되는 사체, 항공 사고나 교통사고 후 사고의 진상을 알아내고 안전장치를 개발하는 데 사용되는 사체에 대해 이야기한다. 뇌사 판정을 계기로 대두된 죽음의 정의와 장기이식에 관련된 문제, 영혼의 거처에 대한 논의 등 흥미진진한 내용이 읽을수록 재미를 더해 간다.

사후에 시신을 기증하는 문제, 특히 골격 표본으로 보존되거나 두뇌은행으로 가서 영구 보존되는 방법도 소개한다. 또한 우리나라에서도 '인체의 신비전'으로 선풍적인 인기를 끌었던 군터 폰 하겐스의 플라스티네이션 보존방법도 자세히 담고 있다.

죽음이라는 무거운 주제를 편히 읽을 수 있는 매혹적인 주제로 바꿔 놓은 저자의 능력이 돋보인다. 사실상 과학에 대한 책을 누구나 이해할 수 있게 쓴다는 건 놀라운 재능이다. 더구나 재미있고 흥미진진해서 손에서 책을 놓을 수 없게 만드는 메리 로치의 솜씨에는 경탄할 따름이다.

메리 로치는 이 책을 쓰기 위해 직접 해부 실습실을 찾아갔다. 뿐만이 아니라 인체가 부패하는 과정도 직접 관찰했으며, 죽은 자의 엉덩이살을 베어 내 만두의 재료로 쓴다는 로이터 기사를 확인하기 위해 중국의 하이난 섬까지 여행했다. 그래서 이 책에는 머리로만이 아니라 직접 발로 뛰면서 얻은 체험이 녹아들어 있다.

또 놀라운 것은 각 장마다(사체에 대한 여러 주제마다) 깊이 있게 탐구하여 찾아낸 역사적 사실들을 적절하게 배열하여 손에 잡듯이 보여 주고, 수많은 자료를 충분히 소화하여 꼬리를 물고 나타나는 의문점 모두를 해소시켜 준다는 것이다.

저자가 머리말에서 밝힌 것처럼 로치는 주로 여행에 대한 칼럼을 쓰는 저널리스트였는데, 어느 순간 미지의 세계를 가까운 곳에서 찾기 시작하였다. 그리고 그 결과 발견한 것이 과학이었다. 이 책의 주제인 죽음에 관한 과학을 포함하여 모든 과학은 인간의 지성을 매료시킨다. 이 책의 저자가 느낀 바와 같이 과학은 낯설고 생소하며 혐오스럽기도 하지만 그만큼 마음을 끄는 힘이 있다. 우리나라에서도 이런 좋은 책들이 많이 출간되어 수많은 젊은 지성들을 과학의 길로 이끌 수 있기를 바란다.

이원택
前 연세대학교 의과대학 해부학교실 주임교수, 대한해부학회 이사장

머리말

죽어 있는 것은 배에 타 있는 것과 그리 다르지 않다. 하루 중 대부분의 시간을 누워서 지낸다. 머리가 돌아가지 않고 살이 물러진다. 새로운 사건은 별로 벌어지지 않는다. 할 일도 별로 없다.

만일 내가 배에 탄다면 연구선에 타고 싶다. 승객들이 종일 누운 채 아무 생각 없이 시간을 보내면서도 과학자의 연구를 도와줄 수 있는 배 말이다. 이런 항해에서 승객들은 미지의 장소, 상상할 수 없는 곳으로 간다. 다른 곳에서는 해 볼 수 없는 일을 할 기회를 얻는다.

나는 시체가 되는 것에 대해서도 비슷한 생각을 하고 있다. 뭔가 새롭고 재미있는 일을, 뭔가 '쓸모 있는' 일을 할 수 있는데 왜 그저 누워 뒹굴겠는가? 심장 이식에서 성전환 수술에 이르는 모든 외과 수술법이 개발되기까지의 현장에 외과의사만 있었던 것은 아니다. 항상 사체(死體)가 그 곁에서 나름대로 토막토막 조용히 의학사를 만들어 왔다. 사체들은 2000년 동안 자발적으로 또는 자기도 모르게, 과학의 역사에서 가장 대담한 한 걸음을 떼는 과정에 참여해 왔다. 더없이 기괴한 실험에 한몫하기도 했다. 프랑스에서 교수형을 대신할 "인간적인" 처형 방법으로 고안한 '기요틴(guillotine)'을 처음 실험할 때에도 사체들의 도움을 받았다. 레닌을 보존 처리한 이들 역시 사체들 덕분에 최신 기법을 시험해 볼 수 있었다. 안전띠 의무화를 위한 국회 청문회가 열릴 때도 사체들이 (서류상) 참여했다. 사체들은 우주왕복선을 타기도 했고(토막 난 사체이긴 하지만), 테네시주의 어느 대학원생이 인체 자연발화의 비밀을 밝힐 때도 도움을 주었으며, 파리의 한 연구소에서는 예수의 시신을 감싼 것으로 알려진 토리노의 수의가 진품인지를 밝히기 위해 십자가에 매달리기도 했다.

이와 같은 경험을 하는 대신 사체들은 상당한 양의 출혈을 감내한다. 손발이 잘리고 몸이 절개되며 뒤죽박죽이 된다. 그러나 중요한 부분은 이들이 주어진 고통을 '참고 견딜' 필요가 없다는 사실이다. 사체들은 우리의 영웅이다. 이들은 불길 앞에서도 기죽지 않고, 높은 건물에서 떨어지고, 자동차에 탄 채로 건물 벽에 정면충돌하기도 한다. 이들에게 총을 쏘고, 모터보트로 이들의 허벅지를 가르고 지나가도 이들은 괴로워하지 않는다. 머리를 떼어 내도 지장이 없다. 이들은 동시에 여섯 군데에 있을 수도 있다. 이들은 그야말로 슈퍼맨이다. 이런 능력을 인류를 위해 쓰지 않는다면 얼마나 아까울까.

이 책은 인간이 죽은 상태에서만 해낼 수 있는 놀라운 업적을 담고 있다. 살아 있을 때 남긴 업적은 잊힌 지 오래지만, 죽은 뒤에는 책이나 학회지를 통해 세상에 불멸의 흔적을 남기는 사람들이 있다. 내 방 벽에는 필라델피아 의과대학의 뮈터 박물관(Mütter Museum)에서 발행한 달력이 걸려 있다. 10월 사진은 사람의 피부 조각인데, 여기저기 화살표가 그려져 있고 찢긴 흔적이 남아 있다. 외과의사들은 이 조각을 이용하여 가로와 세로 가운데 어느 방향으로 절개했을 때 찢어짐이 덜한지를 알아냈다. 뮈터 박물관의 전시품이 되거나 의과대학 교실의 골격 모형이 되는 것은 세상을 떠난 다음 공원에 벤치를 하나 기증하는 것과 다를 바가 없는 듯하다. 좋은 일도 하고 약간의 불멸성도 얻는 것이다. 이 책은 사체들이 해 온 일에 대한 것으로, (간혹) 기괴하고 (종종) 충격적이며 (언제나) 흥미롭다.

죽은 뒤 바닥에 등을 깔고 누워 있기만 하는 게 잘못됐다는 말은 아니다. 앞으로 살펴보겠지만, 그렇게 썩어 가는 것도 그 나름대로 흥미롭다. 단지 사체가 된 다음 해 볼 만한 일에는 그것 말고도 여러 가지가 있다는 말이다. 과학 실험에 참여하거나, 예술적인 전시품이 되거나, 나무의 일부분이 된다는 선택지도 생각해 볼 수 있다.

죽음, 그것이 꼭 지루할 필요는 없다.

물론 나와 의견이 다른 사람들도 있다. 그들은 죽은 사람들을 묻거나 불태우는 것 외의 일을 하는 것이 불경스럽다고 생각한다. 거기에는 아마도 이런 글을 쓰는 것도 포함되지 않을까. 그들은 죽음이 대체 뭐가 재미있느냐고 물을 것이다. 아, 그러나 죽음은 흥미롭다! 죽는다는 것은 참 우스운 일이다. 사지가 흐늘거리고 맘대로 되지 않는 데다 입도 축 벌어진다. 죽어 있으면 보기도 그리 좋지 못하고 냄새도 나서 창피하다. 그런데도 도무지 어찌할 도리가 없다.

이 책은 임종이라는 관점에서 바라보는 죽음에 주목하지 않는다. 임종으로서의 죽음은 슬프고 심오한 일이다. 사랑하는 사람을 곧 잃게 되는데 거기에 무슨 재미난 구석이 있겠는가. 다른 이들이 나를 잃게 될 때도 마찬가지다. 이 책은 이미 죽은, 드러나지 않은 익명의 사체들에 대한 책이다. 내가 본 사체들은 우울하거나 가슴 아프거나 역겹지 않았다. 그들은 상냥하고 착해 보였고, 가끔은 슬퍼 보였다. 드물지만 우습게 보이기도 했다. 일부는 아름다웠고 일부는 괴물 같았다. 어떤 이는 바지 차림이었고, 어떤 이는 알몸이었으며, 누군가는 토막 나 있었고, 누군가는 온전했다.

모두 내가 모르는 사체들이었다. 나는 아무리 흥미롭고 중요하다 해도 내가 알고 사랑하던 사람의 유해를 상대로 벌어지는 실험을 지켜보고 싶지는 않다(그런 사람들이 간혹 있다. 볼티모어의 메릴랜드 대학교에서 진행하는 해부 기증 프로그램을 담당하고 있는 론 웨이드Ronn Wade는 몇 년 전에 어떤 여자가 남편의 유언에 따라 남편의 시신을 대학교에 기증하면서, 자신이 남편의 해부 과정을 지켜볼 수 있는지 물었다고 한다. 웨이드는 정중하게 안 된다고 답했다.). 내가 이렇게 생각하는 것은 내가 보게 될 광경이 불경스럽거나 옳지 않기 때문이 아니라, 최근까지 그 육체에 담겨 있던 사람과 사체를 감정적으로 분리시켜 받아들일 수 없기 때문이다. 나와 관련된 망자亡者는 단순한 사체가 아니다. 그것은 살아 있는 자를 담았던 그릇이다. 이제는 없는 사람에 대한 감정이 모이는 초점이자 연못이다. 때문에 과학에서 다루는 죽은 자들은 언제나 낯선 사람들이다.*

　내가 처음으로 본 사체 이야기를 하겠다. 그때 나는 36세였고 그 사체는 81세였다. 내 어머니의 사체였다. 문득 여기서 내가 소유격을 써 어머니 "의"라고 표현한 것이 눈에 띈다. 마치 내 어머니 "였던" 사체가 아니라 내 어머니의 것이었던 사체라는 뜻으로 쓴 것만 같다. 그야 내 어머니는 사체였던 적이 없다. 그런 사람은 아무도 없다. 단지 사람이었다가 사람이 아니게 되고, 사체가 그 자리를 대신한다. 내 어머니는 돌아가셨다. 사체는 어머니의 껍질이다. 적어도 내가 보기에는 그랬다.

---

* 적어도 거의 언제나 그렇다. 간혹 해부학 학생이 실습실의 사체를 알아보는 경우가 있다. 샌프란시스코의 캘리포니아 대학교 의과대학 해부학 교수인 휴 패터슨Hugh Patterson은 "내 실습실에서 25년 동안 그런 일이 딱 두 번 있었다"고 말한다.

때는 따뜻한 9월 아침이었다. 장의사는 나와 내 동생 립을 영결식 한 시간 전에 불러냈다. 우리는 서류 때문이겠거니 생각했다. 장의사는 우리를 커다란 방으로 안내했다. 조용하고 어둑한 방 창에는 두꺼운 휘장이 드리워져 있었고, 에어컨이 지나칠 정도로 세게 가동되고 있었다. 한쪽 끝에 관이 하나 놓여 있었지만, 영안실이니 이상할 것도 없었다. 방 안에 들어선 동생과 나는 어색하게 서 있었다. 장의사는 관 쪽을 한번 바라보며 헛기침을 했다. 사실 진작 알아차렸어야 했는지도 모른다. 우리가 그 전날 고르고 값을 치른, 바로 그 관이었으니까. 그렇지만 우리는 알아보지 못했다. 결국 장의사가 우리에게 다가오더니, 마치 지배인이 손님들을 식탁으로 안내하듯 약간의 고갯짓을 동원하여 관 쪽을 가리켰다. 펼친 그의 손바닥 바로 너머에 어머니의 얼굴이 있었다. 뜻밖이었다. 우리는 시신과 대면하게 해 달라고 부탁하지 않았고, 영결식은 관이 덮인 채로 진행하게 되어 있었다. 그랬거나 말거나 어쨌든 우리는 어머니의 얼굴을 보게 됐다. 그들은 어머니의 머리를 감기고 머리칼에 웨이브를 넣은 데다 얼굴에는 화장까지 해 놓았다. 솜씨야 놀라웠지만, 나는 바가지를 쓴 기분이 들었다. 마치 기본적인 세차만을 주문했는데 차 안 구석구석까지 청소해 놓은 것 같은 느낌이었다. 이렇게 말하고 싶었다. '이봐요, 이건 주문하지 않았는데요.' 물론 나는 아무 말도 하지 않았다. 죽음을 접하면 더없이 정중해지는 법이니까.

장의사는 앞으로 한 시간 정도 여유가 있다면서 조용히 방을 빠져나가갔다. 립이 나를 쳐다보았다.

'한 시간이나? 죽은 사람과 뭘 하며 한 시간을 보내지?'

어머니는 오랫동안 병을 앓으셨고, 우리는 이미 울 만큼 울고 슬퍼하며 어머니를 마음으로 보내 드린 뒤였다. 마치 원하지도 않는데 누군가 파이 한 조각을 더 얹어 준 것 같았다. 그러나 장의사가 신경을 써 줬으니만큼, 우리가 그대로 방을 나선다면 예의가 아니겠다는 생각이 들었다. 우리는 관으로 다가가 그 안을 자세히 들여다봤다. 나는 손바닥을 어머니의 이마에 얹어 보았다. 어머니에 대한 애정도 있었지만, 죽은 사람은 어떤 느낌일까 궁금하기도 해서였다. 어머니의 피부는 차갑기가 꼭 금속이나 유리 같았다.

그로부터 한 주 전만 해도 어머니는 〈밸리 뉴스〉를 펼쳐 놓고 글자 맞추기를 하고 계셨을 것이다. 내가 알기로 어머니는 지난 45년간 아침마다 글자 맞추기를 하셨다. 어떤 때에는 나도 어머니의 병상에 걸터앉아 함께 퍼즐을 풀었다. 어머니는 거동할 수는 없었지만, 글자 맞추기만큼은 여전히 즐겨 하실 수 있었다. 나는 립을 쳐다보았다.

"마지막으로 한 번 더 글자 맞추기를 하면 어떨까?"

립은 자동차에 둔 신문을 가져왔다. 우리는 관에 기댄 채 문제를 소리 내 읽었다. 내가 울기 시작한 건 그 순간이었다. 그런 식이었다. 그 주에 나를 울린 건 사소한 것들이었다. 어머니의 서랍을 치우면서 발견한 빙고 상품들, 냉장고를 치울 때 나온 열네 개의 닭 조각들. 따로 포장된 닭 조각에는 어머니가 꼼꼼한 글씨로 멋지게 새겨 쓴 "닭"이라는 딱지가 하나씩 붙어 있었다. 그다음이 글자 맞추기였다. 그러나 어머니의 사체를 보는 일은 이상하기는 했지만, 그리 슬프지는 않았다. 사체는 어머니가 "아니었던" 것이다.

지난 몇 년 동안 익숙해지기 가장 어려웠던 것은 내가 봐 온 시체들이 아니라, 내가 어떤 책을 쓰고 있는지 궁금해한 사람들이 내 설명을 듣고 나서 보여 준 반응이었다. 사람들은 누군가가 책을 쓰고 있다는 말을 들으면 거기에 대해 좋은 말을 해 주고 싶어 한다. 그러나 '시체에 대한 책'은 대화 주제로 삼기에 여간 껄끄러운 게 아니다. 시신에 대해 칼럼을 하나 쓰는 정도라면 아무도 별 문제 삼지 않지만, 본격적으로 책을 한 권 쓴다고 하면 내게 빨간 "요주의" 딱지를 붙이는 것이다. '메리가 별나다는 건 알고 있었지. 그렇지만 지금은, 그러니까…… 정신이 바로 박힌 건지 모르겠단 말이야.'

지난 여름, 샌프란시스코의 캘리포니아 대학교 의과대학 도서관에서도 잠시 머쓱했던 적이 있다. 사체에 대해 글을 쓴다는 게 어떤 건지 단적으로 보여 주는 사건이었다. 어느 청년이 내 이름을 검색해서 나온 자료를 들여다보고 있었다. 《보존 처리의 원리와 실제The Principles and Practice of Embalming》, 《죽음의 화학 작용The Chemistry of Death》, 《총상Gunshot Injuries》. 그리고는 내가 새로 대출해 가려는 책을 쳐다보았다. 《제9차 스탭 자동차 충돌 협의회 의사록Proceedings of the Ninth stapp Car Crash Conference》. 그는 아무 말도 하지 않았지만, 사실 따로 말할 필요도 없었다. 그의 눈빛에 모든 게 나타나 있었다. 책을 대출할 때 질문을 받겠구나 싶을 때가 종종 있었다.

"도대체 이 책은 왜 빌려 가시죠? 무슨 일을 꾸미고 있는 거예요? 당신은 도대체 뭐 하는 사람입니까?"

하지만 사람들은 내게 한 번도 묻지 않았다. 그래서 나도 한 번도 말해 주지 않았다. 그렇지만 이제 말하고자 한다.

나는 호기심이 많은 사람이다. 저널리스트들이 다 그렇듯, 나도 엿보는 취미가 있다. 나는 흥미롭다고 느끼는 것에 대해 글을 쓴다. 예전에는 여행에 대해 글을 썼다. 나는 이미 알고 있는 세계와 일상에서 벗어나기 위해 여행을 떠나곤 했다. 그럴수록 나는 더 먼 곳으로 가야만 했다. 남극 대륙에 세 번째 간 이후부터 나는 미지를 더욱 가까운 곳에서 찾기 시작했다. 낯선 곳을 찾아 삶의 틈새를 뒤졌다. 과학이 그런 틈새 중 하나였다. 죽음과 관련된 과학은 특히 낯설고 생소하며 혐오스럽지만, 그만큼 마음을 끄는 힘이 있다. 지난 몇 년 동안 내가 여행했던 곳들은 남극 대륙만큼 아름답지는 않았지만 낯설고 흥미롭기는 남극 대륙 못지않으며, 그곳만큼이나 여러분과 나눌 가치가 있다고 생각한다.

목차

추천의 말: 인간의 지성을 매료시킨 죽음에 관한 과학　5
머리말　9

1　머리를 낭비할 순 없지　20
　죽은 자를 상대로 하는 수술 연습

2　해부학과 범죄　44
　시체 도둑들

3　죽음 이후에 일어나는 일　75
　신체의 부패와 그 대처법

4　죽은 사람은 운전을 못한다　113
　산 자를 살리는 죽은 자

5　그 비행기에선 무슨 일이 있었을까　148
　시신이 진실을 말해 주어야 할 때

6　죽은 사람에게 총을 쏘는 것에 대하여　172
　총알과 폭탄에 관한 까다로운 윤리

7　거룩한 희생　207
　십자가 실험

8 살았을까 죽었을까   220
삶과 죽음을 구분하는 법

9 머리만 하나 있으면 돼   263
참수, 회생, 그리고 인간의 머리이식

10 날 먹어 봐   291
식인에 대한 여러 이야기

11 불길 밖으로, 퇴비통 안으로   330
새로운 장례 방법에 관한 논의

12 나의 유해   371
메리 로치는 어쩔 생각일까?

감사의 말   390
참고문헌   393

1

머리를
낭비할 순 없지

죽은 자를 상대로 하는
수술 연습

인간의 머리는 통구이용 닭과 크기나 무게가 비슷하다. 이제까지 나는 한 번도 그런 식으로 둘을 비교해 본 적이 없었다. 오늘 이전에는 사람의 머리가 오븐용 쟁반에 놓인 것을 본 적이 없기 때문이다. 그런데 여기, 반려동물용 밥그릇 같은 용기 하나에 하나씩, 모두 40개의 머리가 얼굴이 천장을 향하도록 놓여 있다. 이 머리들은 성형외과의들의 연습에 쓰인다. 머리 하나당 두 사람씩이다. 나는 안면해부학 및 안면 성형 실습 과정을 참관하고 있다. 남부의 어느 대학교 의료원이 후원하고, 미국에서 가장 인정받는 안면 성형의 여섯 명의 지도에 따라 이루어지는 과정이다.

오븐용 쟁반에 머리를 놓은 것은 닭을 오븐용 쟁반에 놓는 것과 같은 이유에서다. 국물을 받기 위해서다. 죽은 사람에 대한 수술이라 해도 수술은 언제나 깔끔하고 정갈하게 이루어진다. 40개의 접이식 탁자에 연보랏빛 비닐 보가 씌워졌고, 탁자 한가운데에는 오븐용 쟁반이 하나씩 놓여 있다. 피부를 당길 때 쓰는 갈고리와 견인기가 제자리에 놓인 나이프와 포크처럼 산뜻한 느낌마저 풍긴다. 모든 게 손님을 맞이하기 위한 연회장 같다. 나는 오늘 아침의 세미나 준비를 맡은 젊은 여자에게 말을 건다.

"연보라색 덕분에 부활절 파티처럼 유쾌한 분위기가 나는군요."

그녀의 이름은 테레사Theresa다. 그녀는 연보라가 마음을 진정시키는 색이기 때문에 그 색을 골랐다고 대답한다.

날마다 눈꺼풀을 잘라 내고 지방흡입술을 시술하는 사람들이 마음을 진정시킬 필요가 있다는 사실이 나로서는 뜻밖이지만, 잘라 낸 머리는 전문가들이 보기에도 끔찍할 것 같다. 신선한 머리라면(여기서 "신선하다"는 말은 보존 처리하지 않았다는 뜻이다) 더 그럴 것이다. 이 40개의 머리는 요 며칠 사이에 죽은 사람들의 것으로, 그런 만큼 그들이 살아 있을 때의 모습과 상당히 비슷해 보인다(보존 처리를 하면 조직이 단단해지는데, 그러면 좀 덜 유연하기 때문에 실습한다 해도 실제 수술과는 거리가 있다.).

일단 지금은 얼굴이 보이지 않는다. 외과의들이 도착할 때까지 흰 보자기를 씌워 두었기 때문이다. 세미나실 안에 들어서면 제일 먼저 보이는 것은 머리 꼭대기 부분이다. 머리칼을 밀고 뿌리만 짤막하게 남겨 놓았다. 나이 지긋한 아저씨들이 줄줄이 이발

의자에 앉아 얼굴에 뜨거운 수건을 얹은 채 뒤로 누워 있는 광경을 상상하면 되겠다. 그 줄 사이로 걸어 들어가기 시작하면서부터 무섭다는 생각이 들기 시작한다. 이제 머리 밑동이 보인다. 밑동은 가려져 있지 않다. 피투성이인 데다가 울퉁불퉁하다. 나는 칼로 잘라 낸 햄 조각처럼 매끈하게 잘린 모습을 상상하고 있었다. 나는 머리를 바라보다가 연보랏빛 테이블보를 쳐다본다. 소름이 끼쳤다가, 마음이 가라앉았다가, 다시 소름이 끼친다.

게다가 아주 짧다. 머리의 밑동 말이다. 만일 내가 몸통에서 머리를 잘라 냈다면 목 부분도 남겨 뒀을 것이고 엉긴 핏덩이도 어떻게든 가렸을 것이다. 오늘 여기 모인 머리들은 턱 바로 밑까지 바짝 잘려 있다. 마치 사체들이 턱밑까지 올라오는 스웨터를 입고 있는 바람에 옷을 상하게 하기 아까워서 그냥 그렇게 잘라 낸 것 같아 보인다. 누구 솜씨인지 궁금해진다.

"테레사?"

그녀는 나직이 콧노래를 부르며 탁자마다 해부 안내서를 놓고 있다.

"네?"

"머리는 누가 잘랐나요?"

테레사의 말로는 복도 바로 건너편 방에서 톱으로 머리를 잘라 냈는데, 담당자는 이본Yvonne이라는 여자라고 한다. 나는 이본이 이 일을 하다가 스트레스받는 일은 없을까 궁금해진다. 테레사도 마찬가지다. 머리를 운반해 작은 쟁반에 올려놓은 사람은 테레사다. 나는 그녀에게 이에 대해 물어본다.

"저는 이렇게 해요. 밀랍이라 생각하는 거죠."

테레사는 오래 전부터 입증된 대처법을 쓰고 있다. 시체를 물건처럼 보는 것이다. 정기적으로 인간의 시체를 대해야 하는 사람들로서는 시체를 사람이 아니라 물건이라 생각하는 편이 더 낫다(그리고 내가 보기에는 그렇게 하는 것이 더 정확하기도 하다.). 의사들은 대부분 의과대학 1년 차 시절에 해부 실습실에서 사체를 하나의 사물로 바라보는 방법을 완벽히 익힌다. 인간처럼 생긴 물건을 칼로 가르고 창자를 끄집어낼 학생들이 사체를 사물처럼 보도록 하기 위해 해부 실습실 담당자들이 사체를 거즈로 싸놓는 일도 종종 있다. 실습을 진행하는 동안 학생들이 그 거즈를 점차 벗겨 가며 익숙해지게 하는 것이다.

사체가 지닌 문제점은 너무나 사람처럼 생겼다는 사실이다. 바로 이런 이유로 우리들은 대부분 새끼 통돼지 구이보다는 원래의 모양을 좀체 알아볼 수 없는 고기 한 점을 더 좋아한다. 바로 이런 이유로 우리는 "돼지(pig)"나 "소(cow)"가 아니라 "돼지고기(pork)"나 "쇠고기(beef)"라는 말을 쓴다. 고기를 먹을 때와 마찬가지로 해부 및 수술 교육에서는 착각(illusion)과 부정(denial)의 절묘한 조화가 필요하다. 의사들과 해부학 학생들은 사체를 거기 깃들었던 사람과는 완전히 별개로 생각하는 법을 익혀야 한다. 역사학자 루스 리차드슨Ruth Richardson은 《사망, 해부, 빈민Death, Dissection, and the Destitute》이라는 책에서 이렇게 말했다.

"해부는 다른 사람의 신체를 고의로 절단하는 과정이므로 그에 대한 신체적, 감정적 반응이 자연스레 따르게 마련인데, 해부를 하려면 그런 반응의 많은 부분을 효과적으로 정지 또는 억압할 필요가 있다."

머리, 더 정확히 말해 얼굴은 특히 마음을 불안하게 만든다. 내가 견학을 가기로 돼 있는 샌프란시스코의 캘리포니아 대학교(UCSF) 의과대학 해부 실습실에서는 머리와 손을 싸 두었다가 그 부분을 해부할 차례가 되어야 벗기는 일이 많다. 나중에 어느 학생은 내게 이렇게 말했다.

"그래서 그다지 힘들지는 않아요. 일단 머리와 손이 보이지 않으니까요."

외과의들이 실습실 밖 복도에 모여들기 시작한다. 서류를 작성하고 큰 소리로 떠드는 것이 들린다. 나는 실습실 밖으로 나가 그들을 관찰한다. 사실은 실습용 머리를 보지 않기 위해서일지도 모르겠다. 내게 관심을 기울이는 사람은 아무도 없다. 다만 검은 머리에 키 작은 여자 한 사람만이 한쪽 구석에 서서 나를 빤히 쳐다보고 있을 뿐이다. 보아하니 나와 친구가 되고픈 기색은 아니다. 나는 그녀를 밀랍이라 생각하기로 한다. 나는 외과의들에게 말을 건다. 그들은 대체로 나를 주최 측 사람으로 생각하는 것 같다. 수술복 안으로 흰 가슴털이 보이는 한 남자가 내게 말한다.

"물은 주입했습니까?"

텍사스 억양 때문에 그가 말하는 음절이 끈적하게 들린다.

"통통해졌나요?"

오늘 준비한 머리 중 상당수는 며칠 된 것이기 때문에, 냉장육이 으레 그렇듯 건조해지기 시작한 상태이다. 그는 식염수를 주입하면 싱싱해진다고 설명한다.

나를 노려보던 밀랍 여인이 갑자기 내 곁에 나타나 내가 누군지 캐묻는다. 나는 이번 심포지엄 책임자인 외과의사가 나를 참관인으로 초청했다고 설명한다. 이는 사실 솔직한 설명이 아니다. 내가 여기 오기까지 있었던 일을 완전히 사실 그대로 설명하자면 "꼬드기다", "애원하다", "뇌물을 주려 하다" 등의 표현을 동원해야 한다.

"당신이 여기 있다는 걸 홍보실에서 알고 있나요? 홍보실에서 허가하지 않았다면 여기 있을 수 없어요."

그녀는 자기 사무실로 성큼성큼 걸어가 전화를 건다. 통화하는 동안 계속 나를 노려보고 있다. 싸구려 액션 영화에서 스티븐 시걸(Steven Seagal, 1990년대에 액션 영화로 인기를 얻은 영화 배우—편집자주)에게 몽둥이로 뒤통수를 맞기 직전 경비원이 하는 연기와 흡사하다. 세미나를 준비한 사람 가운데 하나가 나타나 내게 말한다.

"이본이 깐깐하게 구는 모양이죠?"

이본! 나의 숙적은 다름 아닌 사체 참수를 담당한 망나니였던 것이다. 알고 보니 그녀는 실습실에서 일이 잘못될 때 책임을 지는 책임자이기도 했다. 예를 들면 참관하러 온 작가가 까무러친다든가 토한다든가 한 다음 집으로 돌아가 책을 쓰면서 실습실 책임자들을 망나니라 지칭하는 등의 사건이 벌어졌을 때 책임을 지는 사람이다. 이본은 통화를 끝냈다. 그녀는 내게 다가와 혹시 불상사가 있을지도 모르기 때문에 출입을 엄격하게 관리하고 있다고 설명한다. 세미나 담당자가 그녀에게 안심해도 된다고 일러 준다. 세 사람의 대화에서 내가 말하는 부분은 완전히 내 머릿속에서만 이루어진다. 그것도 딱 한 줄의 대사만이 빙글빙글 돈다.

'당신이 머리를 잘랐어. 당신이 머리를 잘랐어. 당신이 머리를 잘랐어.'

그러는 동안 나는 얼굴에 덮인 천을 걷어 내는 광경을 놓쳤다. 외과의들은 이미 실습에 들어갔다. 각자 작업대 상부에 걸려 있는 모니터를 봐 가며, 맡은 재료에 입맞춤도 할 수 있을 정도로 가까이 기대어 손을 놀리고 있다. 화면에서는 해설자가 설명을 곁들여 가며 자신의 탁자에 놓인 머리를 가지고 해부 과정을 보여 주고 있다. 너무 확대해 비추고 있어서, 뭔지 모르는 상태에서 보면 어떤 고기인지조차 모를 정도이다. 청중을 앞에 두고 진행되는 요리 강좌에서 닭 요리를 선보이는 장면이라 해도 믿을 것만 같다.

세미나는 안면해부학을 복습하는 것으로 시작된다.

"측면에서 중앙부 방향으로 피부의 피하면을 들어올립니다."

해설자가 이렇게 읊자 외과의들은 시키는 대로 해부용 칼로 시체의 얼굴을 찌른다. 피부는 아무 저항 없이 스르르 잘리고 피도 흐르지 않는다.

"눈썹을 피부의 섬(島)으로 분리시킵니다."

해설자는 느릿느릿, 평이한 어조로 말한다. 피부 섬을 분리시키는 작업이 너무 신나고 즐겁게 들리지도, 지나치게 충격적으로 들리지도 않게 하려는 것이 분명하다. 그 결과 그의 목소리는 진정제를 맞은 듯한 분위기를 풍긴다. 내가 보기에는 상당히 괜찮은 방법 같다.

나는 통로를 따라 이 작업대 저 작업대를 구경하며 다닌다. 머리는 핼러윈 때 쓰는 고무 가면처럼 보인다. 사람 머리 같아 보이기도 하지만, 내 두뇌는 사람 머리가 몸통 위가 아닌 탁자 위나 오븐용 쟁반 위에 놓인 걸 본 적이 없다. 그래서 내 뇌는 눈앞의 광경을 좀 더 편안한 방법으로 해석하기로 한 것 같다.

'여기는 고무 가면 공장이야. 직공들이 가면을 만들고 있는 것뿐이야.'

내게도 핼러윈 가면이 하나 있었는데, 이가 빠진 노인 형상으로 입술이 잇몸 위로 축 처지는 모양이었다. 이곳에는 그런 노인 가면이 여러 개 있다. 들창코에 아랫니가 드러난 노트르담의 곱추도 있고, 로스 페로Ross Perot(미국의 유명 정치인—편집자주)도 있다.

외과의들은 역겨워하거나 도망가는 것 같지 않다. 나중에 테레사는 그 가운데 한 명이 견디지 못하고 실습실을 떠났다며 이렇게 말했다.

"다들 그것을 싫어하죠."

"그것"이란 머리를 가지고 하는 작업을 말한다. 내가 볼 때 그들은 심기가 약간 불편한 정도일 뿐인 것 같다. 내가 주변을 걸어 다니다가 한군데에 멈춰 서서 구경하면 그 작업대의 외과의들은 약간 난처하고도 짜증 난 듯한 표정으로 나를 쳐다본다. 노크 없이 화장실에 들어가는 사람이라면 저런 얼굴이 낯익을 것이다. '좀 가주실래요' 하는 얼굴 말이다.

외과의들이 죽은 사람들의 머리를 해부하는 작업을 즐기지 않는 것은 분명하지만, 당분간 일어나 거울을 들여다볼 일이 없는 사람들을 상대로 실습도 하고 살펴보기도 할 기회를 소중히 여기고 있는 것 또한 분명하다. 한 외과의는 이렇게 말한다.

"수술하는 도중에 줄곧 눈에 띄었던 구조물이 있는데, 그게 뭔지 확신이 안 서니까 도무지 건드릴 수가 없더군요. 오늘 네 가지 문제를 해결하려고 여기 왔어요."

그가 그 문제를 해결하고 돌아갈 수 있다면 세미나 참가비로 낸 500달러는 충분히 가치 있을 것이다. 그는 머리를 집어 들었다가 다시 내려놓는다. 마치 재봉사가 다른 작업을 하려고 일손을 잠시 멈추고 천을 돌려놓는 것 같다. 그는 머리를 저런 모양으로 잘라 낸 게 잔인한 일이 아니라고 지적한다. 단지 나머지 부분, 즉 팔, 다리, 장기 등을 활용할 수 있게끔 잘라 낸 것이라는 말이다. 기증된 사체는 버리는 부분이 조금도 없다. 이 머리들은 오늘 이 자리에 모여 안면 성형을 받기 전, 월요일에는 코 성형 실습실에서 코 성형 시술을 받았다고 설명한다.

코 성형이라니. 마음씨 좋은 남부 사람들이 죽어 가면서 과학의 발전을 위해 자신의 사체를 기증하겠다는 유언을 남겼는데, 겨우 코 성형 실습대상이 된다? 마음씨 좋은 남부 사람들이-지금은 마음씨 좋은 죽은 남부 사람들이지만- 일이 이렇게 돌아가고 있다는 걸 알 길이 없으니 괜찮은 걸까? 아니면 미리 알려 주지 않았으니 더욱 나쁜 짓이 되는 걸까? 나중에 내쉬빌에 있는 반더빌트 대학교의 의료 해부 프로그램 담당 국장이자 해부용 사체 기증 역사 전문가인 아트 댈리Art Dalley에게 이에 대해 물어보았다. 그는 이렇게 대답했다.

"자신에게 무슨 일이 벌어지는지 전혀 개의치 않는 기증자가 의외로 많아요. 그들에게는 사체 기증이 시신을 처리하는 편리한 방법 가운데 하나일 뿐이지요. 실용적이면서 남을 위한다는 명분까지 있거든요."

사체를 관상동맥우회술coronary bypass 실습용으로 쓰는 것에 비하면 코 성형 실습용으로 쓰는 것의 명분을 주장하는 게 쉽지는 않지만, 그럼에도 불구하고 명분은 있다. 좋건 싫건 미용 목적의 수술은 이루어지고 있고, 수술을 받는 사람의 입장에서는 집도하는 외과의가 수술을 잘하는 것이 중요하다. 어쩌면 사체 기증서 양식에 이런 문항을 제시하고 의향을 표시할 수 있는 자리를 만들어 두는 것이 좋을지도 모른다.

나를 미용 목적으로 이용해도 좋습니다.*

나는 13번 작업대 곁에 앉는다. 이 작업대의 외과의는 캐나다 인인 마릴레나 마리냐니Marilena Marignani이다. 마릴레나는 검은 머리칼에 커다란 눈, 그리고 광대뼈가 두드러져 보이는 사람이다. 그녀가 작업할 머리는 수척하지만, 그녀처럼 광대뼈가 뚜렷해 보인다. 두 여인의 인생은 묘하게 교차하고 있다. 작업대에 놓인 머리의 얼굴은 성형수술이 필요치 않고, 마릴레나는 성형수술을 좀체 하지 않는다. 그녀는 주로 재건 성형수술을 한다. 이제까지 안면 성형수술을 두 번 해 봤는데 이번 실습에는 친구의 수술을 집도하기 전에 기술을 더 다듬고 싶어서 나왔단다. 그녀는 마스크로 코와 입을 가리고 있는데, 잘라 낸 머리는 감염의 위험이 전혀 없기 때문에 의아하다. 나는 그게 보호 목적인지, 일종의 심리적 방벽인지 묻는다. 마릴레나는 머리 부분은 어렵지 않다고 대답한다.

"제 경우에는 손이 힘들죠."

그녀는 머리에서 눈을 떼고 나를 바라본다.

"팔이 없는 손을 쥐면, 그게 나를 마주 쥐거든요."

사체들은 이따금 인간적인 모습을 보여 준다. 의료 종사자들은

---

* 나는 장기 및 조직(뼈, 연골, 피부) 기증을 지지하는 사람이지만, 기증된 피부가 예컨대 화상 환자에게 이식되지 않을 경우, 처리 과정을 거쳐 주름살 제거나 남성 성기확대에 이용되기도 한다는 사실을 알고는 적잖이 놀랐다. 죽은 몸이 꼭 이러이러하게 되어야 한다는 구체적인 생각은 아직 갖고 있지 않지만, 나로서는 다른 사람의 아랫도리가 되어서는 안 된다는 입장만큼은 확고히 지니고 있다.

그럴 때 당황하게 된다. 예전에 해부 실습을 배우는 어느 여학생을 만난 적이 있는데, 그녀가 말하길 실습 중에 문득 보니 사체의 팔이 그녀의 허리를 두르고 있었다고 했다. 이런 상황을 겪다 보면 한 걸음 떨어진 객관적 태도를 유지하기가 힘들어진다.

나는 마릴레나가 드러난 머리 조직을 조심스레 만져 보는 광경을 지켜본다. 그녀가 하는 행동은 기본적으로 수술 상황에 익숙해지기 위한 것이다. 인간의 볼을 구성하는 피부, 지방, 근육, 근막(筋膜) 등이 복잡하게 얽힌 층 속에서 무엇이 무엇인지, 어디에 있는지 직접 만져 보면서 자세하게 익히는 것이다. 초기 안면 성형수술에서는 그저 피부를 당겨 제자리에 맞추고 팽팽히 꿰맬 뿐이었으나, 오늘날에는 해부학적으로 네 개의 층을 구분하여 다룬다. 그러려면 이 층들을 찾아내고, 인접한 층과 분리하고, 각각의 자리를 조정한 다음 제자리에 맞춰 꿰매야 하는데, 그러는 동안 중요한 안면 신경을 건드리지 않아야 한다.

미용 성형 시술에서 점점 더 내시경을 많이 이용하게 됨에 따라, 아주 작은 도구만 집어넣을 수 있는 최소한의 절개만을 통해 수술하려면 해부학 지식이 더욱 절실해진다. 메릴랜드 대학교 의과대학의 해부 지원 담당 국장인 론 웨이드Ronn Wade는 이렇게 말한다.

"예전 수술 기법에서는 모든 걸 벗겨 내서 눈앞에 펼쳐 놓고 보았습니다. 하지만 요즘처럼 내시경으로 시술하다 보면 뭐가 눈앞에 나타나도 그게 뭔지 알기 더 힘들죠."

마릴레나의 수술 도구가 달걀 노른자 빛깔로 반짝이는 점액질 덩어리 주위를 건드리고 있다. 성형외과의들은 이 물질을 '말라 지방층'이라 부른다. "말라(malar)"라는 말은 뺨과 관계가 있다는 뜻이다. 말라 지방층은 젊은 나이에는 광대뼈 위에 자리 잡고 있는 말랑한 부분으로, 할머니가 귀여운 손자들을 꼬집을 때 쥐는 부분이다. 세월이 가면서 중력이 이 지방층을 보금자리에서 꾀어내고, 그러면 지방층은 아래로 미끄러져 내려가기 시작한다. 그러다가 처음으로 마주치는 장애물에 걸려 쌓이는데, 이 장애물의 이름은 '비구순 주름(nasolabial fold, 중년이 되면 코와 입 양옆에 괄호 모양으로 생기는 주름)'이다. 그 결과 뺨은 앙상하게 꺼져 보이기 시작하고, 괄호 모양의 지방층 때문에 비구순 주름은 더욱 두드러져 보인다. 안면 성형 시술에서 외과의는 이 말라 지방층을 원래 있던 자리로 되돌려 놓는다.

"정말 훌륭해요."

마릴레나가 말한다.

"멋있어요. 진짜와 똑같으면서도 피가 흐르지 않거든요. 어디를 어떻게 건드리고 있는지 다 보이잖아요."

외과의들은 전문 분야를 막론하고 다들 사체를 통해 새로운 기법이나 장비를 시험해 봄으로써 경험을 쌓지만, 수술 실습용으로 쓸 수 있는 신선한 사체 부위는 구하기 어렵다. 볼티모어 사무실에 있는 론 웨이드에게 전화했을 때 그는 사체 기증 프로그램은 대부분 사체가 들어올 때부터 해부 실습실을 최우선적으로 고려하게 되어 있다고 설명했다. 그리고 어쩌다 의과대학의 해부학과에서 시신이 남아도는 일이 있더라도, 그런 시신을 외과의들이 있는 병원으로 이송할 수 있는 기반 시설이 제대로 마련돼 있지 않을 때가 많다고 했다. 게다가 대다수 병원에는 수술 실습실이 마련돼 있지 않다. 마릴레나가 일하는 병원에서는 대개 산 사람의 신체 일부를 잘라 내야 하는 경우가 있을 때만 외과의들이 신체 부위를 입수할 수 있다고 한다. 산 사람의 머리를 절단하는 경우가 얼마나 있을지 생각해 본다면, 세미나가 아니고서야 오늘과 같은 기회는 사실상 존재하지 않는다.

웨이드는 이런 현실을 바꾸려는 노력을 기울이고 있다. 그는 외과의사가 살아 있는 사람의 장기로 새로운 기술을 연습할 수밖에 없는 사태가 절대 일어나서는 안 된다는 입장이다. 이 의견에 이의를 달 사람은 거의 없을 것이다. 그래서 그는 볼티모어 소재 병원들의 수술 담당 책임자들과 모인 자리에서 새로운 방안을 하나 고안해 냈다.

"외과의들이 단체로 한자리에 모여, 예컨대 새로운 내시경 시술법을 실습하고자 한다면, 그들이 팀을 짜서 내게 연락하고, 그러면 내가 자리를 만드는 겁니다."

웨이드는 형식적인 액수의 실습실 사용료를 받고, 또 사체당 약간의 수수료를 부과한다. 이제 웨이드가 인수하는 시신의 2/3는 수술 실습에 쓰인다.

나는 레지던트 과정에 있는 외과의사들마저도 기증된 사체를 상대로 수술 실습을 할 기회가 흔치 않다는 사실을 알고는 놀랐다. 학생들은 이제껏 전통적으로 행해 왔던 방식 그대로 수술을 배운다. 경험 많은 외과의들이 집도하는 것을 지켜보면서 배우는 것이다. 의과대학 부설 병원에서 수술을 받는 환자들에게는 인턴이라는 관객이 있다. 이들은 한 가지 수술을 몇 번 지켜본 다음, 직접 솜씨를 발휘할 기회를 얻게 된다. 처음에는 봉합이나 당기기 같은 간단한 작업에 손을 대다가 점차 복잡한 수술로 옮겨 간다. 웨이드는 이렇게 말한다.

"기본적으로 수습 훈련이죠. 도제식 교육 말입니다."

수술이 시작된 초창기부터 이런 식이었다. 교육은 주로 수술실에서 이루어졌다. 그러나 이런 수술에서 환자가 치료 효과를 기대할 수 있었던 것은 20세기에 이르러서였다. 19세기 수술 "극장"에서는 환자의 생명을 구하는 것보다는 의학을 가르치는 것에 더 중점을 두고 있었다. 환자로서는 방법만 있다면 무슨 수를 써서라도 거기 들어가지 않는 것이 최상의 선택이었다.

그중 한 가지 이유는 마취제 없이 수술하기 때문이었다(에테르를 이용한 최초의 수술은 1846년에 이루어졌다.). 1700년대 말의 수술 환자는 외과의의 칼질, 바느질, 손가락의 움직임을 속속들이, 하나도 빠짐없이 느낄 수 있었다. 눈가리개를 하는 경우가 많았고-총살 때 보자기를 씌우는 것과는 달리 수술 때는 언제나 눈을 가리는 건 아니었다-, 또 항상 수술대에 단단히 묶여 있었다. 몸부림치거나 움찔거리거나, 혹은 수술대를 박차고 뛰쳐나가 길거리로 달아나는 일이 없도록 하기 위해서였다(관객들이 있기 때문인지는 몰라도 환자들은 옷을 대부분 걸친 상태에서 수술을 받았다.).

　초창기의 외과의사들은 오늘날처럼 지나치게 많이 배운 카우보이식 구세주들이 아니었다. 수술은 배울 것이 아주 많은 새로운 분야였고 수술 사고는 끊이지 않았다. 수 세기 동안 외과의사들은 이발사들과 같은 계층이었고, 절단 수술이나 이를 뽑는 등의 일밖에 하지 않았다. 그 나머지 병은 모조리 내과의사들이 저마다의 조제약과 일반 약물로 치료했다(흥미롭게도 수술이 의학의 중요한 한 분야로 받아들여지는 계기가 된 것은 항문학이었다. 항문 치루 때문에 오랫동안 고통받아 온 프랑스 국왕이 1687년에 수술을 받고 치료됐는데, 그 일이 아주 고마웠는지 그 일을 주변 사람들에게 알린 것이다.).

　19세기 초의 대학병원에서는 기술보다는 혈연관계에 따라 의사들을 채용했다. 1828년 12월 20일자 〈랜싯 The Lancet〉에는 초창기 수술 의료사고 재판 기록이 요약되어 실려 있다. 문제의 무능한 외과의의 이름은 브랜스비 쿠퍼 Bransby Cooper로, 유명한 해부학자 애스틀리 쿠퍼 경 Sir Astley Cooper의 조카였다. 젊은 쿠퍼는 동료와 학생과 구경꾼 200여 명이 모인 앞에서, 그가 수술극장에 나올 수 있었던 이유가 절대 자신의 재능 덕이 아니라 오로지 삼촌 덕분이라는 사실을 한 점의 의혹도 남기지 않고 증명하고 말았다.

　이 수술은 런던의 가이 병원(Guy's Hospital)에서 이루어졌는데, 방광에 생긴 결석을 제거하는 간단한 수술(결석제거술)이었다. 환자 스티븐 폴라드 Stephen Pollard는 억센 노동자 계층 사람이었다. 결석제거술은 보통 몇 분만에 끝나는 수술이지만, 뭐가 뭔지도 모르는 외과의사가 결석을 찾으려 부질없이 애쓰는 동안 폴라드는 한 시간이 넘도록 무릎을 목에 붙이고 손은 발에 묶인 채 수술대 위에 누워 있어야만 했다. 한 증인은 이렇게 말했다. "결석 수술용 칼도 사용됐고, 주걱과 또 겸자도 몇 자루 사용됐다." 또 한 사람은 "회음부 안에서 겸자가 으스러지는 끔찍한 광경"이라는 표현을 썼다. 여러 가지 도구를 써 보아도 결석을 꺼내지 못하자 쿠퍼는 "손가락을 억지로 쑤셔 넣었다……" 이 시점에 이르렀을 때 폴라드의 인내*에 한계가 다가왔다. 그는 이렇게 소리친 것으로 전해진다.

"아, 그냥 놔둬요! 그냥 안에 내버려 두라고요!"

그러나 쿠퍼는 환자의 회음부가 깊다고 투덜거리며 수술을 계속했다(사실 부검 결과 환자의 회음부는 아주 일반적인 크기였음이 드러났다.). 얼마인지도 모를 시간 동안 손가락으로 결석을 찾아 헤집은 끝에 그는 자리에서 일어나, "거기 있는 사람들 가운데 자기보다 손가락이

---

* 수 세기 전의 인간들은 고통을 견디는 것에 관한 한 우리와는 수준이 완전히 달랐음이 분명하다. 과거로 거슬러 가면 갈수록 더 많이 참아낼 수 있었던 것 같다. 중세 영국에서는 환자를 묶어 두지도 않았다. 환자는 의사의 발치에 놓인 쿠션에 다소곳이 앉은 채 환부를 의사에게 보이며 치료를 청했다. 《중세의 수술The Medieval Surgery》에는 잘 차려입은 한 남자가 얼굴에 생긴 고질적인 누공(fistula) 치료를 받기 직전 광경을 그린 삽화가 있다. 환자는 차분하게, 다정스럽다 할 수 있을 정도의 표정으로 외과의사에게 환부를 치켜들고 있다. 한편 그림 설명은 이렇다. "환자에게는 시선을 다른 곳으로 돌리라는 주의를 주고 (중략) 그런 다음 철이나 청동으로 된 관 안으로 빨갛게 달군 인두를 통과시켜 누공의 뿌리를 지졌다." 설명을 쓴 사람은 마치 방금 읽은 끔찍한 설명을 독자가 깊이 생각지 못하게 하려는 듯, "이 그림을 보면 의사는 왼손잡이인 것 같아 보인다"고 덧붙였다. 빨갛게 달군 꼬챙이가 얼굴에 바짝 다가오는 상황에서 "시선을 돌리라"고 말하는 것만큼이나 효과가 있는 충격완화법이다.

더 긴 사람이 있는지 길이를 대 보았다." 결국 그는 다시 수술 도구를 사용하기 시작했고, 겸자를 이용하여 드디어 그 고집불통인 결석을 잡아내 아카데미상 수상자처럼 머리 위로 치켜들어 보였다. 결석은 비교적 작은 크기로, "일반적인 누에콩 콩알보다 크지 않았다." 공포와 고통에 떨다 지친 스티븐 폴라드는 병상으로 돌아갔고, 감염과 온갖 합병증으로 29시간 뒤에 숨졌다.

조끼에 나비넥타이로 한껏 멋을 부린 모양꾼이 서투른 솜씨로 요로 안에 손을 손목까지 집어넣는 것만 해도 불쾌한데, 구경꾼까지 모여 있었다. 의과대학의 애송이들뿐 아니라, 1829년 〈랜싯〉에 실린 가이 병원의 결석제거술 기사로 보건대 도시의 주민 절반은 그를 구경하러 모였던 것 같다.

> "외과의사들과 그들의 친구들 (중략) 프랑스에서 온 방문객들, 오지랖 넓은 간섭꾼들이 수술대 주위 공간에 가득 모여들었다. (중략) 이내 아래윗층 관중석 여기저기에서 '모자 벗읍시다', '고개 좀 숙여요' 하는 고함소리가 크게 울렸다."

의학 강의가 카바레 같은 분위기에서 진행된 것은 몇 세기 전 이탈리아의 볼로냐와 파도바에 있는 유명한 의과대학들이 좌석이 없는 해부학 강의실에서 강의하면서부터였다. C. D. 오말리O'Malley가 쓴 르네상스 시대의 위대한 해부학자 안드레아스 베살리우스Andreas Vesalius의 전기에 따르면 베살리우스가 집도하는 해부학 강의에서 어느 열성적인 구경꾼 하나가 강의를 더 잘 보려고 앞으로 몸을 기울이다가 그만 아래에 있는 해부대 위로 떨어졌다고 한다. 그다음 강의 때 제출된 메모에는 이렇게 적혀 있었다. "불운하게도 추락사고 때문에…… 카를로 선생은 부상 상태가 그리 좋지 못하여 참석할 수 없습니다." 카를로 선생이 자신이 늘 강의를 들으러 가던 그곳에서 치료받고 싶어 하지 않았으리라는 사실은 충분히 짐작할 수 있다.

대학병원에 입원한 사람들은 예외 없이 비공개 수술 비용을 댈 수 없을 정도로 가난한 사람들이었다. 수술 결과 병세가 호전될 확률과 그 때문에 죽을 확률이 비슷한-방광 결석제거술은 사망률이 50퍼센트였다-시술을 받는 대가로 그들은 사실상 자신을 살아 있는 연습 재료로 기증한 셈이다. 외과의사들이 숙달되지 않았을 뿐만 아니라, 이러한 시술 대다수는 순전히 실험적인 차원에서 이루어졌다. 이런 시술이 정말로 환자에게 도움이 될 것으로 기대하는 사람은 사실상 아무도 없었다. 역사학자 루스 리차드슨은《사망, 해부, 빈민》에서 이렇게 썼다. "환자에게 이익이 되는 결과는 종종 실험 결과 우연히 생겨나는 부산물이었다."

마취제가 등장함으로써, 젊은 레지던트가 어떤 시술법을 처음으로 시험해 보는 동안 환자들은 적어도 의식을 잃은 상태로 있을 수 있게 됐다. 그렇다 해도 견습의가 시술을 주도하는 것에 동의한 환자들은 없었을 것이다. 여지없이 합의서가 등장하고 여차하면 소송에 들어가는 요즘과는 달리, 오래전 환자들은 대학병원에서 수술을 받으면 어떤 일이 벌어질지 제대로 알지 못했고, 의사들은 이런 점을 이용했다. 환자가 누워 있는 동안 외과의사는 뒷줄에서 참관하고 있는 학생을 앞으로 불러내 맹장 수술을 연습하게 할 수도 있었다. 환자가 맹장염을 앓고 있건, 그렇지 않건 신경 쓰지 않았다. 이런 식으로 이루어진 비교적 흔한 부당행위 중 하나는 불필요한 자궁경부 검사였다. 신출내기 의사들은 자신의 첫 자궁경부암 검사-상당한 불안감과 두려움을 안겨 주는 대상인-를 종종 의식이 없는 여성 수술 환자를 대상으로 행하곤 했다(요즘 진보적인 의과대학에서는 "자궁경부 조교", 즉 학생들에게 자신을 실습 재료로 제공하고 아울러 자신의 의견을 들려주는 일종의 질(膣) 전문 여성을 고용하는데, 적어도 내 책에서는 이들을 성자 반열에 추대한다.).

대중의 인식이 높아진 덕분에 요즘에는 부당한 의료 행위가 훨씬 덜 일어난다. 샌프란시스코의 캘리포니아 대학교에서 사체 기증 프로그램을 운영하는 휴 패터슨은 내게 이렇게 말했다.

"요즘 환자들은 아는 것도 많고 환경도 아주 많이 바뀌었습니다. 대학병원에서도 환자들은 레지던트들이 집도하지 않게 해 달라고 요구하죠. 수술을 담당 의사가 직접 하도록 하려는 겁니다. 이 때문에 훈련할 기회가 많이 줄었어요."

패터슨은 해부 실습을 의과대학 1년 차에 "큰 덩어리로" 한 번만 가르치는 것보다는, 특화된 사체 해부 실습을 3, 4년차 프로그램에 추가하고 싶어 한다. 패터슨과 동료들은 오늘 내가 보고 있는 안면 해부 실습과 비슷한 집중 해부 실습 과정을 이미 수술 전공 교과 과정에 추가했다. 이들은 또 3년 차 학생들에게 응급실 처치과정을 가르치기 위해 의과대학 시체 보관실에서 일련의 수업을 실시하고 있다. 그래서 사체가 보존 처리되어 해부 실습실로 보내지기 전에 한나절 정도는 코를 통해 기관까지 관을 넣어 기도를 확보하는 기관삽관 및 도관삽관 처치를 받을 수도 있다(마취시킨 개를 상대로 이런 연습을 실시하는 의과대학도 있다.), 응급실에서 벌어지는 일부 처치법의 경우 시간을 다투기도 하고 어렵기도 하기 때문에, 죽은 사람들을 상대로 연습해 두는 것은 아주 좋은 방법이다. 옛날에는 이런 연습을 정해진 절차 없이, 병원 내에서 방금 사망한 환자들을 상대로 아무런 동의 없이 하곤 했다. 미국 의학협회는 이런 관행이 정당한지를 두고 은밀하게 논의를 벌였다. 물론 동의를 구하는 것이 옳을 것이다. 〈뉴잉글랜드 의학 저널New England Journal of Medicine〉은 이 문제에 대한 연구를 다룬 기사를 실었는데, 아이를 갓 잃은 부모 가운데 73퍼센트가 기관삽관 기술을 익히기 위한 목적으로 자신의 아이를 사용하는 데 동의했다고 한다.

나는 마릴레나에게 자신의 신체를 기증할 계획이 있는지 묻는다. 나는 늘 일종의 호혜주의 원칙에 따라, 의과대학에서 해부할 수 있게 해 준 너그러운 사람들에 대한 보답으로 의사들이 자신의 시체를 기증할 것이라 생각해 왔다. 그런데 마릴레나는 그럴 계획이 없다고 한다. 의사들에게 사체에 대한 존중심이 없다는 점을 이유로 꼽는다. 그녀의 그런 말이 나로서는 뜻밖이다. 적어도 내가 보기에는 오늘 실습실에 모인 머리들은 정중하게 다뤄지고 있다. 농담도 들리지 않고, 무심하게 이러쿵저러쿵 주고받는 말도 들리지 않는다. 만일 "인두겁을 벗기는" 정중한 방법이 있다면, 만일 사람의 이마를 벗겨 눈앞으로 뒤집는 행동이 예의 바른 기술이 될 수 있다면 이들은 그런 경지에 도달한 것 같다. 이들의 태도는 철저히 사무적이다.

알고 보니 마릴레나가 못마땅하게 여긴 것은 외과의사 두어 명이 사체 머리 사진을 찍은 것 때문이었다. 그녀는 이렇게 지적한다. 의학 잡지에 낼 요량으로 환자의 사진을 찍을 때는 사진을 공개해도 좋다는 서면상의 동의가 있어야 한다. 죽은 사람은 공개를 거절할 수 없지만, 그렇다고 해서 공개를 거절하고 싶지 않은 것은 아니다. 바로 이런 이유 때문에 병리학이나 법의학 잡지에서 사체 사진을 실을 때에는 〈글래머Glamour〉의 "찬성/반대" 페이지에 나오는 여자들 사진처럼 검은 막대로 눈 부분을 가린다. 샤워 중 알몸인 모습을, 또는 비행기 안에서 입을 벌린 채 잠자는 모습을 찍히기 싫어하는 것과 마찬가지로, 죽어 사지가 잘린 모습으로 사진을 찍히는 것 역시 싫어할 것으로 간주할 수밖에 없다는 말이다.

대부분의 의사들은 다른 의사들의 존중심이 부족한지 넘치는지에 관심이 없다. 내가 만난 의사들은 대부분 1년 차 해부 실습실 학생들의 존중심이 부족하지 않을까를 더 염려하는 쪽이었다. 바로 그곳, 즉 해부 실습실이 내 다음 목적지이다.

세미나는 거의 끝나가고 있다. 모니터 화면에는 아무것도 비치지 않고, 외과의사들은 자리를 정리하고 복도로 빠져나가고 있다. 마릴레나는 실습하던 머리 위에 하얀 보자기를 씌운다. 오늘 모인 외과의사의 절반 정도가 이렇게 보자기를 씌웠다. 그녀는 섬세한 부분까지 의식적으로 정중한 태도를 보이고 있다. 죽은 여자의 눈에 눈동자가 왜 없는지를 내가 묻자 그녀는 대답 대신 손을 뻗어 사체의 눈을 감겨 준다. 의자를 도로 밀어 넣으며 그녀는 보자기를 내려다보고 말한다.

"평화로이(in peace) 쉬세요."

내 귀에는 "토막으로(in pieces)"로 들리지만, 그렇게 들리는 건 내 탓이다.

# 2
해부학과 범죄

시체 도둑들

독일 작곡가 요한 파헬벨Johann Pachelbel의 「카논Canon」이 섬유유연제 광고에 쓰이기 시작한 뒤로 충분히 오랜 세월이 흘렀지만, 그 음악은 내게 여전히 순수하고 포근하면서도 서글프게 들린다. 음악이 울리자 (오늘 이 자리에 모인) 선남선녀들이 조용히 근엄한 표정을 짓는 것을 보니, 고전적이고 효과적인 동시에 영결식에 잘 어울리는 음악이라는 생각이 든다.

늘어선 꽃과 촛불 사이에 죽은 자를 누인 관이 보이지 않는다는 사실이 신경이 쓰인다. 사실 개방한 관을 놓는 것은 현실적으로 어려웠을 것이다. 21명의 시신은 이미 모두 매끈하게 토막 나 있기 때문이다. 이들은 측단면이 보이도록 절단된 골반, 두개골

내의 구멍이 서로 구불구불 연결된 구조가 마치 유리통 속의 개미굴처럼 드러나게끔 잘린 머리 등으로 변했다.

이 영결식은 샌프란시스코의 캘리포니아 대학교(UCSF) 의과대학 2004학년도 해부 실습실 학생들이 다루던 이름 없는 사체들을 위해 거행되고 있다. 그러니 오늘 여기 모인 조문객들이라면 관을 개방해 두고 행사를 진행한다 해도 그다지 끔찍하게 여기지 않을 것이다. 이들은 망자들이 여러 가지 모양으로 토막 난 것을 이미 보았을 뿐 아니라 그들을 다루기도 했기 때문이다. 그리고 사실 이들은 망자들이 토막 난 원인이기도 하다. 이들은 바로 해부 실습실 학생들이다.

오늘 영결식은 명목상의 행사가 아니다. 모두가 순전히 자발적으로 참석한 행사로, 밴드 그린데이 Green Day의 노래 「Time of Your Life」 아카펠라 연주, 영국의 동화작가 베아트릭스 포터 Beatrix Potter가 쓴 동화 중 오소리가 죽어 가는 우울한 장면 낭독, 데이지라는 여자가 의과대학 학생으로 다시 태어났는데 알고 보니 해부 실습실의 사체가 전생의 자신, 즉 데이지더라는 내용의 포크 발라드 등이 거의 세 시간에 걸쳐 이어졌다. 한 여학생은 헌사에서 사체의 손에 감은 거즈를 벗기다가 손톱에 분홍빛 매니큐어가 칠해진 것을 보고 잠시 망연해진 이야기를 읊었다.

"해부학 도감의 그림에는 손톱의 매니큐어가 나와 있지 않답니다. 색깔은 당신이 골랐나요? 그 매니큐어를 제가 보게 될 거라고 생각해 본 적 있나요? 당신의 손 안에 대해 말해 주고 싶었답니다. 제가 환자를 볼 때마다 언제나 당신이 거기 있을 거라는 걸 알고 있길 바라요. 복부를 진찰할 때에는 당신의 장기를 떠올릴 거예요. 그리고 심장 박동을 들을 때에는 당신의 심장을 손에 들고 있던 기억을 떠올릴 거고요."

내가 접한 가장 감동적인 문장 가운데 하나다. 다른 사람들도 같은 기분이었음이 분명하다. 장내에는 말라 있는 눈물샘이 하나도 없었다.

지난 10년간 의과대학은 이제까지의 모습에서 벗어나, 해부 실습실 사체들을 정중히 대할 것을 권장하기 시작했다. 기증된 사체를 위해 영결식을 거행하는 학교가 많이 생겼는데, 캘리포니아 대학교도 그 가운데 하나다. 일부 학교에서는 사체의 가족들을 초대하기도 한다. 캘리포니아 대학교의 해부 실습생들은 선배들이 주관하는 준비 과정 연구회에 참석해야 한다. 선배들은 죽은 사람을 상대로 하는 실습이 어떤지, 실습할 때 기분은 어땠는지 등을 후배들에게 들려준다. 그러면서 존중심과 감사의 말을 아낌없이 전달한다. 내가 들은 내용으로 보건대, 양심이 올바른 사람이라면 그런 연구회에 참석한 뒤 자기가 맡은 사체에게 담배를 물린다거나 창자로 줄넘기를 하기란 아주 힘들 것 같다. 캘리포니아 대학교의 해부학 교수이자 기증 시체 프로그램 담당 국장인 휴 패터슨은 해부 실습실에서 오후 한나절을 보낼 수 있도록 나를 초대해 주었는데, 나와 보니 나의 참관에 대비해 학생들이 연기 연습을 한 게 아니라면, 정말로 프로그램이 잘 돌아가고 있음이 분명했다. 내가 그쪽으로 대화를 유도하지도 않았는데 학생들은 사체에 대한 고마움으로 예의를 갖추고, 맡은 사체를 친근하게 대하게 됐으며, 사체에게 하게 될 행위에 대해 미안한 마음이 든다는 등의 이야기를 했다. 한 여학생은 이렇게 말했다.

"한번은 우리 팀원 하나가 그 **사체**를 마구 베면서 뭔가를 꺼내고 있었는데, 문득 보니 제가 그 **사체**의 팔을 토닥거리면서 '괜찮아요, 괜찮아요' 하고 말하고 있더라고요."

나는 매튜라는 학생에게 교과 과정이 끝나면 자신이 맡은 사체가 보고 싶어지는지 물었는데, 그는 사체의 "일부만 남았을 때" 정말 슬펐다고 말했다(교과 과정이 반쯤 진행되고 나면 학생들이 화학방부제에 지나치게 많이 노출되지 않도록 사체의 다리를 잘라 내 소각한다.). 맡은 사체에 이름을 붙인 학생들도 많다. 한 학생은 이렇게 말했다.

"'고기말랭이' 같은 이름이 아니라 진짜 이름을 붙였어요."

그는 사체인 벤을 내게 소개했다. 당시 그는 머리와 허파, 두 팔만 남은 상태였지만, 어느 정도 의지와 기품을 갖추고 있는 듯한 분위기를 풍겼다. 학생 하나가 벤을 옮길 때 그는 벤을 아무렇게나 잡는 게 아니라, 마치 잠든 사람을 옮기는 것처럼 안아 올린 다음 가만히 내려놓았다. 매튜는 기증 시체 프로그램 담당자에게 벤이 어떤 사람이었는지 알려 달라는 편지를 보내기까지 했다. 매튜는 이렇게 말했다.

"그를 인격체로 대하고 싶었거든요."

내가 거기 머문 오후 한나절 동안 농담을 하는 사람은 아무도 없었다. 적어도 사체를 웃음거리로 삼는 사람은 없었다. 다만 한 여학생은 자기 팀원들 사이에서 그들이 맡은 "사체의 성기가 대단히 크다"는 이야기가 오갔다고 털어놓았다(아마도 그 학생은 사체의 혈관 속에 방부액을 주입하면 발기 조직이 확장된다는 사실을 몰랐던 것 같다. 그런 이유로 해부 실습실의 남자 사체는 살아 있을 때보다 죽은 뒤에 성기가 눈에 띄게 인상적으로 보이기도 한다.). 그런 말을 할 때도 정중한 태도가 깔려 있었다. 해부 실습을 지도했던 어떤 사람이 내게 이렇게 말한 적이 있다.

"이제는 머리를 들통에 담아 집으로 가져가는 학생이 아무도 없죠."

오늘날의 해부 실습실에서는 죽은 사람을 존중하는 분위기가 일반적으로 깔려 있다. 이를 제대로 이해하려면 이 분야의 역사에 판치던 극단적으로 무례한 태도에 대해 먼저 알아보는 편이 더 쉬울 것이다. 인체 해부학만큼 오욕과 적대적 인식에 뿌리를 둔 학문은 거의 없다.

인체 해부학의 발단은 기원전 300년경 이집트의 알렉산드리아에서였다. 프톨레마이오스 1세는 의료 종사자들이 인체가 어떻게 작용하는지 알아내기 위해 죽은 사람을 해부해도 된다고 생각한 최초의 지도자였다. 이렇게 생각할 수 있었던 배경에는 미라를 만드는 이집트의 오랜 전통도 있었다. 미라를 만드는 과정에서 신체를 갈라 장기를 꺼내기 때문에 왕실과 백성들 모두 이런 일에 익숙했다. 또 한 가지 배경은 프톨레마이오스가 개인적으로 해부에 대해 남달리 흥미를 느끼고 있었다는 사실이다. 그는 처형된 죄수들을 의사들이 해부하도록 장려하는 칙령을 발표했을 뿐 아니라, 그런 해부가 있는 날이면 그 스스로가 작업복 차림으로 칼을 들고 해부실에 나타나 전문가들 곁에서 사체를 베고 찔렀다.

헤로필루스Herophilus는 논란 그 자체인 인물이다. 해부학의 아버지라는 별칭이 붙은 그는 인간의 신체를 해부한 최초의 의사였다. 헤로필루스는 정력적으로 과학에 헌신한 사람이기는 했지만, 그 과정에서 언제부터인가 방향을 잃어버렸던 것 같다. 인간애와 상식보다 열의가 앞선 나머지, 살아 있는 죄수들을 해부하기 시작한 것이다. 그를 비난한 많은 사람 가운데 하나인 테르툴리아누스Tertullian에 따르면 헤로필루스는 600명의 죄수를 산 채로 해부했다고 한다. 공정하게 말하자면 목격자의 증언이나 파피루스 일기 같은 게 발견되지 않았으므로 전문가 사이의 시기심이 작용하지는 않았을까 하는 생각도 든다. 어쨌거나 테르툴리아누스를 해부학의 아버지라 부르는 사람은 아무도 없지 않은가.

처형된 죄수를 해부에 이용하는 전통은 오래도록 지속되다가 18세기와 19세기 영국에서 본격적인 단계에 올랐다. 이 무렵 잉글랜드와 스코틀랜드 전역에 걸쳐 의학도들을 위한 사립 해부 학교가 번창하기 시작했다. 학교 수는 늘어났지만, 해부할 사체 수는 별로 늘어나지 않았다. 그 때문에 해부학자들은 만성적인 사체 부족 현상에 직면해 있었다. 당시에는 아무도 자신의 시체를 과학을 위해 기증하지 않았다. 이들 대다수는 그리스도교를 믿는 사람들이었는데, 부활을 문자 그대로 무덤에서 육체가 부활하는 것으로 믿었다. 그래서 해부를 당하면 부활할 가능성이 거의 없어지는 것으로 생각했다. 내장이 다 흘러나와 카펫 위에 피를 뚝뚝 흘리는 지저분한 사람에게 누가 천국의 문을 열어 주겠느냐는 것이다. 16세기부터 해부법이 통과된 1836년까지 영국에서 합법적으로 해부할 수 있는 사체는 처형된 살인자들의 시체뿐이었다.

이와 같은 이유로 일반 대중의 눈에는 해부학자들이 사형 집행인과 같은 부류의 사람들로 비쳤다. 실은 그보다 인식이 더 나빴다. 해부를 말 그대로 죽음보다 더한 처벌로 생각했기 때문이다. 당국에서 노린 것도 사실은 바로 그것이었다. 해부학자들을 뒷받침하고 지원하기 위한 것이 아니었다. 사형으로 처벌할 수 있는 비교적 가벼운 범죄가 너무나도 많았으므로, 더 중한 범죄를 억제하기 위해서는 좀 더 무시무시한 처벌을 부과할 필요가 있음을 느낀 것이다. 당시에는 돼지 한 마리를 훔치기만 해도 교수형이었다. 그러니 사람을 죽여 교수형에 처해진 사람은 그 뒤에 해부까지 하는 것이다(갓 태어난 미국이란 나라에서는 해부형에 해당하는 범죄에 결투도 포함됐다. 권총을 이용하여 의견 차이를 해결하려는 부류의 사람들에게 사형이라는 처벌은 별다른 억제책이 되지 않았을 것이다.).

이런 이중 처벌은 새로운 게 아니다. 옛부터 있던 처벌 방식에 방법이 하나 추가됐을 뿐이다. 그 이전에는 살인자를 교수형에 처한 다음 분시(分屍)하기도 했다. 두 팔 두 다리에 각각 말을 한 필씩 묶은 채 네 방향으로 달리게 하여 사체를 찢은 다음, 그렇게 찢어진 조각을 꼬챙이에 꿰어 사람들이 볼 수 있는 곳에 전시했다. 범죄의 결과가 이렇다는 것을 생생하게 보여 주려는 것이다. 해부는 분시 및 효시(梟示)하는 방법을 대신하여 살인자들에게 내리는 하나의 형벌로─1752년 영국에서─채택됐다(영국에서 효시의 발음은 '지베팅(gibbeting)'인데, 발음만 보면 놀이터에서 재잘재잘 이야기를 주고받는 말소리 같은 명랑한 느낌이 든다. 최악의 경우에도 사냥한 새를 손질하는 정도의 느낌이 난다. 그러나 사실은 아주 끔찍한 말이다.). 시체를 타르에 담갔다가 철제 우리(지벳(gibbet)) 속에 달아 놓아 사람들이 볼 수 있게 전시하는데, 시체는 우리 속에서 부패하고 이를 까마귀가 쪼아 먹기도 한다. 그 시절에는 분명 마을 광장에 산책을 간다는 것이 지금과는 느낌이 판이했을 것이다.

합법적으로 해부에 쓸 수 있는 사체가 부족한 상황을 타개하기 위해 영국과 초창기 미국의 해부 학교들은 불미스러운 방향으로 걸음을 옮기고 말았다. 이들은 아들의 잘린 다리를 가지고 가면 맥주값을(정확히 말하면 37.5센트─1831년 미국 뉴욕주 로체스터에서 실제로 있었던 일이다) 주는 사람들로 알려지기 시작했다. 그러나 팔과 다리의 해부학을 배우는 것만으로 수업료를 낼 학생들은 없었고, 해부 학교들은 전신 사체를 구하지 못하면 학생들을 파리의 해부 학교들에 빼앗길 상황이 됐다. 당시 파리에서는 시립 병원에서 죽은 빈민들 가운데 찾아가는 사람이 없는 시체를 해부에 이용할 수 있었기 때문이다.

이제 극단적인 방법이 동원되기 시작했다. 갓 죽은 가족을 오전 한나절 동안 해부실로 옮겼다가 교회 묘지에 도로 내려놓는다는 이야기가 새삼스럽지 않게 됐다. 17세기 외과의사이자 해부학자였던 윌리엄 하비William Harvey는 인체의 순환계통을 발견한 것으로 유명하지만, 직업에 대한 열정으로 자신의 아버지와 누이를 해부한 소수의 의학자 가운데 한 명으로도 이름을 날렸다.

하비가 그렇게 한 것은 다른 방법, 즉 다른 사람에게 소중했던 사람의 시신을 훔치거나 연구를 포기하는 것을 스스로 용납할 수 없었기 때문이다. 탈레반 정권하에서 살았던 의학도들도 비슷한 고민을 했고, 이따금 하비와 비슷한 선택을 했다. 코란에서 가르치는 율법을 엄격하게 해석한 탈레반의 성직자들은 의료 관련자들이 사체를 해부하거나 해골을 이용하는 행위를 금했다. 다른 이슬람 국가에서는 해부학을 가르치는 목적이라면 이슬람교도가 아닌 시체는 사용할 수 있게 하기도 하는데, 탈레반은 이마저 금했다. 2002년 1월에 〈뉴욕 타임스New York Times〉의 기자 노리미츠 오니시Norimitsu Onishi는 칸다하르 의과대학의 어떤 학생을 인터뷰했다. 그는 고민 끝에 사랑하는 할머니의 유골을 파내 같은 반 학생들과 나누어 가진 학생이었다. 이웃 사람의 유골을 파낸 또다른 학생은 이렇게 말했다.

"좋은 사람이었어요. 물론 그 사람의 뼈를 파내는 일이 즐겁지는 않았죠……. 하지만 만일 그렇게 해서 스무 명이 도움을 받을 수 있다면 좋은 일이라 생각했어요."

영국 해부 학교의 전성기에는 이런 이성적이고 고통스러운 감정은 찾아보기 힘들었다. 가장 일반적으로 사용된 방법은 묘지로 숨어들어 다른 사람의 친척을 파내 연구하는 것이었다. 사람들은 이런 행동을 '시체 들치기'라 불렀는데, 부자들의 무덤이나 납골당에 묻은 귀중품과 보물을 훔치는 도굴과는 다른 새로운 범죄였다. 그러나 당시에는 시체의 커프스 단추를 지니고 있다가 잡히면 범죄자가 됐지만, 시체 자체는 가지고 있다가 들킨다 해도 아무런 처벌을 받지 않았다. 해부 학교가 뜨기 전에는 갓 죽은 인간을 빼돌리는 것에 관한 법률이 없었다. 그럴 까닭도 없었다. 그 시점까지는 시간(屍姦)* 외에는 그런 행동을 할 이유가 거의 없었으니 말이다.

예나 지금이나 대학생들은 한밤중의 장난을 즐긴다. 일부 해부학 강사들은 바로 이런 점을 이용하여 학생들에게 묘지에 침입해 수업에 쓸 시체를 가져오라고 시켰다. 1700년대에 일부 스코틀랜드 학교에서는 이런 지시가 좀 더 공식적인 형태를 띠었다. 루스

---

* 시간은 1965년까지는 미국의 어떠한 주에서도 범죄가 아니었다. 오늘날 시간으로 가장 잘 알려진 사건으로 1979년 새크라멘토 영안실 근무자였던 캐런 그린리Karen Greenlee가 어느 청년의 사체를 훔쳐 달아났다가 체포된 예가 있다. 그때 그녀는 불법으로 영구차를 운전한 것 때문에 딱지를 뗐을 뿐, 그 행동 때문에 처벌을 받지는 않았다. 캘리포니아주에는 죽은 사람과의 섹스에 관한 법률이 없었기 때문이다. 미국에서 현재까지 시간에 관한 법률이 규정되어 있는 주는 16개뿐이다. 각 주의 성격에 따라 법률에서 사용하고 있는 용어도 다르다. 말이 적은 편인 미네소타주는 "죽은 시신과 성교하는" 사람들이라 표현한 데 반해, 자유분방한 네바다주는 이렇게 구체적으로 적고 있다. "입을 사용하여 여성 성기 또는 남성 성기를 애무하거나, 사람의 신체 일부분 또는 다른 물체를 다른 사람 신체의 성기나 항문에 삽입하는 등의 행위를 사망한 인간의 신체를 상대로 행하는 것은 중죄에 해당한다."

리차드슨은 등록금을 현금이 아니라 시체로 지불할 수도 있었다고 썼다.

어떤 강사들은 그런 달갑지 않은 일을 스스로 떠맡았다. 이들은 삼류 돌팔이들이 아니었다. 동료들 사이에서도 존경받는 사람들이었다. 미국 식민지 시대의 의사였던 토마스 수얼Thomas Sewell은 나중에 미국 대통령 세 명의 주치의가 됐고, 오늘날 조지 워싱턴 대학교 의과대학이 된 학교를 설립했다. 그러나 1818년에는 해부 목적으로 매사추세츠주 입스위치에서 젊은 여자 시신을 파낸 죄로 실형을 선고받았다.

그런가 하면 돈을 주고 사람을 사서 무덤을 파내게 한 해부학자들도 있다. 1828년 런던에 있는 해부 학교들의 사체 수요가 어느 정도였냐 하면, "해부 철"이 되면 전적으로 시체 들치기만으로 먹고사는 사람이 10명, 이를 부업으로 하는 사람이 200명 정도나 되었다(여름철의 냄새와 급속한 부패를 피하기 위해 해부학 과정은 10월에서 5월 사이에만 진행됐다.). 그해 하원에서 있었던 증언에 따르면 예닐곱 명의 소위 '부활업자'들로 이루어진 어느 조직은 312구의 시체를 파냈다고 한다. 보수는 연간 대략 1천 달러 정도였는데, 이는 비숙련 노무자들이 일반적으로 벌어들이는 수입의 5~10배에 해당하는 액수인 데다가 덤으로 여름철 내내 휴가도 즐길 수 있었다.

물론 이런 일은 비도덕적이고 지저분하기도 했지만, 생각보다는 덜 불쾌했을 것이다. 해부학자들은 갓 죽은 시체를 원했으므로 냄새는 사실 문제되지 않았다. 시체 들치기들은 무덤을 완전히 파낼 필요 없이, 머리 쪽 흙만 걷어내면 됐다. 그런 다음 관 뚜껑에 지렛대를 꽂아 위쪽으로 젖혀 관의 머리 부분을 한두 뼘 정도 뜯어내고, 시체의 목이나 겨드랑이에 밧줄을 걸어 끌어낸다. 그리고 방수포에 걸어 두었던 흙을 다시 덮으면 끝이었다. 이 모든 작업을 끝내는 데에는 한 시간도 걸리지 않았다.

부활업자들 대다수는 무덤을 파는 인부나, 해부 실습실 조교로 일하다가 다른 조직과 연결되어 돈벌이에 나선 사람들이었다. 더 많은 보수와 비교적 유연한 업무시간에 이끌린 이들은 합법적인 직업을 그만두고 삽과 부대를 잡았다. 누가 썼는지는 알 수 없지만, 《어느 부활업자의 일기Diary of a Resurrectionist》의 몇 장을 읽어 보면 이들이 어떤 부류의 사람들인지 조금은 느낌이 올 것이다.

3일 화요일(1811년 11월) 망보러 갔다가 바톨로우에서 삽들을 가져옴. (중략) 버틀러와 나는 취한 채 귀가.
10일 화요일 온종일 취한 채 지냄. 밤에 나가서 번힐 로우 5를 가져옴. 잭이 거의 파묻힐 뻔.
25일 금요일 합스에 가서 큰 걸 하나 가져다 잭의 집에 둠. 잭과 빌과 톰은 함께 가지 않음. 술에 취함.

일기를 쓴 사람이 시체를 지칭할 때 인칭을 사용하지 않은 것을 보고 혹시 그런 짓을 하면서 마음이 편치 않아서가 아닐까 하고 생각할 수도 있다. 그도 그럴 것이, 그는 시체의 모습에 대해 깊이 생각하지 않고, 그들의 서글픈 운명에 대해서도 생각하지 않는다. 그리고 죽은 자들을 몸집이나 성별 외에 다른 것으로 지칭하지 못한다. 시체에게 명사가 붙는 영광은 아주 간혹 있을 뿐이다(대부분은 "물건"이라 불렀다. 예를 들어 "맛이 간 물건" 등으로 표현했는데, 그건 "부패한 시체"라는 뜻이다.). 그러나 이는 그가 진득하게 앉아 자기 일을 소상하게 글로 남기는 성격이 아니었기 때문일 가능성이 더 크다. 더 뒤로 가면 "송곳니(canines)"라고 쓰는 것이 귀찮아 "ㅅㄱㄴ(cns)"로 쓰고 있다("맛이 간 물건"일 때에는 들치기가 완전히 헛수고가 되지 않도록 "ㅅㄱㄴ"와 그 밖의 이를 뽑아, 치과의사에게 틀니* 재료로 팔았다.).

시체 들치기들은 흔해 빠진 불한당들로, 동기는 오로지 탐욕뿐이었다. 그런데 해부학자들은 어땠을까? 시체를 훔치도록 사주하고, 누군가의 죽은 할머니를 가져다 거의 대놓고 사지를 절단할 수 있었던 사회 고위층 인사들은 도대체 어떤 사람들이었을까? 런던에서 가장 유명한 외과의사 겸 해부학자는 애스틀리 쿠퍼 경이었다. 그는 공개적으로는 부활업자들을 비난했지만, 실제로는 그들의 서비스를 적극적으로 수소문하여 두고두고 이용했을 뿐 아니라 자신에게 고용된 사람들에게도 그런 일을 하도록 권장하기도 했다. 이 인간이야말로 맛이 간 물건이었다.

쿠퍼는 인체 해부를 내놓고 옹호한 사람이었다. "죽은 자를 토

---

* 19세기 사람들은 사체에서 뽑은 이를 어떻게 자신의 입속에 넣을 수 있었을까? 21세기 사람들이 얼굴에 생긴 주름살을 펴기 위해 사체의 조직을 뽑아 자신의 얼굴에 주입할 수 있는 것과 마찬가지다. 어쩌면 그들은 이를 몰랐을 것이고 또 알았다 한들 상관하지도 않았을 것이다.

막 내 보지 않은 사람은 산 사람을 토막 낼 수밖에 없다"고 한 그의 말은 유명하다. 그의 주장은 충분히 일리가 있고 의과대학들이 처한 어려움도 심각했지만, 그럼에도 그에게 약간의 양심이 있었더라면 좋았으리라. 쿠퍼는 낯모르는 사람들의 가족을 조금의 가책도 없이 토막 낼 수 있을 뿐 아니라 자기에게 치료받던 사람들에게도 기꺼이 칼질할 수 있는 사람이었다. 그는 자신이 집도한 환자들의 주치의와 계속 연락을 주고받다가, 환자가 사망했다는 소식을 들으면 부활업자들을 시켜 무덤을 파내고 자신이 수술한 결과가 어떻게 됐는지를 보곤 했다. 또한 그는 동료들의 환자 가운데 흥미로운 병증이 있거나 유별난 해부학적 특징을 가진 사람들이 사망하면 부활업자들을 활용하여 그들의 사체를 손에 넣었다. 그의 생물학에 대한 건전한 열정은 일종의 섬뜩한 기행(奇行)으로 변질된 듯하다.

시체 들치기에 관해 휴버트 콜Hubert Cole이 쓴 책 《외과의사를 위한 것들Things for the Surgeon》에는 애스틀리 쿠퍼 경이 뼛조각에 물감으로 동료의 이름을 써 넣은 뒤 실습실 개에게 강제로 먹였다고 쓰여 있다. 나중에 그 개를 해부하며 뼈를 꺼내면, 물감이 묻은 부분만 남고 위산에 의해 뼈가 부식되어 그 동료의 이름이 양각으로 나타났는데, 쿠퍼 경은 이 뼈를 재미 삼아 선물했다고 한다. 콜은 이렇게 만든 유일무이한 명패를 동료들이 어떤 마음으로 받았는지는 설명하지 않았는데, 내 생각에 그들은 애스틀리 경의 선물을 애써 유쾌한 낯빛으로 받아들이고, 그가 와 있는 동안에는 눈에 잘

띄는 자리에 놓아두었을 것 같다. 애스틀리 경과 사이가 나쁜 채 저승에 가는 건 꽤나 꺼려지는 일이었기 때문이다. 애스틀리 경 본인도 이렇게 말했다고 한다.

"난 누구(의 시체)라도 손에 넣을 수 있어."

부활업자들과 마찬가지로 해부학자들 역시 적어도 자기 마음 속에서만큼은 죽은 인간을 그저 하나의 물건으로 보는 데에 성공한 사람들이다. 이들은 해부 및 해부학 연구 목적이라면 불법 시체 도굴이라도 정당하다고 보았을 뿐 아니라, 그렇게 파낸 시신을 존중할 대상으로 볼 이유가 조금도 없다고 생각했다. 시체들이 루스 리차드슨의 표현대로 *"톱밥을 채운 상자에 구겨넣어지거나 자루에 담겼거나 햄처럼 끈으로 묶인 상태로"* 집까지 배달되어도 이들은 상관하지 않았다. 시신을 일상품과 너무나도 꼭 같이 취급했기 때문에, 이따금 운송하는 과정에 상자가 뒤섞이기도 했다. 《보따리 쌈꾼들 The Sack-'Em-Up Men》의 저자 제임스 무어스 볼 James Moores Ball은 실습실로 배달된 상자를 열었으나 사체 대신 "극상품 햄 하나, 커다란 치즈 한 덩이, 달걀 한 바구니, 커다란 털실 한 타래"를 발견하고 당황한 해부학자 이야기를 적었다. 극상품 햄 하나, 커다란 치즈 한 덩이, 달걀 한 바구니, 커다란 털실 한 타래 대신 포장은 아주 잘 됐지만 꽤나 죽어 있는 영국인을 발견한 사람이 얼마나 놀라고 좌절했을지는 상상에 맡기겠다.

이 같은 존중심의 결여는 해부 그 자체와는 그다지 관계가 없었다. 그보다는 그 과정이 전반적으로 노상 극장 겸 도살장 분위기를 풍긴다는 점이 문제였다. 정치 풍자로 유명한 예술가 토마스 롤런드슨Thomas Rowlandson과 로코코 시대의 화가 윌리엄 호가스William Hogarth가 18세기와 19세기 초에 그린 해부실을 살펴보면 사체들의 내장이 마치 퍼레이드의 장식 리본처럼 탁자에서 아래로 늘어져 있고, 냄비에는 두개골이 보글보글 끓고 있으며, 방바닥에 흩어진 장기를 개들이 먹고 있는 모습이 보인다. 배경에서는 사람들이 멍하니 넋을 잃고 이 광경을 쳐다보고 있다. 분명 두 작가가 해부에 관한 자신들의 편견을 담긴 했겠지만, 기록으로 남은 자료를 살펴보면 이런 광경이 현실과 크게 다르지 않았음을 짐작할 수 있다. 작곡가 엑토르 베를리오즈Hector Berlioz가 1822년에 쓴 《비망록Memoirs》을 읽어 보면 그가 의학을 그만두고 음악을 추구하기로 한 계기가 적나라하게 드러난다.

> 로버트가 처음으로 나를 해부실로 데려갔다. 그 끔찍하고 섬뜩한 곳을 −팔다리의 토막들, 이를 드러낸 머리와 구멍 뚫린 두개골들, 발밑의 진득한 피 웅덩이, 거기서 풍겨오는 지독한 냄새, 허파 조각을 놓고 다루고 있는 참새 떼, 구석에서 피투성이 척추를 갉아먹고 있는 쥐들− 처음 보았을 때 어찌나 혐오감이 드는지, 나는 마치 저승사자와 저 소름 끼치는 온갖 것들이 내 뒤에서 나를 바짝 추격하고 있기라도 한 듯 해부실 창을 뛰어넘어 집으로 도망치고 말았다.

나는 당시 해부학자들 가운데 해부하고 남은 신체 부위들을 위해 영결식을 거행한 사람은 아무도 없었을 거라는 쪽에 극상품 햄 하나와 커다란 털실 한 타래를 걸겠다. 사체의 남은 조각은 존중심 때문이 아니라 달리 처리할 방법이 없어 매장했다. 매장은 언제나 밤에 건물 뒤에서 대충 이루어졌다.

얕게 매장한 시체에서 풍겨 나오는 악취 문제를 해결하기 위해 해부학자들은 몇 가지 독창적인 방법을 고안해 냈다. 그중 해부학자들이 런던의 야생동물 동물원 관리인들과 결탁했다는 소문이 끊이지 않고 나돌았다. 베를리오즈의 기록을 두고 볼 때 그 시대에는 참새들로도 충분했겠지만, 사체 처리용으로 맹금류를 키운 학자들도 있었다고 한다. 리차드슨은 해부학자들이 인간의 뼈와 지방을 고아 "경랍(鯨鱲) 같은 물질"을 만들어 양초와 비누의 원료로 사용했다는 기록도 발견했다. 이렇게 만든 비누와 양초를 해부학자들이 자기 집에서 사용했는지 선물로 돌렸는지는 적혀 있지 않다. 그렇지만 웬만하면 당시 해부학자들의 크리스마스 선물 대상 목록에 이름이 올라가지 않는 편이 나았을 것이다.

이런 식으로 합법적으로 쓸 수 있는 사체가 부족한 까닭에 시체를 파내려는 해부학자들과 시체를 파내지 못하게 하려는 대중들이 숨바꼭질을 벌이는 세태가 거의 한 세기 동안이나 이어졌다. 대체로 가장 피해를 많이 본 사람들은 가난한 계층이었다. 시간이 흐르면서 부활업자들을 막을 수 있는 무기와 서비스가 개발

됐지만, 그 비용을 감당할 수 있던 것은 상류층뿐이었다. '시신 금고'라 불리는 철제 우리를 관 주변에 둘러 땅속에, 또는 땅 위에 드러나게끔 설치하기도 했고, 스코틀랜드의 교회에서는 묘지에 "죽은 자들의 집"을 짓기도 했다. 이는 시체를 보관하는 건물로, 여기에 시체가 해부학자들에게 쓸모가 없어질 만큼 부패할 때까지 자물쇠를 채워 두었다. 스프링 장치가 달린 특허품 관, 무쇠로 만든 시체 고정 띠, 이중 관, 삼중 관 등 다양한 상품이 등장했다. 당연한 일이겠지만 장의사들의 최고 고객층은 해부학자들이었다. 리차드슨의 기록에 따르면 애스틀리 경은 자신의 관을 맞출 때 관 자체도 삼중이었지만, 거기에 그치지 않고 무식하게 커다란 석관 안에 마트료시카마냥 관을 겹겹이 넣기까지 했다고 한다.

해부학계에 치명적인 악명을 남긴 로버트 녹스Robert Knox라는 에딘버러의 해부학자가 있다. 그는 의학을 위해 암암리에 살인을 교사했다. 1828년 어느 날 녹스의 집에 손님이 찾아왔다. 조수가 나가 문을 열었더니 낯선 사람 둘이 마당에 사체 하나를 내려놓고 기다리고 있었다. 당시 해부학자들에게는 이런 일이 비일비재했고, 그래서 녹스는 그들을 집 안으로 들어오게 했다. 어쩌면 차를 한 잔 대접했을지도 모른다. 녹스 역시 애스틀리처럼 사회적으로 지위가 높은 사람이었다. 방문객인 윌리엄 버크William Burke와 윌리엄 헤어William Hare는 모두 낯선 사람들이었지만, 녹스는 사체의 친척들이 사체를 팔려고 가져왔다는 이야기를 곧이곧대로 받아들이고 흔쾌히 사체를 사들였다. 그러나 당시 사람들이 해부를 혐오했기 때문에 이는 신빙성이 낮은 이야기였다.

알고 보니 시체는 헤어 부부가 빈민가에서 운영하는 여인숙에서 살던 하숙생이었다. 그는 헤어의 하숙방에서 사망했고, 사망했으니만큼 그 집에서 머문 하숙비를 내지 못했다. 헤어는 외상을 그냥 넘어가는 성격이 아니었고, 그래서 나름대로 공평한 해결책을 생각해 냈다. 그와 버크가 시체를 떠메고 외과의사촌에서 산다는 해부학자들에게 가져가 팔면, 하숙생이 살아서 청산하지 못한 외상을 죽어서 갚을 기회가 되지 않겠느냐는 것이었다.

시체를 팔아 만질 수 있는 돈이 어느 정도인지를 알게 된 버크와 헤어는 직접 시체를 만드는 사업에 착수했다. 몇 주 뒤 어느 영락한 알코올 중독자가 헤어의 싸구려 여인숙에서 머물다가 열병에 걸렸다. 두 사람은 그를 그대로 두면 곧 사체들의 대열에 낄 것이라 보고 그 시일을 약간 앞당기기로 했다. 버크가 육중한 몸으로 그를 눌러 움직이지 못하게 한 사이 헤어가 베개로 얼굴을 덮어 눌렀다. 녹스는 사체를 가져온 그들에게 아무것도 묻지 않고 두 사람에게 조만간 또 찾아오라고 했다. 그래서 그들은 녹스를 또 찾아갔다. 그렇게 찾아간 것이 열대여섯 번이나 됐다. 두 남자는 너무 무식해 이미 죽은 사람들의 무덤을 파는 것으로도 같은 돈을 벌 수 있다는 사실을 알지 못했거나, 아니면 그러기에는 너무 게을렀던 것 같다.

지금으로부터 불과 30년 전에도 콜롬비아의 바랑키야Barranquilla

에서 버크와 헤어가 저지른 것과 같은 연쇄 살인사건이 일어났다. 사건의 주인공은 오스카 라파엘 헤르난데즈Oscar Rafael Hernandez라는 넝마주이로, 그는 1992년 3월에 하마터면 살해당해 의과대학 해부 실습실 재료로 팔릴 뻔했다.* 콜롬비아가 대부분 그렇듯 바랑키야에도 조직적인 재활용 제도가 없다. 그래서 수백 명에 이르는 극빈자들이 쓰레기 매립장을 뒤져 얻은 재활용품을 팔아서 생계를 꾸려 가고 있다. 사람들은 이들을 창녀나 떠돌이, 고아 등 사회적으로 버림받은 계층과 함께 경멸의 대상으로 삼는다. 이들은 "폐기물"이라 불리고, 우익 성향의 "사회정화대"에 의해 살해당하는 일도 많을 정도다.

사연은 이랬다. 바랑키야 자유대학교(Universidad Libre)의 경비들이 헤르난데즈에게 대학교에 와서 쓰레기를 주워 가라고 한 다음, 그가 도착하자 곤봉으로 머리를 때렸다. 〈로스앤젤레스 타임스Los Angeles Times〉에 실린 사건 기사에 따르면 헤르난데즈는 30구의 다른 시신과 함께 커다란 포름알데히드 통 안에 버려졌다가 깨어났다고 하는데, 사건에 대한 여타의 보고에서는 이 부분이 빠져 있다. 진위를 떠나 생각할 게 많은 대목이다. 의식을 되찾아 탈출한 헤르난데즈는 자신이 겪은 일을 세상에 알렸다.

---

* 통역의 도움을 받아 나는 바랑키야에서 사는 오스카 라파엘 헤르난데즈라는 사람의 전화번호를 알아낼 수 있었다. 한 여자가 전화를 받아 오스카가 집에 없다고 대답하자 통역은 용감하게도 오스카가 넝마주이인지, 또 흉악범들에게 살해당해 의과대학에 해부용으로 팔릴 뻔한 적이 있는지를 물었다. 그러자 상대 쪽으로부터 갑자기 흥분한 어조의 스페인어가 마구 들려왔는데, 통역은 이를 한 마디로 요약해 들려주었다. "그 오스카 라파엘 헤르난데즈가 아니랍니다."

인권운동가인 후안 파블로 오르도녜즈Juan Pablo Ordoñez는 사건을 조사했다. 그의 보고서에 따르면 바랑키야에서는 이미 시신 기증 프로그램이 시행되고 있었는데도 불구하고 최소 14명의 빈민이 의학 목적으로 살해당했으며, 헤르난데즈도 그중 한 명이 될 뻔했다고 했다. 게다가 국립 경찰 스스로가 자체적인 "사회정화" 활동에 나서서 입수하는 시체를 의과대학에 내려놓고 대학으로부터 1구당 150달러를 받아 내고 있었다고 한다. 대학의 경비 인력들이 이런 소문을 듣고 거기 가담한 것이다. 수사가 시작된 당시 대형 해부 실습 극장 안에서 50구 남짓한, 출처가 의심스러운 시신과 신체 부위들이 보존 처리된 상태로 발견됐다. 하지만 오늘날까지 대학교 측이나 경찰 중에서 체포된 사람은 아무도 없다.

반면 윌리엄 버크는 결국 정의의 심판을 받았다. 25,000명이 넘는 사람들이 모여 그의 교수형을 지켜보았다. 헤어는 사형을 면제받았는데, 이에 실망한 교수대의 군중들은 "버크 헤어!"를 연호했다. 이는 "헤어를 목매달자!"는 뜻으로, "버크"라는 말은 사람들 사이에 이미 "목 졸라 죽이다"는 뜻으로 자리잡은 상태였다. 헤어 역시 버크만큼이나 사람을 목 졸라 죽인 경험이 많겠지만, "헤어됐다!(She's been hared!)"는 말에는 "버크됐다!(She's been burked!)"는 말만큼 음산하고 강한 느낌이 오지 않는다. 그리고 세세한 부분은 쉽게 잊히는 법이다.

인과응보로, 당시 법률에 따라 버크의 시체는 해부됐다. 버크의 시체가 사용된 강의는 인간의 두뇌에 대한 것이었으므로 그의 배를 갈라 여기저기 헤집어 놓았을 것 같지는 않지만, 공식적인 해부 뒤에 군중들을 위한 눈요기로 배를 갈라 줬을지도 모른다. 실습실은 그 이튿날 일반인들에게 공개됐고, 정의 실현을 원하는 구경꾼 3만여 명이 실습실을 다녀갔다. 해부된 사체는 판사의 명에 따라 에딘버러의 왕립 외과대학에 이송돼 골격 표본으로 만들어졌고, 버크의 피부로 만든 몇 개의 지갑*과 함께 오늘날까지 그곳에 보관돼 있다.

녹스는 살인사건의 공범으로 기소되지는 않았지만, 사람들은 그에게도 책임이 있다고 생각했다. 사체들이 갓 사망한 상태인 데다가 그 가운데 하나는 머리와 발이 잘려 나가 있었고 나머지는 코나 귀에서 피가 흘러나오고 있었는데, 이런 모든 정황이 해부학자인 녹스에게는 충분히 의심스러워 보였을 것이다. 그러나 그는 이에 개의치 않았고, 한술 더 떠서 버크와 헤어가 가져온 시체들 가운데 비교적 아름다웠던 창녀 메리 패터슨Mary Paterson의 시체를 투명한 알코올 유리통에 넣어 자신의 실험실에 보관함으로써 자신의 명성에 크나큰 오점을 남겼다.

녹스의 책임에 대해 민의회에서 조사에 나섰으나 아무런 공식

---

* 이 지갑에 대해 알려준 사람은 왕립 외과대학의 서기관인 시나 존스Sheena Jones이다. 그녀가 그것을 "포켓 북"이라 부른 바람에 나는 버크의 피부로 여성용 핸드백을 만든 것으로 착각할 뻔 했다. 그 지갑은 이제는 타계한 조지 치엔George Chiene이라는 사람이 기증한 것이라고 했는데, 애초에 누가 그 지갑을 만들었는지, 최초 소유자는 누구였는지, 또는 치엔이 그 지갑 안에 돈을 보관한 적이 있는지는 모른다고 했다. 그러나 일반적인 밤색 가죽 지갑처럼 보이기 때문에 "그냥 보아서는 사람 가죽으로 만든 것인지 분간이 가지 않는다"고 말했다.

적인 조처도 취하지 않자 그 이튿날 군중이 녹스의 허수아비를 들고 집회를 열었다(허수아비의 등에 "녹스, 악명 높은 헤어와 한패"라는 꼬리표를 붙여야만 했던 걸 보면 녹스와 그리 닮지는 않았던 모양이다.). 이들은 허수아비 녹스를 들고 시가지를 행진하여 진짜 녹스가 사는 집으로 향했다. 녹스의 집에 도착한 시위대는 허수아비를 나무에 목매달고, 그런 다음 끌어내려 –당연히– 갈기갈기 찢었다.

이 무렵 의회에서는 해부학계의 문제가 정도에서 다소 벗어났다고 판단하여 위원회를 소집해 묘안을 짜기 시작했다. 논의는 주로 시체를 확보할 다른 방법에 –주로 병원이나 교도소, 노역소 등에서 아무도 찾아가지 않는 시체를 활용하자는– 초점을 맞추었지만, 몇몇 의사들이 흥미로운 의제를 내놓았다. 인체 해부가 정말 필요한가 하는 것이었다. 인체 모형이나 그림, 보존 처리된 해부체 등을 통해 해부학을 배울 수는 없는 것일까?

동서고금을 막론하고 "인체 해부가 정말 필요한가" 하는 질문에 대해 만장일치로 "그렇다"는 대답이 나온 때가 종종 있었다. 실제로 인체를 해부해 보지 않은 채 인체의 동작 원리를 알아내려 할 때 일어날 수 있는 일을 몇 가지 사례로 소개하겠다.

고대 중국 유교에서는 인간의 해부를 인체에 대한 모독으로 간주하여 금지시켰다. 이로 인해 현존하는 최고(最古)의 한의서로서 의학 및 해부학을 다룬 《황제내경 Canon of Medicine》의 저자 역시 집필 시에 어려움을 겪은 것 같다. 《초기 인체 해부학사 Early History of

Human Anatomy》에서 인용한 다음의 글을 보면 알겠지만, 저자가 본의 아니게 지어냈음이 분명한 부분도 있다.

> 심장은 군주의 위치에 있어서 신체의 모든 장기를 다스린다. 폐는 재상의 위치에 있어서 군주의 명령을 시행한다. 간은 장군의 위치여서 질서를 유지한다. 담낭은 중정(中正)*이다. (중략) 비위는 창고로서 다섯 미각을 감독한다. 상초, 중초, 하초 등 삼초(三焦)가 있으니, 이들은 함께 인체의 상하수도 설비 역할을 한다.

그렇지만 황제내경의 저자가 대단한 것은, 시체를 해부해 본 일도 없으면서 "신체의 혈맥은 심장이 주관한다"거나 "혈류는 멈추지 않고 흐르며 쉼 없이 순환한다"는 사실을 알아냈다는 점이다. 다시 말해 저자는 윌리엄 하비가 알아낸 것을 그보다 수천 년 전에, 그것도 자신의 가족을 해부해 보지 않고도 알아낸 것이다.

로마 제국 역시 인간 해부에 대해 정부가 이맛살을 찌푸릴 때 의학이 어떻게 되는지를 잘 보여준다. 역사상 가장 존경받는 해부학자 가운데 한 사람인 갈렌Galen이 쓴 교재에 대해 이의를 제기한 사람은 몇 세기 동안 한 명도 없었다. 하지만 그는 한 번도 인간의 사체를 해부해 본 적이 없었다. 그는 검투사 담당 외과의사로 있으면서 검에 의해 벌어진 상처나 사자의 발톱에 찢긴 상처

---

* 중국에서 인재 등용을 맡아보던 관직. — 옮긴이 주

를 통해, 부분적이기는 해도 인체의 내부를 들여다볼 기회를 자주 얻었다. 또 동물들도 상당수 해부해 보았다. 그는 동물 가운데에서도 원숭이를 선호했는데, 특히 원숭이의 얼굴이 둥글수록 해부학적으로 더욱 인간과 가깝다고 믿었다. 나중에 르네상스 시대의 위대한 해부학자 안드레아스 베살리우스Andreas Vesalius는 골격만 비교해 보아도 인간과 원숭이 사이에는 200가지 차이점이 있다고 지적했다(갈렌이 비교 해부학자로서 부족한 점이 무엇이든 그 뛰어난 재주만큼은 인정해 주어야만 한다. 고대 로마에서 원숭이를 구하는 게 결코 쉬운 일은 아니었을 테니까.). 갈렌의 주장에는 옳은 부분도 아주 많았다. 단지 틀린 부분 또한 상당히 많았을 뿐이다. 그의 그림에서는 간이 다섯 갈래로 갈라진 모양을 하고 있고 심장에는 심실이 세 개씩 그려져 있다.

   고대 그리스 역시 인체 해부에 관해서는 뾰족한 수가 없었다. 갈렌과 마찬가지로 히포크라테스Hippocrates도 인간의 사체를 해부해 본 적이 한 번도 없었으며, 해부를 두고 "잔인하다고는 할 수 없어도 불쾌하다"고 말했다. 해부학자 T. V. N. 퍼소드Persaud의 저서 《초기 인체 해부학사Early History of Human Anatomy》에 의하면 히포크라테스는 힘줄을 "신경"이라 지칭했고 인간의 두뇌는 점액을 분비하는 기관이라 믿었다. 나로서는 이런 정보가 놀라웠지만, 그래도 이 말을 한 사람이 의학의 아버지인 만큼 의문을 품지 않기로 했다. 책 표지에 저자가 "T. V. N. 퍼소드(의학박사, 과학박사, 이학박사, 영국왕립의과대학 병리학 특별연구원, 아일랜드왕립의과대학 병리학 특별연구원, 미국산부인과협회 특별연구원)"로 화려하게 표기돼 있으면 책 내용에 대해 의

문을 품지 않는 법이다. 누가 알겠는가. 어쩌면 의학의 아버지라는 이름이 실수로 히포크라테스에게 돌아갔는지도 모른다. 어쩌면 진정한 의학의 아버지는 T.V.N. 퍼소드인지도 모른다.

앞서 언급한 해부학자 베살리우스가 르네상스 시대의 멋들어진 셔츠를 더럽혀 가며 '직접 자기 손으로' 해부를 해야 한다고 역설한 게 괜한 소리가 아니다. 르네상스 시대의 해부학 교실에서는 인체 해부가 받아들여지고 있었지만, 대부분의 교수들은 시체에 직접 손대는 것을 꺼렸다. 강의를 할 때도 해부는 다른 사람에게 돈을 주고 맡긴 뒤, 자신은 시체로부터 적당히 떨어진 깨끗하고 안전한 곳에 높은 의자를 설치해 두고 앉아 그저 나무 막대로 장기들을 가리키기만 했다. 베살리우스는 이런 관행을 비판하며 여과 없이 감정을 드러냈다. C.D. 오말리의 전기를 보면 베살리우스는 그런 교수들을 "직접 살펴본 적은 한 번도 없으면서 그저 책에서 보고 외운 것을 터무니없이 오만방자하게 깍깍거리는, 높은 의자에 앉은 갈까마귀들"이라 지칭하면서, "그래서 모든 걸 틀리게 가르치고 또 어리석은 질문 때문에 시간을 허비한다"고 했다.

베살리우스는 그때까지의 역사를 통틀어 한 번도 볼 수 없었던 해부학자였다. 학생들에게 "고기를 먹을 때에는 힘줄을 관찰하라"고 가르친 사람이었다. 벨기에에서 의학을 공부하던 그는 처형된 죄수들을 해부했을 뿐 아니라 효시된 시체를 직접 훔치기도 했다. 그는 대단히 세밀한 해부도 도판과 교재를 여럿 제작했고, 그가 쓴 《인체 구조에 관하여 De Humani Corporis Fabrica》는 역사상 가장 중요한 해부학 책으로 여겨진다.

　문제는 베살리우스 같은 사람이 해부학의 기본을 거의 대부분 알아낸 지금, 해부학을 배우는 학생들 모두가 거기 뛰어들어 처음부터 다 다시 확인할 필요가 있을까 하는 것이다. 인체 모형이나 보존 처리된 해부 사체를 이용해서 해부학을 가르칠 수는 없는 것일까? 학생들이 해부 실습실에서 의학사를 처음부터 되밟아야 하는 것일까? 이 질문은 사체를 입수하는 방식을 두고 볼 때, 특히 녹스의 시대에 유효한 것이겠지만, 오늘날에도 여전히 유효하다.

　나는 이에 대해 의사 휴 패터슨에게 물어보았는데, 실제로 일부 의과대학의 교과 과정에서는 전신 해부 실습이 점점 사라지고 있다고 했다. 사실 지난번에 캘리포니아 대학교 샌프란시스코(UCSF)에서 참관했던 해부 실습 강의 역시 학생들이 마지막으로 전신 사체를 해부하는 강의였다. 다음 학기부터는 해부학적으로 중요한 특징과 체계가 잘 드러나도록 신체 부위를 절단하여 보존 처리한 해부 사체, 즉 프로섹션(prosection)을 공부하게 될 거라고 한다.

　콜로라도 대학교에서는 인체 모형 센터가 디지털 시대의 해부학 강의를 향한 행보에 앞장서고 있다. 이들은 1993년에 사체를 얼린 다음 가로로 1mm씩 깎아내면서 사진을 촬영했다. 이렇게 찍은 1,871장의 사진을 이용하여, 컴퓨터 화면상에서 방향 전환이 가능한 입체 모형을 만들었다. 해부학을 공부하는 학생들이 마치 모의 비행을 하는 비행사처럼 사체와 사체의 모든 구성 부분을 화면으로 살펴볼 수 있게 된 것이다.

해부학 강의 방식이 바뀌고 있는 것은 사체 부족이나 해부에 대한 대중의 인식 때문이 아니다. 모든 것은 시간의 문제이다. 지난 한 세기 동안 의학은 엄청나게 진보했지만, 그 모든 것을 배우고 익힐 시간은 늘어나지 않았다. 해부에 대해 배울 수 있는 시간이 애스틀리 쿠퍼 시대에 비해 오늘날 훨씬 더 짧다는 사실 하나만으로도 충분히 설명이 될 것이다.

나는 패터슨의 해부 실습실 학생들에게 시체를 해부할 기회가 없었다면 어땠을지 물었다. 사기를 당한 기분일 거라고 ―사체 해부는 의사들에게 일종의 통과 의례이기 때문에― 말하는 학생들도 일부 있었지만, 많은 학생이 의외로 괜찮았을 거라고 대답했다. 한 학생은 이렇게 말했다.

"해부 실습 때, 모든 게 잘 맞물려 책만으로는 도저히 얻을 수 없는 부분을 깨치는 날도 있었습니다. 그러나 이 실습실에 올라와 두 시간을 보내는 게 완전히 시간 낭비라는 느낌이 드는 날도 있었죠. 사실 그런 날이 아주 많았습니다."

그러나 해부 실습실은 해부학만 배우는 곳이 아니다. 죽음을 대면하는 곳이기도 하다. 해부를 통해 시체를 난생처음 접하는 의학도 아주 많다. 그런 만큼 사체 해부는 오래전부터 의사 교육에 필수적인 과정으로 생각돼 왔다. 그러나 최근까지 그들은 존중심과 동정심이 아니라 그 정반대를 배운 경우가 많았다. 전통적으로 해부 실습실은 죽음을 대할 때 '되면 되고 말면 말고' 하는 식의 사고방식을 품어 왔다. 의학도들은 자신에게 맡겨진 과제를 해내기 위해 스스로를 무뎌지게 만들 방법을 찾아야만 했다. 이들은 사체를 사물로 바라보는 법을 재빨리 배워, 죽은 사람을 '예전에 인간이었던 것'으로 생각하는 것이 아니라 세포와 조직으로 생각하는 방법을 익혔다. 사체를 웃음거리로 삼는 태도가 용인될 뿐 아니라 대수롭지 않게 여기기까지 했다. 반더빌트 대학교의 의료해부학 프로그램 국장인 아트 댈리는 이렇게 말했다.

"그리 오래지 않은 옛날에는 사체를 대하는 비결이랍시고 그것을 안일하게 대하도록 가르친 적도 있었습니다."

오늘날의 교육자들은 학생들에게 메스를 쥐어 주고 사체를 맡기는 방법 말고도 죽음을 더 직접적으로 다룰 수 있는 길이 있을 것으로 생각한다. 캘리포니아 대학교 샌프란시스코에서는 패터슨이 맡은 해부학 수업을 비롯하여 여러 학교가 전신 사체 해부 과정을 없앤 덕분에 남아돌게 된 시간의 일부를 죽음 및 죽음에 이르기까지의 과정에 대한 특별 과목에 할당할 계획이다. 외부인을 통해 학생들에게 죽음에 대해 가르치고자 한다면, 죽은 사람 못지않게 호스피스 환자나 슬픔상담원에게서도 배울 게 충분히 많을 것이다.

이런 추세가 계속된다면 의학계는 두 세기 전만 해도 상상할 수 없었던, 사체가 남아도는 미증유의 상황을 맞게 될 것이다. 해부와 신체 기증에 대한 여론이 이렇게나 짧은 기간에, 이렇게나 반대로 돌아선 것을 보면 놀랍다. 나는 아트 댈리에게 이런 변화의 원인이 무엇인지 물었다. 그는 여러 가지 복합적인 요소 때문이라고 했다.

1960년대에는 최초의 심장 이식이 있었고 통합 해부학 기증법이 통과됐는데, 이 두 가지 사건을 계기로 이식을 위한 장기 기증의 필요성과 신체 기증이 죽음 이후의 한 방법이 될 수 있다는 대중의 인식이 높아졌다. 댈리는 또 비슷한 시기에 장례 비용이 눈에 띄게 비싸졌다고 했다. 뒤이어 《미국식 죽음The American Way of Death》이 —제시카 밋포드Jessica Mitford가 장례 산업에 대한 신랄하게 폭로한 책— 출간되고 갑자기 화장이 인기를 끌기 시작했다. 자신의 신체를 과학에 기증하는 것 역시 매장을 대신할, 더욱이 이 경우에는 이타적이기도 한 하나의 새로운 방법으로 받아들여지기 시작했다.

여기에 나는 과학의 대중화라는 요소를 덧붙이고자 한다. 생각건대 일반인이 생물학에 대해 품는 이해의 폭이 넓어진 덕분에 죽음과 매장에 대해 막연히 품고 있던 낭만적 사고방식—시체를 그저 거의 인간과 같이 깔끔하게 단장한 얼굴을 하고, 옷을 말쑥하게 입은 채로 땅속에 누워 잠자기를 좋아하는, 부드러운 비단과 교회 음악이 어우러진 세상에서 한껏 행복을 누리는 존재로 보는—이 흐릿해진 것이 아닌가 한다. 1800년대 사람들은 매장이 해부에 비해 덜 소름끼치는 운명이라고 생각한 것 같다. 그러나 이제 살펴보겠지만, 현실은 전혀 그렇지 않다.

3
죽음 이후에
일어나는 일

신체의 부패와
그 대처법

테네시 대학교의 의학 센터 뒤에는 다람쥐가 조르르 뛰어다니고 새들이 지저귀는 수풀 우거진 아름다운 숲이 있다. 풀밭에는 사람들이 누워 있다. 연구원들이 그들을 어디에 내려놓느냐에 따라 그들이 누울 자리는 달라진다.

이 쾌적한 녹스빌의 언덕배기는 야외 현장 연구소로, 전적으로 인체 부패만을 연구하는 세계 유일의 시설이다. 햇볕을 쬐며 누워 있는 이들은 이미 죽은 사람들이다. 이들은 기증된 사체로, 과학수사의 발전을 위해 말없이 저마다의 향기를 풍기고 있다. 죽은 신체가 어떻게 부패하는지, 즉 어떤 생물학적·화학적 변화 단계를 거치는지, 각 단계는 얼마나 오래 지속되는지, 이런 단계에 환경적

요소는 어떤 영향을 미치는지 등을 잘 알면 사망한 시간, 즉 살해된 날짜 또는 나아가 살해된 시간을 더 정확히 추정할 수 있다.

이러한 연구를 통해 경찰은 죽은 지 얼마 안 된 시체의 사망시간을 상당히 정확히 집어낼 수 있다. 사망 후 24시간 이내에는 안구 속 유리체에 함유된 칼륨 함량이 사망 시간 확인에 도움이 된다. 사체 냉각(algor mortis), 즉 시체가 식어 가는 현상도 마찬가지이다. (극단적인 온도에 노출된 경우를 제외하면) 시체는 주변 기온과 같아질 때까지 시간당 약 0.83℃ 정도씩 체온을 잃는다. (사체 경직(rigor mortis)은 편차가 조금 더 크다. 사망한 뒤 몇 시간이 지나면 대개는 머리와 목 부위에서 신체의 아랫부분으로 퍼지며, 사망 후 10시간 내지 48시간만에 끝난다.)

죽은 지 3일 이상이 지난 사체일 때, 수사관들은 곤충학적 실마리(사체에서 발견되는 파리 유충은 얼마나 오래됐는가)와 부패 단계에 의존하여 답을 찾는다. 그런데 부패는 환경과 상황 인자에 대단히 많은 영향을 받는다. 날씨는 어땠는지, 시체가 묻혀 있었는지, 묻혔다면 무엇에 묻혀 있었는지 등이 부패에 영향을 준다. 이러한 인자의 효과를 더 잘 이해하려는 목적에서 테네시 대학교의 '인류학 연구소'라는 거창하고도 모호한 이름의 연구소에서는 사체를 땅속에 얕게 묻기도 하고, 콘크리트 상자에 넣기도 하고, 자동차 트렁크에 넣기도 하고, 인공 연못에 넣기도 하고, 비닐봉지로 싸기도 한다. 말하자면 살인자가 시체를 처리하기 위해 할 만한 일은 다 해 보는 것이다.

이런 변수가 사체의 분해 작용에서 시간적으로 어떤 영향을 미치는지를 이해하려면 표준 상태, 즉 기본적으로 인간의 간섭이 없는 상태에서 어떤 변화가 일어나는지를 잘 알아야 한다. 내가 오늘 여기 온 것도 그 때문이다. 바로 그것이 알고 싶다. 사체를 자연 상태에 맡기면 정확하게 어떤 과정을 밟는가?

나를 '인간 분해'의 세계로 안내해 줄 사람은 아파드 바스Arpad Vass라는 참을성 많고 친절한 사람이다. 아파드는 인간의 부패를 10년이 넘도록 연구해 왔다. 그는 테네시 대학교의 범죄인류학 담당 겸임 연구교수이며, 근처에 있는 오크릿지 국립 연구소의 수석 연구원이다. 연구소에서 아파드가 진행하고 있는 프로젝트 중에는 피해자 장기의 조직 샘플과 부패 시간에 따라 변화하는 10여 가지 화학물질을 분석함으로써 사망 시간을 정확히 짚어 내는 방법을 개발하는 것도 포함돼 있다. 사망 이후 인체 조직이 일반적인 조건에서 부패하면서 발생하는 부패 화학물질을 한 시간이 지날 때마다 측정해 두는 것인데, 피해자로부터 추출한 부패 화학물질을 분석한 다음 이것을 기준으로 하여 사망 시간을 판정한다. 실험적으로 추정해 보았을 때 아파드의 방법으로는 사망 시간을 12시간 안팎의 오차 이내에서 알아낼 수 있었다.

여러 가지 화학물질이 분해되는 시간을 측정하기 위한 자료는 부패 시설의 사체에서 얻어 냈다. 아파드는 18구의 시신으로부터 모두 700개가량의 샘플을 채취했다. 이루 말할 수 없는 작업이었다. 특히 분해 과정 말기로 갈수록 더 힘들었고, 인체의 특정 기관에서는 더욱 심했다. 아파드는 이렇게 말한다.

"간을 채취하기 위해 시체를 뒤집어야 했던 때도 있지요."

뇌는 눈구멍으로 탐침을 밀어 넣어 채취했다. 아파드는 현장에서 토할 뻔한 적도 있었지만, 흥미롭게도 그 원인은 이런 작업과는 직접 연관이 없었다. 그는 힘없이 말한다.

"지난여름 어느 날 숨을 쉬다가 그만 파리가 콧속으로 들어가 버렸습니다. 고놈이 윙윙거리며 목을 타고 내려가는 게 느껴지더라고요."

나는 이런 일을 하면 어떤 기분인지 아파드에게 물어본 적이 있다.

"어떤 기분이라뇨?"

그는 내게 되물었다.

"간을 자르다가 쏟아져 나오는 온갖 애벌레들을 뒤집어쓰고, 내장에서 국물이 튈 때 내 머릿속에 어떤 생각이 떠오르는지 생생하게 말해 달라는 얘깁니까?"

나는 그렇다고 대답하고 싶었지만, 잠자코 있었다. 그는 말을 계속했다.

"그런 데에는 그다지 신경을 쓰지 않아요. 오히려 내가 하는 일의 가치를 생각하죠. 그러면 역겹다는 느낌이 조금은 줄어들거든요."

그는 재료들이 인간의 시체라는 부분은 더 이상 마음에 걸리지 않는다. 하지만 예전에는 마음에 걸렸단다. 그 시절에는 시신의 얼굴이 보이지 않도록 엎어 놓았다고 한다.

오늘 아침 아파드와 나는 싹싹하고 매력적인 론 월리Ron Walli가 모는 승합차 뒷자리에 앉아 목적지를 향해 가고 있다. 론은 오크 릿지 연구소의 언론사 담당 홍보관 중 한 명이다. 그는 테네시 대학교 메디컬 센터의 주차장 한쪽 끝 외진 공간, G 구역으로 차를 몬다. 더운 여름날이면 G 구역에서는 언제나 주차할 자리를 찾아낼 수 있다. 병원까지 더 오래 걸어가야 하기 때문만은 아니다. G 구역에는 가시철사를 친 높다란 목제 울타리가 세워져 있고, 울타리 반대편에는 시체들이 있다. 아파드가 승합차에서 내리더니 말한다.

"오늘은 냄새가 그리 나쁘지 않은데요."

그의 "그리 나쁘지 않다"는 말에는 자동차를 후진하다가 공들여 가꾼 꽃밭을 짓밟았을 때, 혹은 집에서 직접 머리를 염색했는데 색깔이 좀 이상하게 나왔을 때나 들을 수 있는, 애써 명랑하게 굴려는 이의 공허함이 배어 있다.

막 출발했을 때 흥겹게 이런저런 구경거리를 가리키기도 하고, 라디오에서 나오는 노래도 따라 부르던 론은 이제 사형수 같은 표정을 하고 있다. 아파드가 차창 안으로 고개를 들이밀고 말한다.

"론, 안에 들어갈 거야? 아니면 이번에도 차 안에 숨어 있을 거야?"

론은 차에서 내려 뚱한 얼굴로 따라온다. 그는 이곳에 네 번째 방문했지만 아무리 많이 와도 적응이 되지 않을 거라고 말한다. 그들이 죽은 사람들이라는 사실 때문이 아니다(론은 전직 신문기자였으므로 사고 희생자들을 늘 보았다.). 문제는 부패하는 광경과 냄새다. 그는 말한다.

"냄새가 몸에서 빠지질 않아요. 기분 탓인지는 모르지만, 처음 여기 왔다가 집에 돌아가서는 손과 얼굴을 스무 번도 넘게 씻었을 겁니다."

대문 바로 안에는 고풍스러운 철제 우편함 두 개가 기둥 위에 세워져 있다. 마치 몇몇 주민들이 우체국을 설득해 비, 진눈깨비, 우박처럼 죽음 역시 우편 배달을 쉴 이유가 될 수 없음을 주지시키기라도 한 것 같다. 아파드가 그 가운데 하나를 열어 수술용 청록색 장갑을 꺼낸다. 두 개는 자기가 갖고, 내게도 두 개를 준다. 론에게는 권해도 소용이 없음을 그는 알고 있다.

"저기서부터 시작하죠."

아파드는 6미터 정도 떨어진 곳에 있는 커다란 남자를 가리킨다. 이 거리에서 보면 낮잠을 자는 듯 보이기도 한다. 팔의 위치라든가 조용한 자태로 미루어, 그보다는 더 고착된 상태일지도 모른다는 분위기가 풍긴다. 우리는 남자에게 다가간다. 론은 대문 근처에 머무르며 공구 창고의 구조에 관심이 있는 척하고 있다.

테네시주의 배불뚝이 아저씨들이 대체로 그렇듯, 이 (죽은) 남자도 편안한 옷차림이다. 운동복 바지에 주머니가 하나 달린 흰색

남방을 입었다. 아파드는 대학원생 하나가 의복이 부패 과정에 미치는 영향을 연구하고 있다고 설명한다. 원래 이곳의 시신들은 보통 알몸이란다.

운동복 바지 차림의 사체는 갓 도착한 신인이다. 그는 인체 부패의 첫 단계를 거치는 동안 우리만의 스타가 될 것이다. 첫 단계는 **신선한** 단계이다(여기서 "신선하다"는 말은 '신선한 물고기'의 신선함이지 신선한 공기의 신선함이 아니다. 갓 죽었기는 하지만, 코를 들이박을 마음이 생길 정도는 아니라는 뜻이다.). 부패의 신선한 단계에서 나타나는 특징은 자기분해(autolysis), 즉 자기소화이다. 인간의 세포는 효소를 이용하여 화합물을 잘게 쪼개어 활용이 가능한 분자 단위로 바꾼다. 사람이 살아 있는 동안에는 세포가 이 효소를 통제하여 세포 자신이 분해되는 것을 막는다. 그러나 죽고 나면 효소가 아무런 제재 없이 활동하기 때문에 세포벽을 먹기 시작하고, 그러면 안에 있는 액체가 흘러나오게 된다.

아파드가 말한다.

"저기 손가락 끝에 피부가 보이지요?"

죽은 남자의 손가락 두 개에 경리 직원이 손에 끼는 고무 골무 같아 보이는 것이 끼워져 있다.

"세포에서 액체가 흘러나오면 피부 층 사이에 들어가 피부를 느슨하게 만들어요. 그런 과정이 차차 진행되면 피부의 탈피가 일어나는 겁니다."

장례 산업 종사자들은 이런 현상을 다르게 부른다. 그들은 "허물벗기"라 부른다. 이따금 손 전체의 피부가 벗겨지기도 한다. 장례 산업 종사자들은 이에 대해서는 따로 이름을 붙이지 않았지만, 과학 수사를 하는 사람들은 이를 "장갑현상"이라는 이름으로 부른다.

"이 과정이 진행되면 신체에서 피부가 커다란 덩어리 모양으로 떨어져 나오죠."

아파드는 설명을 이어간다. 그는 남방 자락을 들어올려 진짜로 커다란 피부 덩어리가 떨어져 나왔는지를 확인한다. 그런 부분은 보이지 않지만 괜찮다.

뭔가 다른 일이 일어나고 있다. 남자의 배꼽에 꿈틀거리는 쌀알이 잔뜩 고여 있다. 쌀알들이 콘서트를 보러 몰려든 것 같다. 그러나 원래 쌀알은 움직이지 않는다. 그러므로 이건 쌀알일 수가 없다. 이것은 파리 유충들이다. 파리 유충에게 곤충학자들이 따로 붙인 "구더기"라는 이름이 있지만, 추한 이름이기도 하고 모욕적이기도 하다. 그러니 "구더기"라는 용어 대신 좀 예쁜 이름, 뭐가 좋을까? 그래, "아시엔다(hacienda, 거대한 농원)"라고 부르기로 하자.

아파드는 파리가 신체의 입구, 즉 눈·입·아물지 않은 상처·성기 등에 알을 낳는다고 설명한다. 좀 더 자라 더 커진 아시엔다들과는 달리, 작은 것들은 피부를 뚫고 들어가지 못한다. 나는 아파드에게 작은 아시엔다들이 무엇을 찾고 있는지 묻는 실수를 저지른다.

아파드는 시체의 왼발 쪽으로 돌아간다. 이 남자의 발은 창백하고, 피부는 투명하다.

"피부밑의 아시엔다들이 보이지요? 피하 지방을 먹고 있는 겁니다. 지방을 좋아하거든요."

보인다. 아시엔다들이 넓게 퍼져 느리게 움직이고 있다. 피부 바로 아래에 작디작은 하얀 솜털 같은 것들이 깔린 이 남자의 피부는 어떻게 보면 아름답기도 하다. 마치 일본에서 들여온 값비싼 고급지 같다. 나도 모르게 이런 생각을 하게 된다.

부패 과정 쪽으로 눈을 돌려 보자. 효소에 의해 파괴된 세포에서 흘러나오는 액체는 이제 몸속을 흘러간다. 오래지 않아 이 액체는 신체 속에 있는 박테리아들, 즉 부패 작용을 진전시키는 보병들과 마주치게 된다. 이런 박테리아들은 살아 있는 신체 속에 있던 것들이다. 주로 장 계통, 허파, 피부 등 바깥 세계와 접촉하는 곳에서 살던 것들이다. 이들 단세포 친구들에게 삶은 지금 장밋빛으로 보인다. 이미 인간의 면역 체계가 가동하지 않는 덕을 톡톡히 보고 있었는데, 내장 표면을 이루고 있던 세포가 파괴되면서 흘러나오는 죽 같은 음식물에 파묻히기까지 하는 것이다. 먹이가 비 오듯 쏟아진다. 풍족한 시기에 늘 그렇듯 이들의 숫자가 불어난다. 일부 박테리아들은 이들에게 양분을 공급해 주고 있는 바로 그 액체를 타고 둥둥 떠다니며 신체의 머나먼 변방지대로 이주한다. 얼마 안 가 어디를 가도 박테리아가 가득해진다. 이제부터 무대는 다음 장으로 넘어간다. 바로 팽창이다.

박테리아의 삶은 먹이를 중심으로 이루어진다. 박테리아는 입도 손가락도 요리 도구도 없지만, 먹이를 먹고, 소화하고, 배설한다. 우리와 마찬가지로 이들 역시 먹이를 더 기본적인 영양소로 분해한다. 우리 위 속에 있는 효소는 고기를 단백질로 분해한다. 우리의 장 속에 있는 박테리아는 이런 단백질을 아미노산으로 분해한다. 우리가 넘겨준 것을 재료로 작업을 시작하는 것이다. 우리가 먹는 것을 먹고 살던 박테리아는 우리가 죽으면 우리를 먹기 시작한다. 그리고 우리가 살아 있던 때와 마찬가지로 박테리아는 그 과정에서 가스를 만들어 낸다. 장 가스는 박테리아의 대사 작용에서 발생하는 부산물이다.

차이점은 우리가 살아 있을 때는 그 가스를 밖으로 내보낸다는 것이다. 하지만 죽은 사람에게는 움직일 수 있는 위 근육이나 괄약근이 없고, 같은 침대에서 코를 쥐고 짜증 낼 사람도 없으므로 가스를 내보내지 않는다. 정확히는 내보내지 못한다. 따라서 가스가 점점 차오르고, 배가 팽창한다. 나는 아파드에게 시간이 흐르며 가스가 저절로 빠져나오지 않는 까닭을 묻는다. 그는 작은 창자가 찌그러지며 길을 가로막아 버리기 때문이라고 설명한다. 또는 "뭔가"가 출구를 가로막고 있을 수도 있다. 그렇지만 조금씩 찔러 주면 고약한 공기가 조금 빠져나오는 일도 종종 있다고 한다. 그래서 엄밀히 말하면 죽은 사람들도 방귀를 뀐다고 말할 수 있단다. 꼭 그렇게 된다는 게 아니라 그럴 수도 있다는 말이다.

아파드는 내게 따라오라고 손짓하며 오르막을 올라간다. 팽창기에 있는 좋은 표본이 어디 있는지 알고 있는 것이다. 론은 아직도 공구 창고 곁에 서서, 마치 정비공처럼 잔디깎이를 요모조모 살펴보고 있다. 대문 안쪽의 광경과 냄새를 피하겠다는 의지가 아주 단호하다. 나는 같이 가자고 그를 부른다. 누가 옆에 있어 주면 좋겠다 싶다. 이런 광경을 날마다 보지 않는, 나와 같은 처지인 사람이 함께 있으면 더 힘이 날 것 같다. 론은 신고 있는 운동화만 내려다보며 우리를 따라온다.

우리는 빨간 하버드 운동복 차림에 키가 2미터 정도 되는 해골을 지나친다. 론은 여전히 자신의 신발만 내려다보고 있다.

우리는 분해되고 남은 커다란 유방의 피부가 유목민들의 텅 빈 물주머니처럼 납작해져 가슴 위에 얹혀만 있는 여자 곁을 지나친다. 론은 여전히 자신의 신만 내려다보고 있다.

아파드는 박테리아가 가장 많은 복부에서 팽창 현상이 가장 두드러져 보인다고 설명한다. 그렇지만 박테리아가 많이 모이는 다른 부분에서도 팽창이 일어난다. 가장 두드러진 곳은 입과 성기이다.

"남자일 경우 음경과 특히 고환이 대단히 커집니다."

"얼마나요?" (양해 부탁한다.)

"글쎄요. 꽤나요."

"야구공 크기만큼요? 수박 크기만큼요?"

"후, 야구공만큼요."

아파드 바스는 인내심이 대단한 사람이지만, 지금 우리가 그

인내심을 바닥까지 긁어다 쓰고 있다.

아파드는 계속 설명한다. 박테리아가 만든 가스로 인해 입술과 혀가 팽창하는데, 종종 혀가 입 밖으로 튀어나올 정도로 부풀기도 한다. 만화에서 보던 일이 실제로도 일어나는 것이다. 눈은 팽창하지 않는다. 액체가 일찍이 빠져나가기 때문이다. 그저 없어진다. X가 된다. 이 역시 만화에서 보던 일이다.

아파드는 발걸음을 멈추고 아래를 내려다본다.

"저게 팽창입니다."

우리 앞에는 몸통이 엄청나게 부푼 남자가 있다. 몸통의 둘레가 사람이라기보다는 가축 쪽에 더 가깝다. 특히 사타구니 부분은 어떤 상황인지 알아보기가 어렵다. 벌레가 마치 옷처럼 우글우글 달라붙어 있기 때문이다. 마찬가지로 얼굴도 잘 알아볼 수 없다. 이 부위의 유충들은 언덕 아래에 있는 동족들보다 2주는 더 일찍 태어났고 크기도 훨씬 더 크다. 앞서 본 것은 쌀알 같았지만, 이건 꼭 밥알 같다. 사는 것도 밥알처럼 산다. 서로 꼭 들러붙어 축축한 덩어리를 이루고 있다. 유충들이 우글거리는 시체에 한두 뼘 거리 이내로 머리를 들이밀면 (진심으로 이러지 않길 추천한다) 유충들이 먹이를 먹는 소리가 들린다. 아파드가 정확히 어떤 소리인지 알려준다.

"뻥튀기를 먹는 소리 같죠."

론이 얼굴을 찡그린다. 론은 뻥튀기를 좋아한다.

팽창은 어딘가가 터질 때까지 계속된다. 주로 장이 터진다. 간혹 몸통 자체가 터지는 때도 있다. 아파드는 직접 목격한 적은 없지만, 귀로 들은 적은 있다고 한다. 두 번이나.

"뜯어지는 듯한, 또는 찢어지는 듯한 소리가 납니다."

팽창기는 대개 짧다. 한 주 정도 지나면 끝난다. 마지막 과정인 부패 단계가 가장 오래 지속된다.

부패 작용이란 세포 조직이 박테리아에 의해 분해되어 차츰 액체로 변하는 과정을 말한다. 팽창기 동안에도 부패 작용이 일어난다. 신체를 팽창시키는 가스가 세포 조직의 분해를 통해 발생하는 것이기 때문이다. 아직은 그렇게 두드러져 보이지 않을 뿐이다.

아파드는 나무들이 늘어선 비탈길을 계속 올라간다.

"이쪽에 있는 이 여자의 경우 더 많이 진행됐죠."

부패라는 말에 비하면 상당히 괜찮은 표현법이다. 죽은 사람들은 기본적으로 녹는다. 보존 처리되지 않은 사람들이 그렇다는 말이다. 안쪽으로 무너지고 뭉개지다가 결국에는 흙 속으로 스며든다. 《오즈의 마법사The Wizard of Oz》에서 서쪽 마녀 역할을 맡은 마거릿 해밀턴Margaret Hamilton이 죽는 장면을 떠올려 보자. ("내가 녹고 있어!") 분해작용은 그 장면을 느리게 돌린 것과 비슷하다. 우리 앞의 여자는 자기 자신으로 인해 생겨난 진흙탕 속에 누워 있다. 몸통은 함몰됐고 장기는 없어졌다. 주변의 흙 속으로 녹아 들어간 것이다.

가장 먼저 분해되는 부분은 소화기이다. 박테리아가 가장 많기 때문이다. 작업하는 인부가 많을수록 건물이 빨리 철거된다. 뇌 또한 일찍 사라지는 기관이다.

"입속에 있던 박테리아가 입천장을 먹어 들어가기 때문이죠."

아파드가 설명한다. 그리고 뇌는 부드러워서 먹기가 좋다.

"뇌는 아주 빨리 액화합니다. 액체 형태로 귀를 통해 흘러나오고, 거품 형태로 입을 통해 나오죠."

아파드는 3주가 되기까지는 장기의 잔해를 분간할 수 있다고 한다.

"그 뒤에는 수프처럼 됩니다."

내가 질문할 것을 알기 때문에 아파드는 덧붙인다.

"닭고기 수프 같죠. 노랗거든요."

론이 돌아선다.

"에이……."

우리 때문에 론은 뻥튀기를 못 먹게 됐는데, 이제는 닭고기 수프까지 못 먹게 됐다.

근육은 박테리아뿐 아니라 육식성 딱정벌레들의 먹이도 된다. 나는 육식성 딱정벌레가 있다는 사실을 몰랐는데, 그런 게 있는 모양이다. 벌레는 가끔은 피부를 먹고 가끔은 먹지 않는다. 날씨에 따라 다르지만, 때로는 피부가 말라 미라가 된다. 그렇게 되면 너무 질겨져서 누구의 입맛에도 맞지 않게 된다. 나오는 길에 아파드는 피부가 미라화된 채 엎드려 있는 해골을 보여 주었다. 그의 다리 피부는 발목 윗부분까지 남아 있다. 마찬가지로 몸통도 거의 견갑골까지 남아 있다. 피부 가장자리가 오그라져, 마치 무용수의 레오타드처럼 목선이 푹 파인 옷 같다. 알몸인데도 그는 옷을 입은 듯 보인다. 그가 입은 옷은 하버드 운동복처럼 화려하지도 않고 그만큼 따뜻하지도 않겠지만, 이 동네에서는 더 잘 어울린다.

우리는 선 채로 한동안 그를 쳐다본다.

불경에는 《염처경念處經》이라는 경전이 있는데, 거기에는 묘지에서 행하는 아홉 가지 명상이 나온다. 비구들은 묘지에서 분해되어 가고 있는 여러 가지 시체들을 관찰하라는 가르침을 받는다. 시체는 "부풀어 오르고 검푸르게 변한 채 썩어 문드러진" 다음 "갖가지 벌레들에게 먹힌" 뒤, "살은 없어지고 피만 엉긴 채 힘줄에 얽혀 뼈가 이어져 있는" 해골로 변한다. 비구들은 차분히 마음을 가라앉히며 명상하다가, 이윽고 얼굴에 한 줄기 미소를 떠올리게 된다. 나는 이런 이야기를 아파드와 론에게 들려준다. 이러한 수행은 우리의 육체는 덧없는 존재라는 사실을 받아들이고, 감정 변화와 두려움을 극복하도록 가르치려는 의도였다고 말한다. 잘은 몰라도 그 비슷한 것이라고.

우리는 미라가 된 남자를 쳐다본다. 아파드가 손바닥으로 파리를 쫓는다. 론이 말한다.

"그럼, 점심 먹으러 갈까요?"

대문 밖에서 우리는 오랫동안 신발 바닥을 연석 모퉁이에 대고 문질렀다. 꼭 시체를 발로 딛고 올라서야만 신발에 시체 냄새가 배는 것은 아니다. 이제까지 살펴본 것과 같은 이유로 시체 주변의 흙에 인체 부패의 결과로 생겨나는 액체가 배어들어 있기 때문이다. 아파드 같은 사람들은 흙의 화학성분을 분석하여 시체가 현재 놓여 있는 그 자리에서 부패한 것인지 아닌지를 알아낼 수 있다. 만일 인간이 부패할 때 생겨나는 특유의 휘발성 지방산과 화합물이 발견되지 않았다면, 시체는 그 자리에서 부패하지 않은 것이다.

아파드가 지도하는 대학원생 가운데 제니퍼 러브Jennifer Love라는 학생은 냄새 탐지기를 이용하여 사망시간을 추정해 내는 방법을 연구하고 있다. 식품과 포도주 산업에서 사용되는 기술을 바탕으로 개발 중인 이 장치는 일종의 휴대용 전자 코로, 현재 FBI에서 자금을 대고 있으며, 각 부패 과정에서 시체가 발산하는 특유의 냄새를 판독하게 되어 있다. 시체 위로 가까이 지나가는 것만으로도 판독할 수 있다고 한다.

나는 그들에게 포드 자동차가 사람들이 좋아하는 "새 차 냄새"를 구별하도록 설계된 일종의 전자 코를 개발했다는 이야기를 들려준다. 사람들은 자동차를 살 때 차가 특정한 냄새를 풍길 것을 기대한다. 새 가죽 냄새가 나면서도 비닐에서 나는 듯한 냄새는 없어야 한다. 전자 코는 자동차의 냄새가 그 기준을 통과하도록 해 준다. 아파드는 새 차 냄새용으로 만든 전자 코는 필시 시체에 이용될 전자 코와 비슷한 기술을 이용하고 있을 것이라고 말한다.

"헷갈리지만 않으면 되겠네요."

론이 무표정하게 말한다. 그는 젊은 부부가 자동차를 시승하고 돌아와서 차에서 내린 다음, 여자가 남자에게 이렇게 말하는 상황을 상상해 본다.

"근데, 저 차는 죽은 사람 냄새가 나는 것 같지 않아?"

인간이 부패하면서 나는 냄새를 말로 표현하기는 어렵다. 진하고 역겨운 냄새인데, 달지만 꽃향기처럼 달지는 않다. 썩은 과일과 썩은 고기의 중간쯤이다. 나는 매일 집으로 돌아갈 때 악취가 나는 농산품 가게 앞을 걸어서 지나는데, 그 냄새가 이 냄새와 어찌나 비슷한지 나도 모르게 파파야 상자 뒤쪽을 넘겨다보곤 한다. 팔이나 맨발 같은 게 삐져나오진 않았나 해서다.

이 냄새가 궁금한 사람이 있다면 우리 동네까지 올 것도 없이 화공약품 회사에 가 보기를 권한다. 어디서든 이런 휘발성 물질의 인공 합성물을 주문할 수 있을 것이다. 아파드의 실험실에는 스카톨, 인돌, 퓨트레신, 카다베린 등의 이름표가 붙은 유리병이 줄지어 놓여 있다. 내가 그의 실험실에서 퓨트레신 병마개를 따는 일은 절대로 없을 것이다. 부패하는 시체 가까이에 가 본 적이 없어도 누구나 퓨트레신 냄새는 맡아 보았을 것이다. 부패하는 물고기는 퓨트레신을 발산한다. 〈식품 과학 저널Journal of Food Science〉에 "얼음 속에서 보관할 때 나타나는 점다랑어의 사후 근육 변화"라는 제목으로 실렸던 흥미로운 기사에서 읽은 것이다. 이는 아파드가 내게 말해 준 것과 일치한다. 그는 퓨트레신 감지기를 제조하는 한 회사를 알고 있는데, 이 감지기를 이용하면 면봉과 배양접시를 이용하지 않고도 질염을 진단할 수 있다고 한다. 다랑어 통조림 공장에서도 그 검사기를 제품 검사에 사용할 수 있지 않을까.

합성 퓨트레신과 합성 카다베린 시장은 작지만 꾸준하다. "인체 잔여물 탐지견"을 다루는 사람들은 훈련용으로 이 약품을 이용한다.* 인체 잔여물 탐지견은 도주한 범죄자를 추적하거나 전신 사체의 냄새를 탐지하는 개들과는 다르다. 이들은 분해된 인체 조직에서 풍기는 특정 냄새를 맡으면 주인에게 알리도록 훈련돼 있다. 이런 개들은 호수 밑바닥에서 인체의 일부분이 썩어 들어갈 때, 물 위로 떠오르는 가스와 지방 냄새를 맡고 정확하게 시체의 위치를 찾아낼 수 있다. 또 살인자가 시체를 끌고 간 지 14개월이 지난 뒤에도 남아 있는 냄새 분자를 탐지해 낼 수 있다.

처음 그 이야기를 들었을 때는 믿기 어려웠지만, 지금은 믿는다. 아파드와 론과 함께 연구시설에 다녀온 뒤, 그날 신은 신발을 빨고 락스에 담가 두기까지 했는데도 몇 달 동안 여전히 시체 냄새가 나니까.

---

* 그들 중에서도 순수주의자들은 진짜를 가지고 훈련시켜야 한다고 주장한다. 나는 모펫 공군기지(Moffett Air Force Base)의 버려진 기숙사에서 그런 순수주의자 가운데 한 사람인 셜리 해먼드 Shirley Hammond라는 여자를 지켜보면서 오후 한나절을 보낸 적이 있다. 그녀가 분홍빛 운동 가방과 플라스틱 아이스박스를 들고 오가는 광경을 언제나 볼 수 있을 정도로 해먼드는 그 기지의 붙박이인 사람이다. 아이스박스 안에 무엇이 들었는지 물었을 때 그녀가 솔직히 대답한다면 대답은 대충 이럴 것이다: 피 묻은 셔츠, 부패한 시체 밑의 흙, 콘크리트 덩어리 속에 묻힌 인체 조직, 사체에 문지른 헝겊 조각, 사람 어금니. 해먼드는 자신이 훈련시키는 개에게 인공 합성물을 쓰지 않는다.

론은 약간 냄새를 풍기는 우리를 승합차에 태우고 강가의 식당으로 차를 몬다. 종업원은 볼이 발그레한, 깔끔해 보이는 젊은 여자이다. 그녀의 포동한 팔뚝과 팽팽한 피부가 경이롭다. 나는 그녀에게서는 탤컴 파우더와 샴푸 냄새가 날 거라고 생각한다. 살아 있는 자들의 행복한 냄새다. 우리는 마치 무슨 일을 벌일지 모르는 성질 고약한 개를 데리고 있는 나그네들처럼, 종업원과 그 밖의 손님들로부터 멀리 떨어진 곳에 선다. 아파드가 종업원에게 손가락을 펴 우리가 세 명임을 알린다. 그런데 사실 넷이다. 냄새까지 세면 말이다.

"안에 앉으시겠……?"

아파드가 말을 자른다.

"밖에요. 사람들과 좀 떨어진 자리에요."

여기까지가 인체 부패에 대한 이야기이다. 만일 18, 19세기의 선량한 사람들이 죽은 신체에 어떤 일이 벌어지는지를 나나 여러분이 아는 만큼 자세히 알았다면, 해부라는 것을 꼭 그렇게 끔찍하다고 생각하지는 않았으리라 장담한다. 신체가 해부되는 것을 일단 한 번 보고, 또 신체가 부패하는 것을 일단 한 번 보고 나면 해부가 그리 무시무시하게 생각되지 않는다. 물론 18, 19세기에는 사람들이 매장됐지만, 매장은 부패 과정을 길게 늘일 뿐이다. 관을 땅속 2미터 깊이에 묻는다고 해도 결국에는 신체가 부패한다. 인간의 신체 속에 사는 박테리아가 모두 산소를 필요로 하는 것도 아니다. 같은 일을 할 수 있는 혐기성 박테리아도 얼마든지 있다.

오늘날에는 물론 보존 처리 기술이라는 게 있다. 그러면 보존 처리라는 기술로 우리는 서서히 액화되는 불쾌한 운명에서 벗어나게 되는 것일까? 오늘날의 장례 기술 덕분에 우리는 불쾌하고 지저분한 얼룩으로부터 영영 벗어나는 것이 가능해졌을까? 죽은 사람이 미학적으로 아름다울 수 있을까? 자, 이제 가서 살펴보도록 하자!

눈 덮개는 단돈 10센트짜리 플라스틱 조각이다. 콘택트렌즈보다 약간 크고 덜 부드러우며, 눈에 상당히 불편하다. 여기에는 바늘로 찌른 자국이 무수히 나 있는데, 플라스틱 표면에 작고 뾰족한 돌기가 돋게 하기 위해서이다. 이들 돌기는 물고기의 비늘과 같은 원리로 동작한다. 눈 덮개 위로 눈꺼풀이 내려오기는 하지만, 일단 내려와 덮이면 쉽게 다시 열리지 않는다. 눈 덮개는 죽은 사람들의 눈을 감겨 놓기 위해 어느 장의사가 발명한 것이다.

오늘 아침에는 누가 내 눈에도 눈 덮개를 씌워 줬으면 할 때가 많았다. 나는 아침부터 샌프란시스코 장의학 전문 학원의 지하층에 있는 보존 처리실에서 눈꺼풀을 연 채 서서 이리저리 기웃거리고 있다.

위층에는 장의사가 영업 중이고, 그 위층에는 장의학 학원 강의실과 사무실이 있다. 이 학원은 미국에서 가장 역사가 오래된, 권

위 있는 학원에 속한다.* 유족들이 사랑하는 사람을 상대로 실습하는 데에 동의해 주면 이들은 보존 처리 및 여타 장례 서비스 비용을 할인해 준다. 비달 사순 학원에서 머리를 자를 때 5달러를 할인받는 것과 같다. …… 같은 것 같기도 하고 아닌 것 같기도 하다.

일전에 나는 보존 처리에 대해 몇 가지 물어볼 생각으로 이 학원에 전화를 걸었다. 시체는 얼마나 오래, 어떤 모습으로 보존되는가? 전혀 부패하지 않는 게 가능한가? 원리는 무엇인가? 그들은 내 질문에 대답하다가 내게도 한 가지를 물었다.

"어떻게 하는지 직접 와서 한번 보실 생각은 없으세요?"

그럴 생각이 있었다. 있었던 것 같기도 하고 아닌 것 같기도 하다.

오늘 보존 처리 작업을 맡은 사람은 마지막 학기 학생인 테오 마티네즈Theo Martinez와 니콜 담브로지오Nicole D'Ambrogio이다. 39세인 테오는 검은 머리에 얼굴이 길고 잘생겼으며, 체격이 가느다란 남자이다. 장의학 분야에 들어서기 전에는 신용 조합과 여행사 등에서 일했다. 그는 장의사라는 직업에는 집이 따라오는 일이 많다는 점이 마음에 들었다고 한다. (휴대폰과 호출기가 일반화되기 전에는 장례 회관에 대체로 집이 딸려 있었다. 한밤중에 전화가 와도 누군가는 전화를 받을 수 있도록 하기 위해서였다.)

---

* 그리고 아쉽게도 가장 비싸다. 그래서 학생 수가 가장 적기도 하다. 2002년 5월, 그러니까 내가 견학을 갔던 그 이듬해에 학원은 문을 닫았다.

머리칼이 비단결 같은 아름다운 니콜은 「퀸시Quincy」라는 TV 프로그램을 보고 장의학에 흥미를 갖게 됐다고 한다. 그게 약간은 이해가 되지 않는데, 내가 기억하기로 퀸시는 병리학자였기 때문이다(어떻게 설명해 주어도 완전히 이해가 되는 경우는 없는 법이다.). 둘은 비닐과 라텍스로 중무장했다. 나도 마찬가지다. 이렇게 "피 튀기는 곳"에 들어오려는 사람은 누구나 이렇게 중무장해야 한다. 피가 셔츠에 묻지 않게 하기 위해서만이 아니라, 피를 통해 옮을 수 있는 HIV 나 간염 등의 전염을 막기 위한 예방책이다.

지금 이 두 사람의 관심사는 어떻게 보면 75세 된 할아버지라고도 할 수 있고, 또 어떻게 보면 3주 된 사체라고 할 수도 있다. 노인은 자신의 시체를 과학에 기증했는데, 부검을 거친 상태였기 때문에 과학 측에서 정중히 사양했다. 해부 실습실은 짝을 구하는 가문 좋은 아가씨만큼 까다롭다. 너무 뚱뚱해도, 너무 키가 커도, 전염병이 있어도 안 된다. 이 사체는 어느 대학교 냉장실에서 3주간 지낸 뒤 이곳에 왔다. 나는 이 사람이 누군지 알 만한 신체적 특징은 공개하지 않는다는 조건에 동의한 상태이지만, 냉장실의 건조한 공기가 나보다 한발 앞서 이 사람을 익명으로 만드는 작업에 나선 것이 아닌가 하는 생각이 든다. 그는 퀭하고 건조해 보인다. 냉장고에 오래 둔 채소 같은 느낌이다.

보존 처리를 시작하기 전에 우선 시체를 닦고 단장한다. 관을 개방한다든가 가족이 따로 마지막으로 그를 보게 하려고 준비시킬 때와 마찬가지다. (사실은 학생들이 이번 작업을 마치고 나면 화장장 직원 말고는 아무도 그를 보지 못할 것이다.) 니콜은 솜에 소독약을 묻혀 입과 눈을 닦고 분무기로 물을 뿌려 헹궈 낸다. 죽은 사람이라는 걸 알고 있으면서도 나는 그가 솜이 눈에 닿을 때 움찔하고, 목젖 안쪽에 물을 뿌릴 때 콜록거리며 물을 내뿜지 않을까 생각한다. 그런데 저렇게 죽은 채, 저렇게 가만히 있다니. 내게는 초현실적으로 보인다.

학생들은 용의주도하게 움직인다. 니콜은 남자의 입속을 들여다보고 있다. 그러는 동안 손은 남자의 가슴 위에 가볍게 얹어 놓고 있다. 그러다가 걱정되는 목소리로 테오를 불러 안을 보게 한다. 둘이 나직한 목소리로 의논하더니 테오가 내게 말한다.

"입속에 뭐가 들어 있어요."

나는 코르덴이나 무명 같은 헝겊을 상상하며 고개를 끄덕인다.

"뭐가 들었다고요?"

"오물이요."

니콜이 일러준다. 나는 여전히 잘 모르겠다.

이 학원의 강사로서 오늘 아침의 처리 과정을 감독하고 있는 휴 "맥" 맥모니글Hugh "Mack" McMonigle이 내 곁에 다가와 설명해 준다.

"배에 있던 게 목구멍으로 도로 올라온 겁니다."

박테리아의 부패 작용으로 생겨난 가스가 뱃속에 차오르다가, 그 압력으로 배 안의 내용물이 식도로 도로 밀려 올라가 입속에 고이는 것이다. 보존 처리실에서는 오물이 이런 식으로 차오르는 현상을 보기가 비교적 드물지만, 테오와 니콜은 그리 신경 쓰지 않는 것 같다.

테오는 흡출기(aspirator)를 쓸 거라고 일러 준다. 나의 관심을 딴 곳으로 돌리려는 듯 그는 친절하게도 자질구레한 이야기를 계속 들려준다.

"'진공'을 스페인어로는 '아스피라도라(aspiradora)'라고 하죠."

테오는 흡출기의 스위치를 켜기 전에 남자의 턱에 묻은 것을 헝겊으로 닦아 낸다. 초콜릿 시럽 같아 보이지만, 맛은 완전히 다를 것이 확실하다. 나는 그에게 낯선 사람들의 시신과 시신의 분비물을 대해야 하는 불쾌감을 어떻게 견뎌 내는지 묻는다. 아파드 바스와 마찬가지로 그 역시 긍정적인 부분을 생각하고자 한단다.

"기생충이 있다거나 이가 더럽다거나, 죽기 전에 코를 닦아 내지 않았다면 우리가 그런 상황을 바로잡아 주는 거죠. 좀 더 보기 좋게요."

테오는 독신이다. 나는 그에게 장의사 공부를 하고 있기 때문에 연애생활에 지장이 생기는 부분은 없는지 묻는다. 그는 허리를 펴고 나를 쳐다본다.

"전 키도 작고, 말랐고, 부자도 아니죠. 제가 고른 직업이 아마도 독신 남자로서의 매력을 감소시키는 네 번째 요인일지도 모르겠네요." (사실은 도움이 됐을지도 모른다. 그는 그로부터 1년도 지나지 않아 결혼했으니까.)

그 다음 테오는 얼굴에다 흡사 면도용 로션 같아 보이는 것을 묻힌다. 아마 소독제가 아닐까. 알고 보니, 그게 면도용 로션 같아 보이는 이유는 실제로 면도용 로션이기 때문이다. 테오는 면도기에 새 날을 끼워 넣는다.

"망자를 면도하는 건 정말 다르죠."

"그렇겠죠."

"피부에 상처가 나도 아물지 않거든요. 그래서 베지 않도록 정말 조심해야 해요. 면도 한 번에 면도날 하나. 그러고 나서 버려요."

저 남자는 죽어 가던 무렵 면도기를 들고 거울 앞에 섰을 때, 그게 정말로 마지막 면도일 때 그게 자신의 마지막 면도일지도 모른다는 생각을 했을까.

"이제 얼굴 차롑니다."

테오가 말한다. 그는 남자의 한쪽 눈꺼풀을 들고, 예전에는 눈알이 있어서 볼록해 보였을 그 자리에 솜뭉치를 채워 넣는다. 내가 솜과 가장 밀접하다고 생각하는 문화는 이집트 문화인데, 특이하게도 그들은 쭈그러든 눈을 부풀어 보이게 하는 재료로 그 유명한 이집트 솜을 사용하지 않았다. 고대 이집트인들은 구슬만 한 진주양파를 썼다. '양파'라니. 내 취향으로 말할 것 같으면, 내 눈꺼풀 밑에 마티니 장식용 재료를 꼭 넣어야 한다면 올리브를 택하겠다.

솜뭉치 위에 눈 덮개가 올라간다.

"사람들은 시체가 눈을 뜨고 있는 걸 보면 불편해합니다."

테오는 그렇게 설명하면서 시체의 눈꺼풀을 내려 덮어 준다. 내 뇌는 내 시야의 한구석에 작은 프로그램 창을 띄워 눈 덮개의 작은 돌기들이 눈꺼풀을 파고드는 모습을 애니메이션으로 보여 준다. 하느님 맙소사. 내가 죽으면 내가 열린 관 속에 누운 모습은 절대 볼 수 없을 것이다.

일반인들의 장례식에서 개방된 관이 등장하기 시작한 것은 비교적 근래인 약 150년 정도 전부터이다. 맥에 따르면 장의사들이 개방된 관을 쓰는 데에는 조문객들에게 "기억에 남길 모습"을 보여 주는 효과 외에도 여러 가지 목적이 있다고 한다. 첫째, 사랑하는 사람이 확실히 죽었으며, 그를 산 채로 매장하는 것이 아니라는 사실을 가족들에게 확신시켜 준다. 둘째, 관속에 누운 시신이 그들이 사랑하던 사람이 맞으며 그 옆 칸에 보관돼 있던 시신이 아님을 확인시킨다. 나는《보존 처리의 원리와 실제 The Principles and Practice of Embalming》에서 장의사들이 자기의 보존 처리 기술을 자랑하기 위한 한 가지 방법으로 관의 개방을 유행시켰다는 내용을 읽은 적이 있다. 맥은 거기 동의하지 않는다. 보존 처리법이 널리 퍼지기 훨씬 전에도 장례식에서는 얼음에 채운 관에 시신을 눕혀 사람들이 보게 했다는 것이다. (나는 맥의 말을 믿는 쪽이다. 내가 읽은 책에는 다음과 같은 내용도 있었기 때문이다. "신체 조직 가운데에는 적절한 조건만 유지되면 얼마간 영원성을 갖는 것들이 많이 있다. (중략) 이론상 이런 식으로 닭의 염통을 지구 크기만 하게 키울 수가 있다.")

"코안은 다 됐어?"

니콜이 작은 크롬 가위를 높이 들며 말한다. 테오는 "아직"이라 대답한다. 니콜이 코를 손질한다. 먼저 털을 깎아 내고, 그 다음에는 소독한다.

"망자가 조금 더 품위 있어 보이죠."

그녀는 솜뭉치를 왼쪽 콧구멍 안으로 넣었다 뺐냈다 하면서 말한다. 나는 "망자(亡者)"라는 용어가 마음에 든다. 마치 저 남자가 죽은 게 아니라, 그저 어떤 지루한 법적 분쟁에 말려들었을 뿐이라는 느낌을 준다. 뻔한 이유겠지만 장의학에는 완곡한 표현이 넘쳐난다. 《보존 처리의 원리와 실제》에서는 이렇게 주의를 준다. "송장이나 시체, 사체 등의 용어를 써서는 안 된다. '망자'나 '아무개 씨의 유해'라 불러야 한다. '썩지 않게'라 말하면 안 된다. '상태를 유지하게'라 말해야 한다." 주름살은 "얼굴에 남은 흔적"이다. 손상된 두개골에서 부패하여 콧구멍으로 거품처럼 빠져나오는 뇌는 "거품 오물"이다.

얼굴에서 마지막으로 손질할 부분은 입이다. 다물어 주지 않으면 입은 계속 벌어진 상태로 있다. 니콜이 구부러진 바늘과 굵은 실로 턱을 봉합하기 시작한다. 그녀를 대신하여 테오가 설명한다.

"같은 구멍을 통해 실을 치아 뒤로 빼내려는 거예요."

"지금은 바늘을 한쪽 콧구멍으로 빼내고 콧구멍 사이의 격벽을 뚫은 뒤, 다시 입속으로 집어넣을 거예요. 입을 다물게 하는 방법은 아주 많죠."

그렇게 말하고는 주사 주입기라는 것에 대해 설명을 시작한다. 나는 끔찍한 것에 기가 질린 사람처럼 입을 벌리고, 내 입이 벌어지자 테오의 입이 다물어진다. 봉합 작업은 말없이 진행된다.

테오와 니콜은 뒤로 물러서서 자신의 작업 결과를 쳐다본다. 맥이 고개를 끄덕인다. 아무개 씨는 이제 보존 처리에 들어갈 준비가 된 것이다.

오늘날의 보존 처리법에서는 순환계를 이용해 방부액을 말단 세포까지 전달하여 신체의 자기분해를 막고 부패를 중지시키는 방법을 쓴다. 살아 있을 때에는 혈관 속의 혈액과 모세관들이 세포에게 산소와 양분을 전달했는데, 그와 마찬가지로 이제는 피를 빼낸 그 혈관에 방부액을 넣어 세포까지 전달하는 것이다. 사상 최초로 혈관을 이용한 보존 처리를 시도한* 사람들은 1600년대 말경의 세 사람으로, 스왐메르담Swammerdam, 로이스Ruysch, 블랑카드Blanchard라는 네덜란드인 생물학자이자 해부학자들이었다. 초창기 해부학자들은 해부용 시체가 늘 부족했고, 그 결과 겨우겨우 입수한 시체를 어떻게든 보존할 방법이 필요했다. 혈관을 이용한 보존 처리를 최초로 다룬 것은 이 중 블랑카드의 교재이다. 교재에 따르면 그는 혈관을 자르고 물을 이용하여 피를 빼낸 다음 혈관에 알코올을 펌프질해 넣으라고 한다. 나도 남학생들이 벌인 그런 술판에 나가 본 적 있다.

---

* 그러나 신체의 부패를 막아 보려는 시도는 그 이전부터 있었다. 초창기에 시체 보존을 시도한 사람들을 보면, 우선 17세기 이탈리아의 의사인 지롤라모 세가토Girolamo Segato가 있다. 그는 신체를 석화(石化)시키는 방법을 고안했다. 그리고 토마스 마샬Thomas Marshall이라는 런던의 의학박사는 1839년에 논문을 한 편 펴냈는데, 논문에서는 신체의 표면에다 가위로 무수히 많은 구멍을 내 식초로 문지르는 보존 처리 방법을 다루었다. 고기를 연하게 만드는 양념이 깊이 배어들도록 송곳으로 스테이크를 찌르는 것과 흡사한 방법이다.

미국에서 혈관을 이용한 보존 처리법은 남북전쟁이 일어날 때까지만 해도 그리 널리 이용되지 않았다. 그때까지는 죽은 미국 병사들을 대체로 그들이 쓰러진 그 자리에 묻었다. 그들의 가족이 시신의 인수를 요구하는 서면을 밀폐형 관과 함께 가까운 보급 부대에 보내면, 보급 담당 장교가 병사들을 시켜 유해를 도로 파내 가족들에게 보냈다. 그러나 가족이 보낸 관이 밀폐되지 않는 때가 종종 있었는데 −가족들이 "밀폐형(hermetically sealed)"이 정확히 무슨 뜻인지를 몰라서− 그러면 얼마 가지 않아 냄새가 나고 액체가 새어나오기 시작했다. 견디다 못한 수송대의 간절한 요청에 따라 육군은 전사자들을 보존 처리하기 시작했다. 이렇게 보존 처리된 전사자들은 모두 35,000명에 이른다.

1861년 어느 맑은 날, 엘머 엘스워스Elmer Ellsworth라는 24세 된 대령이 어느 호텔 꼭대기에서 남군의 깃발을 빼앗으려다가 총에 맞아 전사했다. 그의 계급과 용기는 주위 사람들에게 큰 귀감이 됐다. 엘스워스 대령에게는 영웅에 걸맞는 장례식이 준비됐고, 보존 처리술의 아버지*인 토마스 홈즈Thomas Holmes라는 사람의 손에 맡겨져 최고의 보존 처리를 받았다. 관 속에 누워 있는 엘머를 차례로 보고 지나간 민간인들은 부패가 진행 중인 신체가 아니라

---

* 모든 분야에는 아버지가 있는 걸까? 아마도 그런 것 같다. "아버지"라는 말로 인터넷을 검색했더니 정관수술 후 복원수술, 시골 재즈, 이끼학, 설상차, 현대 도서관학, 일본 위스키, 최면술, 파키스탄, 천연 모발관리 제품, 전두엽절제술, 여자 권투, 현대 옵션가격 이론, 늪 주행용 자동차, 펜실베이니아 조류학, 위스콘신 블루그래스, 토네이도 연구, 펜-팬, 현대 낙농업, 캐나다 복제협회, 흑인운동, 노란 학교버스 등의 아버지가 검색 결과로 나왔다.

완전한 군인의 모습 그대로인 그를 보았다.

보존 처리는 그로부터 4년 뒤에 또 한 번 천하에 이름을 날렸다. 방부 처리된 에이브러햄 링컨Abraham Lincoln의 시신이 워싱턴에서 일리노이로, 그의 고향으로 운송된 것이다. 시신을 실은 기차 여행은 장의사의 보존 처리 기술을 홍보하기 위한 순회공연이나 다름이 없었다. 기차가 멈추는 곳마다 사람들은 링컨을 보러 모여들었다. 이때 관 속에 누운 링컨의 모습이 관에 누워 있던 자기 할머니보다 훨씬 더 나아 보인다고 생각한 이들이 적지 않았음이 틀림없다. 입소문이 나면서 보존 처리 산업이 닭의 염통처럼 커졌고, 얼마 안 가 온 나라가 보존 처리와 단장을 위해 망자들을 맡기기 시작했다.

전쟁이 끝난 뒤 홈즈는 특허를 낸 보존액 이노미나타(Innominata)를 보존 처리 기술자들에게 공급하는 사업을 시작했지만, 그것 말고는 장례 산업으로부터 거리를 두기 시작했다. 그는 잡화점을 열고 음료를 만들었으며 건강 관리 클럽에 투자했는데, 그 세 가지를 하느라 그동안 저축해 둔 돈을 상당 부분 탕진했다. 평생을 결혼하지 않았고 (보존 처리술 외에는) 자식도 없었지만, 그렇다고 그가 혼자 살았다고 말하는 건 정확하지 않을 것이다. 《시체, 그 역사Corpse: A History》를 쓴 크리스틴 퀴글리Christine Quigley에 따르면, 홈즈는 브루클린에 있는 자신의 집에 전쟁 시대의 작품 견본들을 데리고 있었다고 한다. 보존 처리한 신체를 벽장 안에 보관하고, 거실 탁자에 사체의 머리를 놓았다. 그다지 놀랍지도 않겠지만 홈즈는 정신이 이상해지기 시작하여, 말년에는 요양원을 들락거리며 보냈다. 70세에는 헝겊에 고무 코팅을 한 시체주머니 광고를 장례 산업 소식지에 냈는데, 그 주머니를 침낭으로도 쓸 수 있다고 선전했다. 죽기 얼마 전에 그는 자신을 보존 처리하지 말 것을 부탁했다. 그렇지만 그게 제정신으로 한 부탁인지 정신이 흐려졌을 때 한 부탁인지는 지금까지도 분명히 알려지지 않았다.

테오는 아무개 씨의 목둘레를 더듬고 있다.
"경동맥을 찾고 있는 중입니다."
그가 말한다. 그는 남자의 목에 짤막하게 세로로 칼자국을 낸다. 피가 흐르지 않기 때문에 보고 있기가 쉽다. 지붕널을 자른다든지 보온재를 가른다든지 하는 것처럼, 그저 맡은 일을 하고 있는 것으로만 보인다. 일반적인 상황이라면 다르게 보였을 것이다. 그가 산 사람에게 이런 행동을 한다면 그것은 살인이다. 이제 아무개 씨의 목에는 호주머니가 생겼다. 테오는 그의 목에 손가락을 찔러 넣는다. 목 안을 잠시 더듬던 테오는 아무개 씨의 동맥을 찾아내 밖으로 꺼낸 다음 칼로 자른다. 잘린 끄트머리는 분홍빛으로, 고무 같은 느낌이다. 풍선의 바람 불어넣는 부분과 너무나 비슷해 보인다.

동맥에 관을 꽂은 다음 길다란 튜브를 달아 보존액 통에 연결한다. 맥이 펌프를 동작시킨다.

이제 모든 게 이해가 되기 시작한다. 몇 분만에 아무개 씨의 얼굴은 회춘한 듯 보인다. 보존액이 조직에 다시 수분을 공급하여, 꺼진 볼과 주름진 피부가 팽팽히 채워진 것이다. 이제 그의 피부는 발그레해 보인다. (보존액에는 붉은 색소가 들어 있다.) 이제는 반쯤 마른 종잇장 같아 보이지 않는다. 그는 건강하고 놀라우리만치 살아 있는 것 같다. 바로 이 때문에 관을 개방하는 장례식이 있기 전에 시신을 그냥 냉장고에 집어넣지 않는 것이다.

맥은 95세 할머니를 보존 처리했더니 60세로 보이더라는 이야기를 들려준다.

"하는 수 없이 주름살을 그려 넣었죠. 안 그러면 가족들이 못 알아볼 테니까요."

우리의 아무개 씨가 오늘 아침 아무리 정정하고 강건해 보인다 해도 결국에는 부패할 것이다. 장의사의 보존 처리는 장례식 때 사체가 생생하고 사체 같아 보이지 않게 하기 위함이지 아주 오래 보존하기 위함이 아니다. (해부학과에서는 포르말린을 더 많이, 더 진하게 사용함으로써 과정을 둔화시킨다. 이런 시체는 수년 동안 변하지 않을 수는 있지만, 공포영화에서 보는 것과 같은 절인 듯한 모양이 된다.) 맥은 설명한다.

"지하수가 올라와 관이 젖기 시작하면 보존 처리를 하지 않았을 때와 마찬가지의 부패 과정으로 들어가죠."

물이 닿으면 보존 처리의 화학반응이 보존 처리를 하기 전과 같은 상태로 되돌아간단다.

장의사들은 공기와 물이 통하지 않도록 밀폐된 납골소를 팔지만, 그런 경우에도 시체가 영원히 보기 좋은 모습을 유지할 가능성은 불확실하다. 신체에는 박테리아의 포자가 있을 수 있다. 이들 포자는 활동이 정지된 DNA의 꼬투리로서 내구성이 높다. 극단적인 온도, 건조 상태, 보존 처리액을 비롯한 화학약품 등에도 견딜 수 있다. 언젠가는 포름알데하이드가 분해되고, 그렇게 되면 포자들이 박테리아를 낳을 안전한 조건이 되는 것이다.

"장의사들은 보존 처리가 영구적이라고 주장하곤 했죠."

맥이 말한다. W. W. 챔버즈 장의사 체인의 토마스 챔버즈Thomas Chambers 역시 같은 의견이다.

"유가족에게 팔아먹을 수만 있다면 보존 처리 기술자들은 무슨 말이든지 할 태세였어요."

챔버즈의 할아버지는 몸매 좋은 여인의 나체 실루엣 그림에다 "챔버즈에서 아름다운 몸매를"이라는 광고 문구를 넣어 만든 홍보용 달력을 돌림으로써 사람들의 심기를 건드린 바 있다. (제시카 밋포드가 《미국식 죽음》에서 암시하고 있는 것처럼, 이 여인은 그의 장의사에서 보존 처리한 사체가 아니었다. 아무리 챔버즈 할아버지라 해도 그렇게까지는 할 수 없었던 모양이다.)

보존 처리액 회사들은 가장 잘 보존된 신체 경연대회를 후원하는 방법으로 실험을 장려했다. 재주가 좋거나 운이 좋은 어떤 장의사가 방부제와 보습제의 완벽한 배합 비율을 찾아내, 미라로 변하는 일 없이 신체를 오랫동안 보존할 수 있는 방법을 찾아내지 않을까 하는 기대 때문이었다. 경연에 참가하려면 잘 보존된 망자들의 사진과 보존 처리액의 배합 비율 및 처리 방법을 적어 제출하면 됐다. 우승작은 사진과 함께 장례 협회 잡지인 〈관과 양지

Casket and Sunnyside〉에 실리곤 했는데, 제시카 밋포드의 책이 나오기 전까지만 해도 장례업과 무관한 외부인들이 그 잡지를 펼쳐 들 일은 없으리라는 생각에서였다.

나는 맥에게 무엇 때문에 장의사들이 사체가 영구 보존된다는 주장을 그만하게 됐는지 물었다. 그것은 흔히 그렇듯 한 건의 소송 때문이었다.

"어떤 사람이 소송을 걸었어요. 그는 납골당에 자리를 사서 자기 어머니를 안치해 놓고, 여섯 달마다 한 번씩 점심시간에 찾아가 어머니의 관 뚜껑을 열고 어머니를 보곤 했죠. 그런데 어느 해 봄에 유난히도 비가 많이 와서 습기가 들어갔나 봅니다. 아들이 가서 보니, 웬걸. 어머니가 턱수염을 기르지 않았겠어요? 턱이 곰팡이로 뒤덮인 거였죠. 그는 소송을 걸었고, 장의사로부터 25,000달러를 받아냈어요. 그 뒤로는 아무도 그런 주장을 내세우지 않아요."

연방 거래 위원회도 장의사들의 그런 관행을 제지하고 나섰다. 1982년에 제정된 장례법에서는 장례업자들이 관을 팔면서 영구적으로 부패를 막는다는 주장을 하지 못하도록 금지했다.

보존 처리란 그런 것이다. 장례식에서 시체가 단정해 보이게 할 뿐, 시신이 녹고 악취를 풍기고 핼러윈 유령처럼 변하는 걸 막아줄 수는 없다. 소시지에 들어가 있는 질소 화합물과 마찬가지로 일시적인 방부 처리일 뿐이다. 어떤 고기든, 무슨 처리를 하든 결국에는 말라비틀어지고 상한다.

중요한 것은 우리가 죽을 때 신체를 어떻게 처리한다 해도 궁극적으로는 그다지 매력적이지 않게 된다는 사실이다. 자신의 시체를 과학에 기증하고픈 생각이 있다면, 해부라든가 절단 같은 것의 이미지 때문에 기가 죽어서는 안 된다. 이런 것은 내가 볼 때 가만히 부패하는 것이나 관을 개방한 장례식을 위해 턱과 콧구멍을 꿰매 입을 다물게 만드는 것에 비해 끔찍하기가 더하지도 덜하지도 않다. 화장도 세세한 부분까지 살펴보면 그리 보기 좋지 않다. 런던 대학교의 병리해부학과 선임강사였던 W.E.D. 에반스Evans가 1963년에 펴낸 책 《죽음의 화학작용The Chemistry of Death》에 수록된 다음 글을 보자.

> 피부와 털이 순식간에 오그라들면서 까맣게 불타 버린다. 이 단계에서 근육 단백질이 열로 인해 굳어지는 현상이 두드러질 수 있으며, 이로 인해 근육이 서서히 수축하게 된다. 그리고 사지가 서서히 굽으면서 넙다리(대퇴부)가 지속적으로 벌어진다. 흔히 화장 초기 단계에 열로 인해 몸통이 너무나도 급작스럽게 앞으로 구부러지는 나머지, 머리로 관을 들이받아 뚜껑이 열릴 정도로 갑자기 "일어나 앉는" 건 아닌가 생각하는데, 그런 현상은 관찰되지 않았다.
> 가끔 복부가 부풀어 오르다가 피부와 복부 근육이 까맣게 타면서 갈라진다. 복부의 팽창은 복부 안에 증기가 생기고 가스가 팽창하기 때문에 일어나는 현상이다.

부드러운 조직들이 파괴되면서 점차 골격이 드러난다. 얼마 가지 않아 두개골이 고스란히 드러나고 사지의 뼈가 나타난다. (중략) 복부의 내용물은 상당히 느리게 탄다. 폐는 더욱 느리게 탄다. 신체를 화장하는 동안 특히 두뇌가 완전연소되지 않는다는 사실이 관찰됐다. 두개골의 뼈들이 부서져 떨어져 나간 뒤에도 뇌는 검게 녹아내린, 비교적 끈적한 덩어리로 보였다. (중략) 마침내는 내장이 사라지면서 척추가 보이기 시작한다. 척추뼈가 불길 속에서 하얗게 빛나고, 이윽고 뼈가 떨어져 나간다.

니콜이 얼굴에 쓰고 있는 보안경 안쪽에 땀방울이 맺힌다. 작업을 시작한 지 한 시간 이상 지났다. 거의 끝나간다. 테오가 맥을 쳐다본다.

"항문도 꿰맬까요?"

그리고는 나를 쳐다본다.

"안 그러면 누출물이 새어 나와 수의에 배어들기도 하는데, 그러면 완전히 엉망이 되거든요."

나는 테오가 사실을 있는 그대로 말하는 게 나쁘게 생각되지 않는다. 삶에는 그런 것들이 모두 포함돼 있다. 새어 나오고 배어들고 뿜어나올 뿐만 아니라, 고름, 콧물, 진물, 오줌도 나온다. 우리는 생물학이다. 그 사실을 우리는 시작과 끝에, 태어나고 죽을 때 기억하게 된다. 그 나머지 동안에는 그 사실을 잊기 위해 온갖 방법을 동원한다.

오늘의 망자인 아무개 씨의 장례식은 열리지 않을 예정이기 때문에, 학생들이 마지막 단계의 처치를 하느냐 마느냐는 맥에게 달렸다. 그는 여기서 끝내기로 한다. 손님이 보고 싶어 하지 않는다면 말이다. 그들은 나를 쳐다본다.

"이제 그만 됐어요."

오늘의 생물학은 이만하면 충분하다.

4
죽은 사람은 운전을 못한다

산 자를 살리는 죽은 자

대체로 죽은 자들은 그다지 재주가 없다. 수구도 못하고, 신발끈도 매지 못하며, 시장 점유율을 극대화하지도 못한다. 농담도 할 줄 모르고, 돈벌이도 할 줄 모른다. 그러나 죽은 사람들이 뛰어나게 잘하는 일이 한 가지 있다. 바로 고통을 받아넘기는 재주다.
　UM 006을 예로 들어 보자. UM 006은 최근에 미시간 대학교에서 디트로이트를 가로질러 웨인 주립대학교의 생체공학 건물까지 찾아온 사체다. 오늘 밤 일곱 시쯤 그가 하게 될 일은 직선형 충격 장치로 어깨를 얻어맞는 것이다. 쇄골과 견갑골이 부서질지도 모르지만, 그는 아무것도 느끼지 못할 것이다. 부상을 입는다 해도 그가 일상적으로 하는 활동에 방해가 되지도 않을 것이다.

어깨를 세게 얻어맞기로 합의함으로써, UM 006은 연구원들이 자동차의 측면 충돌에서 인간의 어깨가 중상을 입기까지 얼마나 강한 충격을 견뎌낼 수 있는지를 알아내는 데에 도움을 준다.

지난 60년 동안 죽은 자들은 산 자들이 인간의 한계를 찾아내는 데에 도움을 줘 왔다. 두개골 강타하기, 흉부 찌르기, 무릎 꺾기, 복부 치기 등 자동차가 충돌할 때 인간에게 일어나는 온갖 끔찍하고 위험한 일을 도맡아 당해 왔다. 두개골이나 척추나 어깨가 어느 정도까지 견딜 수 있는지를 알고 나면, 충돌 시의 충격이 그 한계를 넘기지 않는 자동차를 만들어 낼 수 있지 않을까 하는 자동차 제조사들의 바람 때문이다.

어쩌면 충돌 실험 대용품, 즉 인체 모형(dummy)을 사용하면 되지 않느냐는 생각이 들 것이다. 나도 그랬다. 하지만 이는 방정식의 반대편에 해당한다. 인체 모형을 이용하면 충돌 시 인체모형의 각 부위에 힘이 얼마나 전달되는지를 알아낼 수 있지만, 실제로 인체의 각 부위가 충격을 어디까지 견뎌낼 수 있는지를 모른다면 그런 정보는 쓸모가 없다. 예를 들면 흉곽이 짓눌릴 때, 그 안에 있는 부드럽고 촉촉한 것이 망가지지 않으면서 눌리는 최대 한계는 7센티미터라는 사실을 알 필요가 있다. 그런 다음, 새로 설계한 자동차에 태운 인체 모형이 핸들에 부딪혔을 때 가슴 부분에 10센티미터 깊이의 흔적이 남았다면, 국립 고속도로 교통안전국(NHTSA)이 그 자동차를 썩 만족스럽게 생각하지 않을 것임을 알 수 있는 것이다.

죽은 사람이 안전운전에 도움을 준 최초의 것은 얼굴에 상처를 입히지 않는 앞 유리였다. 처음 생산된 포드 자동차들은 앞 유리가 없었다. 옛날 자동차 사진을 보면 운전자들이 보안경을 쓰고 있는 것도 그 때문이다. 제1차 세계대전 전투기 조종사들을 흉내 내려는 것이 아니다. 눈에 바람과 벌레들이 들어가기 때문에 쓰는 것이다. 자동차에 처음 붙인 앞 유리는 일반 유리로 만들었다. 바람은 막아 주었지만, 불행하게도 사고가 나면 운전자의 얼굴이 엉망이 됐다. 1930년대부터 1960년대 중반까지 쓰인 합판유리로 만든 앞 유리도, 사고가 나면 앞자리에 앉은 사람들이 이마에서부터 턱까지 찢어지는 무시무시한 부상을 입었다. 머리가 앞 유리에 부딪히면서 유리에 머리 모양의 구멍을 뚫고 나가고, 그리고 방금 뚫린 구멍을 통해 머리가 뒤로 급격히 도로 튕겨 나가면서 유리에 베이는 것이다.

그 뒤 강화유리가 개발됐다. 이 유리는 머리가 뚫고 지나가지 못할 정도로 강하기는 했지만, 그러고 나니 더 단단한 유리에 부딪히는 바람에 두뇌에 부상을 입는 것이 문제가 됐다. (물체가 단단할수록 부딪힐 때의 손상이 크다. 얼음판에 굴러떨어지는 것과 잔디밭에 굴러떨어지는 것의 차이를 생각해 보라.) 신경학자들은 뇌진탕이 일어날 때 두개골에 일정 수준의 골절이 일어난다는 사실을 알았다. 죽은 사람에게서는 뇌진탕이 일어나지 않지만, 미세한 골절이 있는지 두개골을 조사하면 결과를 얻을 수 있다. 바로 이것이 연구자들이 생각해 낸 방법이었다.

웨인 주립대학교에서는 사체를 모의 자동차 창 앞쪽으로 기대게 한 다음, 여러 높이에서 (여러 가지 속도를 얻기 위해) 떨어뜨려, 사체의 이마를 유리에 부딪히게 했다. (대체로 사람들은 충돌 실험에서 사체를 자동차의 앞자리에 태워 달리게 하는 것으로 알고 있는데, 실제로는 이와 다르다. 운전은 사체들이 잘하지 못하는 몇 가지 가운데 하나다. 그보다는 사체를 떨어뜨리거나 힘 조절이 가능한 장치를 이용하여 사체에 충격을 가하는 쪽이 더 많다.) 연구 결과 강화유리의 경우 너무 두껍지만 않으면 뇌진탕을 일으킬 만한 충격을 일으킬 가능성이 적은 것으로 나타났다. 오늘날의 앞 유리는 더욱 잘 부서진다. 덕분에 오늘날에는 안전띠를 하지 않은 상태에서 시속 50킬로미터로 달리다가 정면으로 벽을 들이받았을 때도 머리에 생긴 혹과, 운전자의 운전 솜씨가 일반적인 사체들과 같은 수준이라는 사실 말고는 그다지 나무랄 게 없을 정도로 멀쩡하다.

앞 유리를 잘 부서지게 만들고, 핸들은 돌출부위를 없애고 푹신하게 만들었음에도 불구하고, 자동차 충돌에서 두뇌 손상은 여전히 사망사고의 주범이다. 머리에 가해진 충격이 사실 그리 세지 않은 경우도 아주 많다. 머리가 뭔가에 부딪히고, 또 다른 방향으로 휙 잡아채졌다가 급속도로 되돌아가는 것(회전이라 부른다)이 한꺼번에 일어날 때 뇌에 중상을 입는 경향이 있을 뿐이다. 웨인 주립대학교의 생체공학 센터 국장인 앨버트 킹Albert King은 이렇게 말했다.

"회전이 전혀 없는 상태에서 머리를 부딪혔을 때 의식을 잃을 정도가 되려면 엄청난 힘이 가해져야 합니다. 마찬가지로, 아무

데에도 부딪히지 않으면서 머리가 회전할 때에도 중상을 입기가 힘들죠."(고속 추돌사고의 경우 이런 일이 가능해지기도 한다. 뇌가 너무나도 빠른 속도로 앞뒤로 잡아채지기 때문에, 순전히 그 힘만으로도 두뇌 표면의 정맥이 터지는 것이다.)

일반적인 충돌에서는 두 가지가 섞입니다. 어느 한 가지도 썩 심하지가 않은데도 머리 부상은 심하죠."

측면 충돌에서 좌우로 심하게 흔들리는 경우가 승객들을 의식불명으로 몰고 가는 것으로 악명이 높다.

킹과 그의 동료 몇몇은 이렇게 부딪히고 잡아채지는 상황에서 뇌에 정확하게 어떤 일이 일어나는지를 파악하려 노력하고 있다. 이들은 센터에서 그리 멀지 않은 헨리 포드 병원에서 모의 충돌실험을 하면서, 두개골 안에서 어떤 일이 벌어지는지를 알아내기 위해 사체들의 머리를 고속 엑스레이 비디오 카메라*로 촬영하고 있다. 현재까지 이들은 예전에 생각한 것보다 많은 회전이 일어나며 이에 따라 킹의 표현을 빌자면 "두뇌를 휘젓는" 현상이 훨씬 더 많이 일어난다는 사실을 알아냈다. 킹은 이렇게 말한다.

"뇌는 8자 모양을 그리며 움직입니다."

---

* 그 밖에 엑스레이 비디오 카메라로 촬영하는 것들: 코넬 대학교에서는 생체역학을 연구하는 다이앤 켈리Diane Kelley가 실험실 쥐의 짝짓기 장면을 엑스레이로 촬영했다. 음경 뼈의 역할이 무엇인지 알아내기 위해서였다. 인간은 음경에 뼈가 없으며, 저자가 알기로는 성관계 장면을 엑스레이로 촬영한 사례도 없다. 그러나 MRI 장비 안에서 성관계를 촬영한 예는 있다. 네덜란드의 그로닝겐에 있는 대학병원에서 장난기 많은 생리학자들이 촬영했는데, 이들은 정상위 자세로 성교하는 동안 음경은 "부메랑 같은 모양이 된다"고 결론지었다.

이런 움직임은 스케이트 선수들에게 맡기는 게 상책이다. 두뇌가 이렇게 움직이면 소위 '광범위한 축색손상'이 일어난다. 이는 두뇌의 축색(軸索)에 있는 미세관이 찢어져 새게 되는 치명적인 손상이다.

가슴 부상 역시 충돌사고의 주요한 사망 원인 중 하나다. (이는 자동차가 발명되기 전에도 그랬다. 1557년에 해부학자 베살리우스는 한 남자가 낙마하여 대동맥이 파열된 사례를 기록으로 남겼다.) 안전벨트가 도입되기 이전에는 자동차 내부 장치 가운데 핸들이 가장 치명적이었다. 정면 충돌 시 몸통이 앞으로 쏠리면서 가슴이 핸들에 부딪히는데, 충격이 강한 나머지 핸들의 테두리가 핸들 축을 중심으로 마치 우산이 접히는 것처럼 뒤로 접혀 버리는 일이 많았다. 1961년부터 1970년까지 미시건 대학교가 있는 카운티에서 교통사고로 인한 사망이 있을 때마다 현장을 찾아 사고와 사고의 경위를 기록한 안전연구학자 돈 휠키Don Huelke는 이렇게 떠올린다.

"한번은 어떤 남자가 나무를 정면으로 들이받았는데, 핸들에 새겨진 N자가 그의 가슴에 찍혀 있었지요. 내시(Nash)사의 자동차였거든요."

핸들의 축은 1960년대까지만 해도 지름이 15~18센티미터밖에 되지 않았다. 스키 폴에 링이 없다면 눈 속에 박혀 버리는 것과 마찬가지로, 테두리가 뒤로 접혀 버린 핸들의 지지부 역시 몸속에 꽂혀 들어간다. 자동차를 설계할 때 핸들 지지부가 정통으로 운전자의 심장을 향하도록 각도를 잡았다는 사실은 참으로 애석한 일이다.* 정면 충돌이 일어날 때 가장 찔리지 않았으면 하는 부분을 찔리는 것이다.

설사 핸들이 흉곽을 관통하지 않는다 해도, 충격만으로도 목숨을 잃는 경우가 많았다. 대동맥은 두껍지만 비교적 쉽게 파열된다. 2초마다 한 번씩 450그램짜리 추, 즉 피로 가득한 심장이 거기에 힘껏 매달리기 때문이다. 핸들과 정통으로 부딪히는 순간 같이 추가 강한 힘으로 움직이면 인체에서 가장 큰 혈관이라 해도 그 압력을 견딜 수가 없다. 안전벨트 없이 고급 빈티지 차를 타고 돌아다녀야만 하는데 사고가 일어난다면, 심장이 수축하는 순간에 ―심장이 피를 내보내는 때에― 맞춰 충돌하기를 권한다.

생체공학자들과 자동차 제조자들(특히 GM)은 이런 모든 점을 염두에 두고 모의 충돌 장치의 운전석에 사체를 올려놓기 시작했다. 모의 충돌 장치는 가속장치가 붙은 미끄럼대에 자동차의 앞 절반을 올려놓은 것으로, 정면 충돌 시 가해지는 것과 같은 힘을 만들기 위해 운동 중에 갑자기 정지시킨다. 목표는 (여러 가지 목표 가운데 하나지만) 충돌 시 뒤로 밀려나면서 충격을 흡수하는 핸들 지지부를 만드는 것이었다. 심장과 주변 혈관에 심한 손상이 일어나지 않게

---

* 안전이라는 관점에서 볼 때 동그란 핸들을 아예 없애고 운전자의 좌석 양쪽에 방향타 같은 핸들을 하나씩 설치하는 것이 나았을 것이다. 1960년대 초에 리버티 뮤추얼 보험회사(Liberty Mutual Insurance Company)가 사람의 생명을 구하는 (동시에 보험금 지급액도 줄여 주는) 자동차를 세상에 보여주기 위해 제작하여 전국을 돌며 시범운행한 "서바이벌 카(Survival Car)"가 이런 구조였다. 그밖에 선도적인 디자인 요소로는 뒤쪽을 향하게 설치한 조수석이 있었는데, 방향타 자동차만큼이나 팔릴 가능성이 적었다. 1960년대에는 안전함을 내세워 자동차를 파는 시대가 아니라 스타일로 팔던 시대였고, 그래서 서바이벌 카는 세상을 바꿔 놓는 데 실패하고 말았다.

하기 위해서다. (이제는 보닛도 이런 식으로 설계하기 때문에 비교적 가벼운 사고에서도 보닛이 완전히 찌그러진다. 자동차가 많이 뭉개질수록 사람은 덜 뭉개진다는 발상에서다.) 1960년대 초에 GM은 뒤로 밀려나는 핸들을 최초로 도입했는데, 덕분에 정면 충돌에서 사망할 위험이 절반으로 줄어들었다.

이야기는 그런 식으로 전개됐다. 전체적으로 사체들의 이력서에는 어깨에서 골반까지 이어지는 안전벨트, 에어백, 푹신하게 만든 계기반, 계기반에 우묵하게 설치한 스위치 (1950년대와 1960년대의 부검 자료에는 인간의 머리에 라디오 스위치가 박혀 있는 엑스레이 사진이 적지 않다) 등의 설치에 대한 법률 제정에 도움을 주었다는 거창한 기록이 올라갔다. 아름다운 작업은 아니었다. 안전벨트에 대한 연구가 수도 없이 많이 (자동차 제조사들은 제조 단가 절감을 위해, 안전벨트가 부상을 막기보다는 부상을 더 일으키며, 따라서 설치해서는 안 된다는 것을 증명하려고 몇 년간이나 연구했다) 이루어졌는데, 이런 연구에서는 사체를 묶어 놓은 채 충돌시키고, 그런 다음 내장을 조사하여 파열되거나 끊어진 데가 있는지를 살폈다. 인간의 안면이 어느 정도까지 견디는지를 알아내기 위해, 사체들을 조준하여 앉혀 두고 광대뼈를 "회전타격기"로 때리기도 했다. 모의 범퍼로 종아리를 부러뜨리기도 하고, 계기반을 찌그러뜨리면서 대퇴를 으스러트리기도 했다.

아름답지는 않지만, 충분히 필요한 일이었다. 사체 연구의 결과가 가져온 변화 덕분에 지금은 시속 100킬로미터로 벽에 정면으로 충돌해도 살아남을 수 있게 됐다. 1995년에 〈외상 저널 Journal of Trauma〉에 실린 "부상 방지에 대한 사체 연구의 인도주의적 이익"이라는 기사에서, 앨버트 킹은 사체 연구를 통해 차량의 안전장치가 개선된 덕분에 1987년 이후 매년 8,500명이 목숨을 건지는 것으로 추산했다. 3점식 안전띠를 시험하기 위해 충돌장치에 올랐던 사체 1구당 매년 61명이 생명을 건졌다. 얼굴에서 에어백이 터진 사체 1구당 매년 147명이 정면 충돌에서 살아남았다. 에어백이 아니었다면 이들은 사망했을 것이다. 자동차 앞 유리에 머리를 부딪힌 사체 1구당 매년 68명이 목숨을 구했다.

애석하게도 1978년 킹에게는 이런 자료가 없었다. 당시 하원 내 감독·수사 분과위원회의 존 모스John Moss 위원장은 자동차 충돌실험에서 인간의 사체를 이용하는 문제를 조사하기 위한 청문회를 소집했다. 모스 의원은 "이런 관행에 대해 개인적으로 반감을 느꼈다"고 말했다. 그는 고속도로 교통안전국 내에서 "이것을 꼭 필요한 도구라고 생각하는 일종의 광신" 같은 것이 생겨났다고 했다. 다른 방법이 있으리라는 게 그의 생각이었다. 그는 자동차 안에 앉혀 놓은 사체들이 충돌 시 산 사람들과 정확히 똑같이 움직인다는 증거를 원했다. 분노한 연구원들은 그 같은 증거는 결코 확보할 수 없다는 점을 지적했다. 그런 증거는 죽은 사람들에게 가한 것과 정확히 같은 고강도의 충격을 산 사람들에게 가해야만 얻을 수 있을 것이기 때문이다.

그렇다고 모스 의원이 죽은 인체에 대해 유달리 까다로운 사람은 아니었다. 정치에 발을 들여놓기 전에 잠시 장의사로 일한 적도 있었으니까. 유달리 보수적인 사람도 아니었다. 그는 민주당 소속으로서, 안전을 중시하는 개혁가였다. (청문회에서 증언했던) 킹에 따르면 모스 의원이 흥분한 것은 이 때문이었다 —그는 에어백 설치를 의무화하는 법안을 통과시키기 위해 애쓰고 있었는데, 어느 사체 실험에서 에어백이 안전벨트에 비해 더 큰 부상을 입힌다는 결과가 나와 화가 났다는 것이다. (가끔 정말로 에어백 때문에, 특히 승객이 앞으로 몸을 기울이고 있었거나 그밖에 "삐딱한" 자세일 때 사람이 다치고 나아가 사망까지 하는 경우가 있다. 그러나 여기서는 에어백 실험에 더 늙은 사람의 사체가 쓰였을 것이고 그래서 필시 더 약했을 것이다. 모스 의원에게는 안된 일이다.) 모스는 특이한 경우였다. 자동차의 안전을 위해 활동하면서도 사체 연구에는 반대하는 입장이었으니까.

결국 국립과학원, 조지타운 생체윤리학 센터, 전국 천주교 협의회, "그런 실험은 분명 **의과대학의 해부 실습만큼** 정중하게 이뤄지면서도 인간의 신체에 대해서는 그보다 덜 파괴적일 것"이라고 말한 유명 의과대학 해부학과장, 퀘이커, 힌두교, 개혁 유대교 등 각계 대표자들의 지지를 받은 하원 위원회에서는 모스 의원이 약간 "삐딱한" 것으로 결론지었다. 자동차 충돌에서 살아 있는 인간을 대신할 것으로는 죽은 인간보다 더 나은 것이 없다.

사실 여러 가지 대안이 시도되기도 했다. 충격 연구 초기에는 연구자들이 자신을 실험 대상으로 삼기도 했다. 생체공학 센터의 앨버트 킹 전임자였던 로렌스 패트릭 Lawrence Patrick 은 오랫동안 충돌실험용 인체 모형 역을 자청했다. 그는 모의 충돌 장치에 400번쯤 올랐고, 10킬로그램짜리 금속 추를 가슴에 들이박기도 했다.

하중계를 장착한 철봉을 한쪽 무릎으로 연타하기도 했다. 패트릭의 몇몇 학생들도 마찬가지로 용감했다 (용감하다는 게 맞는 표현인지는 모르겠지만.). 1965년에 패트릭이 쓴 무릎 충격에 대한 보고서에서는 학생 자원자들이 모의 충돌 장치에서 450킬로그램 강도에 해당하는 무릎 충격을 견뎌 냈다고 되어 있다. 부상 한계는 630킬로그램인 것으로 추산됐다. 그가 1963년에 쓴 보고서 "안면 부상-원인과 예방"에는 눈을 감고 평화로이 쉬고 있는 듯 보이는 한 청년의 사진이 실려 있다. 자세히 살펴보면 사실은 전혀 평화롭지 않은 상황이 곧 벌어지리라는 것을 알게 된다. 우선 그는 《머리 부상Head Injuries》이라는 책으로 머리를 받치고 있다. (불편하겠지만 필시 그 책을 읽는 것보다는 즐거울 것이다.) 그의 뺨 바로 위 공중에 뭔가 달갑잖은 분위기를 풍기며 떠 있는 것은 철제 막대인데, 사진 설명에서는 "중력 충격기"라 되어 있다. 본문은 이렇다.

"자원자는 부기가 가라앉을 때까지 기다렸다가, 그 뒤 그가 견뎌 낼 수 있는 한계에 다다를 때까지 강도를 높여가며 실험을 계속했다."

바로 이 점이 문제였다. 부상 한계를 넘지 않는 충격자료는 별로 쓸모가 없다. 고통을 느끼지 않는 친구들이 필요한 것이다. 바로 사체들 말이다.

모스는 자동차 충격 시험에서 동물을 쓸 수 없는 이유가 뭐냐고 따졌는데, 실제로는 동물들이 이용되었다. 제8차 스탭 자동차 충돌 협의회의 의사록에 실린 머리말에는 제8차 협의회에 대한 설명이 수록돼 있는데, 마치 서커스에 다녀온 것을 자랑하는 어린아이의 이야기처럼 시작된다.

> "우리는 침팬지가 로켓 썰매를 타는 것과, 충격 그네에 곰이 타고 있는 것을 보았다. (중략) 우리는 돼지가 마취된 채 앉은 자세로 그네에 탑승하여, 깊숙이 움푹하게 설치된 자동차 핸들에 충돌하는 광경을 관찰했다. (하략)"

돼지는 한 관계자의 표현에 따르면 "내장 구조면에서 볼 때" 인간과 유사하기 때문에, 또 인간과 비슷하게 자동차 안에 앉힐 수 있기 때문에 곧잘 쓰이는 대상이다. 내가 볼 때는 지능 구조와 예절 구조 면에서 볼 때도 자동차 안에 앉아 있는 인간과 비슷할 것 같다. 컵 홀더를 못 쓴다든가 라디오 버튼을 조작하지 못한다든가 하는 부분 말고는 거의 모든 점이 비슷하지만, 사실 여기서 관심사는 그런 것이 아니다. 근래에 와서 주로 동물들이 이용된 것은 살아 움직이는 장기가 필요할 때뿐이다. 사체로서는 불가능한 경우 말이다. 예컨대 비비원숭이는 승객이 측면 충돌에서 왜 그렇게 곧잘 혼수상태에 빠지는지를 연구하기 위해 격렬한 측방향 머리 회전 실험에 이용되어 왔다. (그 결과 연구자들은 격렬한 동물 보호 시위에 부딪혔다.) 대동맥 파열 연구에는 살아 있는 개들을 사용했다. 이유는 알려지지 않았지만, 사체의 대동맥은 실험을 통해 파열시키기가 쉽지 않다는 사실이 증명된 바 있다.

다만 사체를 활용하면 비교할 수 없이 정확한 결과를 얻을 수 있음이 확실한데도 여전히 동물을 이용하는 자동차 충격 연구 분야가 있다. 바로 아동 충격 연구이다. 자신의 신체를 기증하는 아동이 없고, 또 어린이의 에어백 부상에 대한 자료를 시급히 확보해야 한다는 사실이 분명하기는 하지만 슬픔에 빠진 부모에게 신체 기증 얘기를 하고 싶어 하는 연구자도 없다. 앨버트 킹은 내게 이렇게 말했다.

"정말 문제입니다. 우리는 비비원숭이를 기준으로 비례치를 계산하지만, 힘의 강도가 모두 다르니까요. 게다가 아이의 두개골은 완전히 형성되지 않은 상태죠. 자라면서 계속 변합니다."

1993년에 하이델베르크 대학교 의과대학의 한 연구팀이 용감하게도 어린이를 상대로, 무모하게도 아무런 동의도 없이 일련의 충격 실험을 실행했다. 언론이 이 사실을 알게 됐고, 성직자들도 개입했다. 결국은 연구소가 폐쇄되고 말았다.

어린이 자료를 제외하면 인체 주요 부위의 허용 충격 한도는 이미 오래전에 파악됐다. 오늘날의 사체들은 주로 신체의 주변부, 즉 발목, 무릎, 발, 어깨 등의 충격 연구를 위해 이용된다. 킹은 내게 이렇게 말해 주었다.

"옛날에는 큰 충돌 사고를 당한 사람들은 영안실 신세가 됐습니다."

죽은 사람의 발목이 으스러졌는지 아닌지에 대해서는 아무도 신경을 쓰지 않았다.

"이제는 그런 사람들도 에어백 덕분에 살아남죠. 그래서 그런 부분에 신경을 써야 하는 겁니다. 사고로 양쪽 발목과 무릎이 손상되어 다시는 제대로 걷지 못하는 사람들이 생기니까요. 그게 지금 중대한 장애 원인입니다."

오늘 밤 웨인 주립대학교의 충격 실험실에서는 사체의 어깨 충격 실험이 예정돼 있다. 고맙게도 킹은 나를 불러 참관하게 해 주었다. 사실 그가 나를 부른 게 아니다. 내가 참관해도 되는지 물었고, 그가 동의했을 뿐이다. 그렇지만 내가 보게 될 광경과 일반 대중이 이런 문제에 대해 민감하다는 사실을 고려하면, 또 나아가 그가 내 글을 읽어 보았고 그래서 내 글이 〈국제 충돌 안전 학회지 The International Journal of Crashworthiness〉에 실리는 기사 같지 않다는 점을 알고 있다는 사실까지 생각하면 앨버트 킹이 엄청난 호의를 베푼 것이다.

웨인 주립대학교는 1939년부터 충격 연구를 시작했다. 다른 모든 대학교보다 오래됐다. 생체공학 센터 현관 층계참 벽에는 이런 현수막이 걸려 있다. "충격과 함께 전진한 50년을 축하하며." 때는 2001년, 그러니까 12년이나 지나도록 아무도 저 현수막을 내릴 생각을 하지 않았다는 말이다. 공학자들이란 원래 그렇겠거니 싶다.

킹은 공항에 가야 한다. 그래서 나를 그의 동료인 존 캐버노 John Cavanaugh에게 맡겼다. 캐버노는 생체공학 교수로서 오늘 밤의 충격 실험을 감독할 사람이다. 어떻게 그게 가능한지 모르겠지만, 그는 공학자이면서도 젊은 시절의 배우 존 보이트 Jon Voight 같아 보인다. 그는 창백하고 주름이 없는 연구소형 얼굴에, 머리칼은 일반인과 같은 갈색이다. 말을 하거나 시선을 옮길 때는 양쪽 눈썹을 올리며 이맛살을 찌푸리는데, 약간 걱정이 있는 듯한 표정으로 얼굴이 굳어 버린 것 같다. 캐버노는 나를 아래층의 충격 실험실로 안내한다. 임시변통으로 개조해 놓은 낡은 장비에다 장식이라곤 대체로 굵은 글자로 안전 수칙을 적어 놓은 것이 전부인 전형적인 대학교 실험실이다. 캐버노는 나를 오늘 밤의 연구 보조원인 맷 메이슨Matt Mason과 이번 충격 실험을 박사 논문 발표 때 제출할 뎁 마스Deb Marth에게 소개해 주고 위층으로 사라졌다.

나는 UM 006이 있는지 실험실 안을 살펴본다. 어렸을 때 혹시라도 계단 아래에서 난간 틈새로 괴물의 손이 불쑥 올라와 내 발목을 움켜잡지 않을까 겁이 나 지하실 안을 살펴보던 때와 마찬가지다. 그는 아직 여기에 없다. 대신 충돌 시험용 인체 모형 하나가 썰매에 앉아 있다. 마치 절망에 빠진 사람처럼, 상체는 허벅지에, 머리는 무릎에 놓여 있다. 팔이 없다. 그 때문에 절망한 모양이다.

맷은 고속 비디오 카메라를 두 대의 컴퓨터와 한 대의 직선형 충격장치와 연결하고 있다. 충격기는 압축 공기로 발사되는 커다란 피스톤으로서, 놀이공원의 조랑말만 한 철제 받침대 위에 설치돼 있다. 복도에서 덜컹거리는 바퀴 소리가 들려온다.

"이제 오네요."

뎁이 말한다. UM 006이 밀 것에 실린 채, 회색 머리칼에 눈썹이 제멋대로 살아 움직이는 듯한 근육질 남자에 의해 밀려오고 있다. 그 남자 역시 뎁처럼 수술복 차림이다.

"저는 루한Ruhan이라고 합니다."

눈썹의 주인공이 말한다.

"사체 담당이죠."

그는 장갑 낀 손을 내게 내민다. 나는 손을 내저으며 장갑을 끼지 않았음을 보여 준다. 루한은 튀르키에 출신이다. 거기서 그는 의사였다. 전직 의사로서 현재는 사체에게 기저귀를 입히고 옷을 입히는 직업을 가진 사람치고는 부러울 정도로 명랑하다. 나는 그에게 사체에게 옷을 입히는 게 어려운지, 어떻게 옷을 입히는지 묻는다. 루한은 옷을 입히는 과정을 설명하다가 말을 멈춘다.

"요양원에 가 봤나요? 비슷해요."

UM 006은 오늘 저녁 스머프식 파랑색의 레오타드에다, 거기 어울리는 타이츠 차림이다. 배설물 때문에 타이츠 안에는 기저귀를 하고 있다. 레오타드의 목선이 긴 곡선을 이루고 있다. 무용수의 복장 같다. 사체의 레오타드를 무용용품점에서 사 왔음을 루한이 확인시켜 준다.

"그 사람들이 이걸 알면 기분 나빠할 걸요!"

누구인지 알아볼 수 없도록, 사체 머리에는 꼭 맞게 만든 흰색

면직 두건이 씌워져 있다. 곧 은행을 털 사람 같아 보인다. 머리 위에 팬티스타킹을 쓸 생각이었는데 실수로 운동선수용 양말을 쓰고 나온 사람 같다.

맷은 노트북 컴퓨터를 내려놓고 루한을 도와 사체를 옮기고 그를 자동차 의자에 앉힌다. 의자는 충격기 곁 탁자 위에 놓여 있다. 루한의 말이 맞았다. 시체를 다루는 방식은 꼭 요양원의 방식과 같다. 옷을 입히고, 안아 올리고, 옮기고. 늙고 병약한 사람과 죽은 사람 간의 거리는 짧은 데다가 경계도 그리 분명하지 않다. 몸을 가누지 못하는 노인들과 (내 부모님 두 분이 모두 그랬다) 시간을 많이 보내다 보면, 말년을 점점 죽음에 익숙해지는 과정으로 보게 된다. 늙어 죽어 가는 사람들은 점점 잠이 많아지고, 어느 날부터는 내내 "잠"자는 상태로 들어간다. 점점 더 몸을 가누지 못하다가 어느 날부터는 앉히면 앉히는 대로, 누이면 누이는 대로 있게 된다. 노인들은 여러분이나 나와 닮은 만큼 UM 006과도 닮았다.

죽은 자들을 대하는 것이 죽어 가는 자들을 대하는 것보다 더 편하게 느껴진다. 그들은 고통받지 않는다. 죽음을 두려워하지도 않는다. 화제가 필연적인 부분으로 이어지지 않도록 하기 위한 어색한 침묵과 대화도 없다. 사체들은 무섭지 않다. 돌아가신 어머니와 보낸 반 시간이 고통 속에 죽어 가던 어머니와 보낸 수많은 시간보다 단연코 쉬웠다. 어머니가 죽기를 바랐다는 말이 아니다. 그저 그게 쉬웠다는 말이다. 사체들은 일단 익숙해지고 나면 –그것도 상당히 빨리 익숙해진다– 놀라우리만치 상대하기가 쉽다.

그래서 다행이다. 이 순간 실험실에는 그와 나밖에 없기 때문이다. 맷은 옆방에 갔다. 뎁은 뭔가를 찾으러 나갔다. UM 006은 근육질의 거구였다. 지금도 그렇다. 타이츠에 약간 얼룩이 있다. 레오타드로 인해 울퉁불퉁한 명치 부분이 드러난다. 옷을 빨아입기가 귀찮은 나이 많은 우리의 영웅. 그는 두건과 같은 헝겊으로 만든 손모아장갑을 손에 끼고 있다. 해부 실습실 사체들의 손을 싸는 것과 마찬가지로 이 사체의 손을 싼 것도 결국 사람이라는 느낌을 주지 않기 위해서겠지만, 내게는 역효과가 난다. 오히려 아장아장 걷는 연약한 아기 같다.

10분이 지났다. 방 안에 사체와 단둘이 있는 것은 나 혼자 있는 것과 차이가 조금밖에 없다. 사체들은 지하철이나 공항 대합실에서 저만치 떨어져 있는 사람들과 같은 느낌을 준다. 거기 있으면서도 없는 듯한 느낌이다. 달리 흥미로운 볼거리가 없어 눈길이 계속 그들에게 돌아가지만, 그들을 빤히 쳐다보기가 미안해서 금방 눈길을 다른 데로 돌리는 것이다.

뎁이 돌아왔다. 그녀는 견갑, 쇄골, 척추, 흉골, 머리 등 사체의 노출된 부분에 꼼꼼히 붙인 가속도계들을 점검하고 있다. 본질적으로 이 장치는 충격 시 신체가 얼마나 빨리 움직이는지를 측정함으로써 타격의 강도를 g(중력) 단위로 알 수 있게 해 준다. 실험이 끝나면 뎁은 어깨 부분을 부검하여, 이 실험에서 적용한 특정 속도에서 발생하는 손상을 상세히 기록할 것이다. 그녀가 알고자 하는 것은 부상 한계와 그런 부상을 일으키는 데에 필요한 힘의 강도이다. 이 정보는 측면 충돌 인체 모형(SID)을 위한 어깨 장비 개발에 이용될 것이다.

측면 충돌 사고는 자동차가 90° 각도로, 즉 범퍼와 문이 서로 충돌하는 것이다. 사거리에서 운전자가 정지 신호를 보고도 무시하거나 미처 보지 못할 때 잘 일어나는 사고다. 어깨-골반 안전띠와 계기반 에어백은 정면 충돌 시 앞으로 쏠리는 힘에 대비한 보호장치다. 이런 장치는 측면 충돌에서는 사람에게 거의 도움이 되지 못한다. 이런 형태의 충돌이 사람에게 불리하게 작용하는 또 한 가지 원인은 상대편 자동차가 근접해 있다는 사실이다. 충격을 흡수해 줄 만한 엔진이나 트렁크나 뒷좌석이 없다.* 5센티미터 정도의 철문이 있을 뿐이다. 바로 이런 이유로 측면 에어백이 자동차에 장착되기까지 그렇게 오랜 세월이 걸린 것이다. 쭈그러들 보닛이 없기 때문에 센서들이 충격을 즉각 감지해야 하는데, 옛날 센서들은 그 정도로 예민하지 못했다.

뎁은 이 모든 사실을 알고 있다. 포드에서 공학 디자이너로 일하고 있는 데다가 1998년식 타운카Town Car에 측면 에어백을 장착한 사람이기 때문이다. 그녀는 공학자처럼 보이지 않는다. 피부는 잡지 모델 같고, 찬란하고 밝은 얼굴에 떠오른 미소가 화사하다. 윤기 나는 갈색 머리칼은 뒤로 넘겨 묶었다. 만일 줄리아 로버

---

* 바로 이 때문에 중간 좌석에 앉을 때에는 안전벨트가 없어도 그리 걱정할 필요가 없다. 다른 자동차가 측면에서 부딪힐 때 문으로부터 멀리 앉아 있기 때문에 더 안전하다. 곁에 앉은 고마운 사람들, 즉 어깨 안전벨트를 매고 있는 사람들이 나에게 전달될 충격을 흡수해 주기 때문이다.

츠Julia Roberts와 샌드라 불록Sandra Bullock이 만나 아기를 갖는다면 뎁 마스 같아 보일 것이다.

UM 006의 직속 선배 사체가 담당한 속도는 더 빠른 시속 24킬로미터였다. (실제 측면 충돌에서 조수석 문이 충격의 에너지를 얼마간 흡수하는 것까지 계산하면, 이 속도는 상대편 자동차가 시속 40~48킬로미터 속도로 와서 부딪히는 것에 해당한다.) 충격으로 인해 사체는 쇄골과 견갑골이 부서졌고 갈비뼈 다섯 개에 금이 갔다. 갈비뼈는 생각보다 중요하다. 숨을 쉴 때 가로막이 공기를 허파 속으로 빨아들여 주는 것만으로는 부족하다. 갈비뼈에 부착된 근육과 갈비뼈 자체가 필요하다. 갈비뼈가 모두 부러지면 흉곽이 정상적으로 허파를 부풀려 주지 못하고, 그래서 숨쉬기가 아주 힘들어진다. 이런 상태를 동요(動搖) 가슴이라 하는데, 이로 인해 사람들이 죽기도 한다.

동요 가슴은 측면 충돌이 특히 위험한 몇 가지 이유 중 하나다. 갈비뼈는 측면에서 오는 충격에 더 약하다. 흉곽은 앞에서 눌리도록, 즉 흉골에서 등뼈 방향으로 누를 수 있게 만들어져 있다. 숨 쉴 때 바로 이렇게 움직인다. (어느 정도까지는 그렇다는 말이다. 너무 많이 누를 경우, 돈 휠키의 말을 그대로 옮기면 "사과 쪼개지듯 심장이 완전히 절반으로 쪼개질 수 있다"고 한다.) 하지만 흉곽의 구조는 옆에서 누르도록 되어 있지 않다. 옆에서 강력하게 치면 쉽사리 부러진다.

맷은 아직 설치에 분주하다. 뎁은 가속도계 고정에 열중하고 있다. 보통은 가속도계들을 나사로 고정한다. 그러나 뼈에 나사를 박으면 뼈가 약해질 것이고, 충격에 더 쉽게 부러질 것이다. 그래서 뎁은 가속도계를 철사로 뼈에 묶은 다음, 그 밑에 나무 조각을 박아 단단히 고정한다. 작업하는 동안 그녀는 손모아장갑을 낀 사체의 손에다 펜치를 쥐어 주었다가 가져가 쓰고, 다시 놓고 한다. 수술실의 간호사가 된 것 같다. 사체로서 도움이 되는 또 한 가지 방법인 셈이다.

라디오가 켜져 있고 우리 세 사람이 이야기를 나누고 있으니 실험실에는 늦은 밤의 느긋한 분위기가 감돈다. 나도 모르게 나는 UM 006이 사람들과 함께 있어서 다행이라는 생각을 한다. 시체가 되는 것보다 더 고독한 상태는 있을 수 없다. 이곳 실험실에서 그는 속해 있다. 무리의 일원이고 모두의 관심이 집중되는 존재이다. 물론 바보 같은 생각이다. UM 006은 조직과 뼈로 이루어진 덩어리일 뿐이어서, 뎁 마스가 쇄골 주위의 살을 손가락으로 찔러도 아무것도 느끼지 못하는 것처럼 고독 또한 느끼지 못한다. 그렇지만 지금 이 순간에는 그런 느낌이 든다.

이제 아홉 시가 지났다. UM 006이 어렴풋이 고기 냄새를 풍기기 시작했다. 미미하기는 하지만 더운 여름날 오후 푸줏간에 들어섰을 때와 같은 비릿한 냄새가 분명하다.

"얼마나 걸리죠?"

내가 묻는다.

"그러니까, 저 사체가 실온에서 얼마나 있으면……."

뎁은 내가 말을 완전히 끝낼 때까지 기다린다.

"……변하기 ……시작하나요?"

그녀는 아마 한나절 정도일 거라고 대답한다. 뎁은 사기를 당한 사람 같은 표정이다. 끈은 더 단단히 조이지 않고 강력 접착제는 강력하지 않다. 오늘 밤은 상당히 길 것 같다.

위층에서 존 캐버노가 피자가 왔다고 부른다. 뎁과 맷과 나는 죽은 사람을 홀로 남겨 두고 위층으로 올라간다. 약간 미안한 마음이 든다.

위층으로 올라가면서 나는 뎁에게 어쩌다 죽은 사람을 데리고 하는 일을 직업으로 삼게 됐는지 묻는다.

"아, 늘 사체 연구를 하고 싶었거든요."

그녀는 다른 보통 사람들이 "언제나 고고학자가 되고 싶었어요"라거나 "항상 바닷가에서 살고 싶었지요"라고 말할 때와 정확히 같은 정도의 열의와 진심을 실어 말한다.

"존이 너무너무 좋아했어요. 아무도 사체 연구는 하고 싶어 하지 않거든요."

자신의 연구실에 들어간 그녀는 책상 서랍에서 해피(Happy)라는 이름의 향수를 한 병 꺼낸다.

"그래서 뭔가 다른 냄새를 맡는 거예요."

그녀는 설명한다. 그녀는 내게 종이를 몇 장 주기로 했는데, 종이를 찾는 동안 나는 그녀의 책상 위에 놓인 사진 한 무더기를 바라본다. 그리고는 얼른 시선을 돌린다. 내가 본 사진은 지난번 사체의 어깨를 부검한 근접 사진들이다. 주로 붉은 살과 갈라놓은 피부 등이 보인다. 맷이 사진 무더기를 내려다본다.

"뎁, 이거, 휴가 가서 찍은 사진은 아니죠?"

11시 30분경. 남은 일은 이제 UM 006을 운전 자세로 앉히는 일뿐이다. 그는 한쪽으로 기우뚱 늘어져 있다. 그는 비행기 옆 좌석에 앉아 잠든 나머지 내 어깨에 조금씩 기대는 승객 같다.

존 캐버노가 사체의 발목을 잡고 뒤로 민다. 자리에 앉히려는 것이다. 존이 뒤로 물러선다. 사체는 도로 그를 향해 미끄러져 내려온다. 그는 사체를 다시 민다. 이번에는 그가 잡고 있는 동안 맷이 포장용 테이프로 UM 006의 무릎을 두르고 또 자동차 좌석 전체를 두른다. 맷이 한마디 한다.

"아마도 이건 테이프의 101가지 용도에 포함되지 않겠죠?"

존이 말한다.

"머리가 이상해."

"똑바로 앞을 쳐다봐야 되는데."

포장 테이프를 더 두른다. 라디오에서는 더 로맨틱스The Romantics 의 「너의 그런 점이 맘에 들어(That's What I Like About You)」가 흘러나오고 있다.

"다시 축 늘어졌는걸."

"기중기로 해 볼까요?"

뎁은 사체의 겨드랑이에 헝겊 띠를 두른 다음 스위치를 누른다. 천장에 장치된 전동 기중기가 작동한다. 수그린 자세였던 사체가 천천히 몸을 일으켜 앉는다. 허수아비 코미디언 같다. 그는 좌석에서 약간 들려 올라왔다가 다시 내려진다. 보다 바른 자세가 된다.

"좋아. 완벽해."

존이 말한다. 다들 뒤로 물러난다. UM 006은 만화영화 같은 동작을 연출한다. 한 박자, 두 박자 있더니 다시 앞으로 쓰러진다. 웃음이 절로 나온다. 눈앞의 장면도 그렇고 밤도 어느새 깊어 몽롱한 시간이 되었기에 웃음을 참기가 힘들다. 뎁이 스펀지를 가져다 사체의 등에 받치자 그제야 제대로 앉아 있는 것 같다.

맷은 연결 상태를 마지막으로 점검한다. 라디오에서는 –지어낸 게 아니다–「나를 제대로 한 번 쳐 봐(Hit Me with Your Best Shot)」가 흘러나온다. 5분이 지난다. 맷이 피스톤을 격발시킨다. 피스톤은 쾅 하는 커다란 소리를 지르며 움직인다. 그렇지만 충격 그 자체는 아무 소리도 나지 않는다. UM 006이 쓰러진다. 할리우드 영화에서 총에 맞은 악당이 아니라 균형을 잃은 빨래 자루 같이 쓰러진다. 그는 스펀지 매트에 쓰러진다. 바로 이렇게 쓰러지는 사체를 받치려고 준비해 둔 매트이다. 존과 뎁이 나서서 사체를 부축한다. 그걸로 끝이다. 타이어가 끼이익 미끄러지다가 쾅 하며 철판이 우그러지는 소리가 없으니, 충격은 폭력적이지도 불안하지도 않다. 거르고 걸러 본질만 남은, 통제되고 계획된 이 같은 충격은 순수한 과학일 뿐 더 이상 비극이 아니다.

UM 006의 가족은 오늘 저녁 그에게 무슨 일이 벌어지는지 모른다. 그저 그의 시신을 의학 교육이나 연구에 기증했다는 사실만 알고 있을 뿐이다. 여기에는 여러 가지 이유가 있다. 본인이나 가족이 시신을 기증하기로 결정하는 시점에는 그 시신이 어디에 쓰일지, 어느 대학교에 보내질지조차 아무도 모른다. 시신은 기증된 대학교에 있는 보관 시설로 보내지지만, UM 006의 경우처럼 다른 곳으로 보내질 수도 있다.

사랑했던 사람에게 어떤 일이 벌어지고 있는지 제대로 알고 싶으면 유족들은 그 정보를 시신(또는 시신의 일부)을 전달받은 뒤, 실험을 하기 전 연구원으로부터 들을 수밖에 없다. 분과위원회 청문회의 결과 가끔 그런 정보 제공이 이루어지기도 한다.

국립 고속도로 교통안전국의 지원금을 받는 자동차 충격 연구자들과 신체 기증 동의서 양식에 시신을 연구용으로 써도 좋다고 명시돼 있지 않은 경우에는 실험이 있기 전에 반드시 가족에게 연락해야 한다. 고속도로 교통안전국의 생체역학 연구센터 소장인 롤프 이핑거Rolf Eppinger에 따르면 사망자의 동의를 가족이 무르는 경우는 드물다고 한다.

나는 고속도로 교통안전국의 주요 계약자 가운데 하나인 칼즈팬(Calspan)에서 일하는 마이크 월시Mike Walsh와 대화를 나눴다. 사체가 도착했을 때 가족에게 연락하여 모임을 주선한 사람은 바로 월시였다. 보존 처리하지 않은 시신은 쉽게 부패하기 때문에 사망한 지 하루이틀 내에 가족을 만나는 것이 좋다. 월시는 이런 연구를 일선에서 수행하는 연구원인 만큼, 이처럼 불편하기 그지없는 일을 다른 사람에게 넘겼을 거라고 생각하기 쉽다. 그러나 그는 직접 처리하는 쪽을 택했다. 그는 가족들에게 그들이 사랑한 사람이 정확하게 어떤 용도로 무엇을 위해 이용될 것인지를 말해주었다.

"프로그램 전체를 그들에게 설명해 줬습니다. 어떤 것은 모의 충돌 장치 연구였고, 어떤 것은 보행자 충격 연구*고, 또 어떤 것은 본격적인 충돌 차량에 이용됐죠."

월시는 재능이 있는 것이 틀림없다. 그가 연락한 42명의 가족 가운데 동의를 철회한 가족은 둘뿐이었다. 그것도 연구의 구체적인 내용이나 성격 때문이 아니라, 단순히 시신이 장기 기증에 이용될 것으로 생각하고 있었기 때문이었다.

나는 월시에게 연구 결과가 출판되면 한 부를 달라고 부탁한 가족은 있는지 물었다. 그런 사람은 아무도 없었단다.

"솔직히 말해 우리는 사람들이 알고 싶어 하는 것 이상의 정보

---

* 이 부분에 관한 스탭 자동차 충돌 협의회의 보고서를 인용하자면, "보행자는 자동차에 '깔리지' 않는다. 그들은 자동차에 '들린다.'" 대개는 다음과 같은 식이 된다. 범퍼는 종아리를 치고 앞 보닛은 엉덩이를 친다. 아래로부터 치인 다리는 머리 위로 튕겨 올라간다. 그러면 보행자는 공중제비를 돌아 머리나 가슴이 아래로 된 채 보닛이나 앞 유리 위에 떨어진다. 충격의 속도에도 불구하고 보행자는 계속해서 공중제비를 돌아 다시 다리가 머리 위로 올라가 지붕 위에 납작하게 떨어졌다가, 거기서 미끄러져 보도에 떨어지기도 한다. 또는 머리가 앞 유리를 뚫고 들어간 채로 보닛 위에 얹혀 있기도 한다. 이 상태에서 운전자는 구급차를 부른다. 그러나 그러지 않은 운전자도 있다. 포트 워스의 간호조무사인 샨티 맬러드Chante Mallard는 그대로 계속 차를 몰아 자기 집으로 돌아갔고, 자동차 앞 유리에 꽂힌 희생자가 피를 흘려 죽을 때까지 그대로 차고에 두었다고 한다. 이 사건은 2001년 10월에 일어났다. 그녀는 체포되어 살인 혐의를 받고 있다.

를 주고 있는 것은 아닌가 하는 인상이 들었습니다."

영국 및 영연방 국가의 연구자들과 해부학 교수들은 전신 사체를 이용하지 않고 신체 부위와 프로섹션(prosection)-해부 실습실에서 사용되는 보존된 부분 사체-을 이용한다. 혹시 있을지도 모르는 가족이나 여론의 반대를 피하기 위해서이다. 영국에서는 동물보호론자들을 '생체 해부 반대자들'이라 부르는데, 이들은 미국과 마찬가지로 목소리가 높다. 이들을 화나게 만드는 것은 더 주변적이고, 또 감히 말하지만 시시한 것들이다. 하나의 예를 들겠다. 1919년, 영국의 어느 동물보호론자 단체가 영구마차를 끄는 말들을 대신하여 장의사협회에 청원서를 보냈다. 협회 소속 장의사들이 말 머리에 깃털 장식을 꽂지 못하게 해 달라는 이들의 청원은 받아들여졌다.

영국의 연구자들은 도살업자들이 오래전부터 알고 있었던 사실을 알고 있다. 사람들이 죽은 신체를 불편해하지 않게 하려면 신체를 토막 내라는 것이다. 암소 사체를 보고 있으면 마음이 불편하지만, 양지살은 저녁식사로 맛있게 먹는다. 사람의 다리에는 얼굴도 눈도 없고, 한때 아기를 안기도 하고 연인의 뺨을 쓰다듬기도 했던 손도 없다. 그 부위의 출처인 살아 있는 사람과 연관 짓기가 어렵다. 신체의 일부분은 익명적이게 되는데, 그 덕분에 사람과 사체를 별개로 생각하기가 쉬워진다. 사체 연구에서는 이런 태도가 필요하다.

'이건 사람이 아니다. 그저 조직일 뿐이다. 이것은 감정도 없고, 아무도 이것에 대해 감정을 느끼지 않는다. 감각이 있는 존재라면 이런 행동이 고문이 되겠지만, 이것에게는 괜찮다.'

그러나 한번 합리적으로 생각해 보자. 할아버지의 허벅지를 전기톱으로 자르고, 그렇게 떼어낸 다리를 포장하여 실험실로 보낸 뒤, 실험실에서 그걸 고리에 매달아 모의 자동차 범퍼로 충격을 가하는 것은 괜찮고, 할아버지의 전신을 실험실로 보내 사용하는 것은 괜찮지 않은 까닭은 무엇일까? 할아버지의 다리를 먼저 잘라내는 행위가 어째서 덜 불쾌하고 덜 불경스러운 것일까?

1901년에 프랑스의 외과의사 르네 르 포René Le Fort는 많은 시간을 들여, 안면 뼈에 직접 가하는 충격이 어떤 효과가 있는지 연구했다. 이따금 그는 사체의 머리를 잘라 냈다. 《르네 르 포의 악안면 연구The Maxillo-Facial Works of René Le Fort》에는 다음과 같은 구절이 나온다.

"잘라 낸 다음 머리를 대리석 탁자 가장자리의 둥그런 부분에 세차게 내동댕이쳤다."

어떤 때에는 머리를 잘라내지 않고 그대로 둔 채 실험하기도 했다.

"전신 사체를 탁자에 반듯이 눕혀놓고 머리만 아래로 늘어지게 했다. 그런 다음 나무 몽둥이로 오른쪽 위턱을 세차게 후려쳤다."

어떻게 후자는 불쾌하게 받아들이는 사람이 전자는 비교적 편안하게 받아들일까? 둘의 도덕적 또는 미학적 차이가 뭐란 말인가?

더욱이, 생체역학적 관점에서도 전신을 통째로 이용하는 쪽이 더 바람직하다. 같은 충격기를 사용하여 같은 세기의 힘으로 타격한다 해도 받침대에 고정된 어깨와 몸통에 고정된 어깨는 서로 같은 방식으로 움직이지도 않고 같은 정도의 부상을 입지도 않는다. 받침대에 고정된 어깨들이 혼자 운전면허를 따는 게 아닌 이상 이런 연구는 의미가 없다.

'인간의 위가 터지지 않고 얼마나 많은 내용물을 담을 수 있는가?' 하는 간단해 보이는 연구조차도 갈 수 있는 데까지 갔다. 1891년에 케이-아베르크Key-Aberg라는 호기심 많은 독일 의사가 그보다 6년 전에 프랑스에서 있었던 연구를 재현했다. 다만 프랑스에서는 따로 떼어낸 인간의 위를 터질 때까지 채웠는데, 케이-아베르크는 위를 주인의 몸속에 그대로 두었다는 점이 다르다. 그는 이쪽이 현실적으로 배불리 먹는 식사에 더 가깝다고 생각한 것 같다. 사실 잔치에 몸통 없이 위장만 홀로 참석하는 경우는 정말 그리 흔하지 않을 것이다. 그런 뜻에서 그는 실제 식사와 더 가깝도록 사체들을 앉혀 두었다고 한다. 그러나 이 부분에서 그가 생체역학적으로 세밀한 부분까지 정확하게 따진 것은 결과와 무관한 것으로 증명됐다. 1979년에 〈미국 외과 저널The American Journal of Surgery〉에 실린 글에 따르면 두 경우 모두 위가 4,000cc에서 터졌다고 한다.*

 물론 연구를 위해 사체 전체가 필요하지 않을 때도 많다. 새로운 기술이나 새로운 인공 관절을 개발하는 정형외과 의사들은 전신 사체를 쓰지 않고 팔다리만을 쓴다. 제품 안전성을 연구하는 사람들도 마찬가지다. 예컨대 손가락을 넣은 채 특정 자동 창문을 닫을 때 손가락이 어떻게 되는지를 알아내는 데에 전신 사체는 필요치 않다. 단지 손가락 몇 개만 필요한 것이다. 더 말랑하게 만든 야구공이 어린이 야구단의 눈에 손상을 얼마나 덜 입히는지를 알아보는 데에 신체 전체가 필요치는 않다. 눈 몇 개가 있으면 그걸 투명한 모의 눈두덩에 끼워 놓고, 야구공이 부딪힐 때 정확히 어떻게 되는지를 고속 비디오 카메라로 촬영할 수 있으면 되는 것

---

* 기네스북 세계 기록의 먹기 부분을 즐겨 읽는 애독자들은 짐작이 가겠지만, 이 기록은 여러 번 깨졌다. 어떤 위는 평균적인 위보다 큰데, 유전이 원인일 수도 있고 일상적인 식도락을 통해서일 수도 있다. 영화 감독 오손 웰즈Orson Welles의 위가 그런 위였다. 로스앤젤레스의 핑크 핫도그 가판점 주인에 따르면 덩치가 큰 웰즈 감독은 한 자리에서 프랭크 핫도그를 18개나 먹어치웠다고 한다. 최대 기록 보유자는 런던의 패션모델이었던 23세 아가씨인 것 같다. 〈랜싯〉지는 1985년 4월호에서 이 아가씨의 경우를 다루었다. 결국 최후의 만찬이 됐지만, 이 아가씨는 앉은 자리에서 간 450그램, 콩팥 900그램, 스테이크 230그램, 치즈 450그램, 달걀 두 개, 큼지막하게 썬 빵 두 조각, 콜리플라워 1개, 복숭아 열 개, 배 네 개, 사과 두 개, 바나나 네 개, 자두와 당근·포도 각 900그램, 우유 두 잔 등 모두 8.6킬로그램의 음식을 해치웠다. 그 결과 위가 터져 죽고 말았다. (인간의 위장에는 수조 마리의 박테리아가 서식하고 있는데, 이들이 저 냄새나는 미로의 속박을 벗어나면 방대한 감염을 일으키고 그 결과 사람이 사망에 이르는 경우가 많다.)
2등을 차지한 사람은 플로리다주의 31세 심리학자이다. 그녀는 자기 집 부엌에서 쓰러진 채 발견됐다. 데이드 카운티의 검시관 보고서에는 그녀의 최후 식사를 상세히 적고 있다. "잘 씹지 않아 제대로 소화되지 않은 핫도그와 브로콜리, 시리얼 8,700cc가 수없이 많은 작은 거품이 함유된 초록색 액체 속에 뒤섞여 있었다." 이 초록색 액체가 뭔지는 밝혀지지 않았고, 오늘날 대식가들 사이에 핫도그가 그렇게 인기를 끄는 이유 역시 미스터리로 남아 있다(salon.com에서).

이다.*

중요한 사실은 이 부분이다. 아무도 반드시 전신 사체를 가지고 연구하고 싶어 하지는 않는다는 사실이다. 꼭 필요한 때가 아니면 이용하려 하지 않는다. 테네시 대학교의 외상 및 부상 예방 공학연구소에서 스포츠 생체공학 실험실을 운영하는 타일러 크레스Tyler Kress는 보트 외부 장착용 모터 프로펠러의 안전망 안전도를 시험하면서, 구상(球狀) 인공 고관절을 어렵사리 구해 거기에 사체의 다리를 외과용 접착제로 붙인 다음, 그걸 다시 충돌 실험용 인체 모형 몸통에 접합했다.

크레스는 일반 대중의 눈이 무서워서 그런 것이 아니라, 단지 그 편이 더 효율적이기 때문에 그랬다고 한다. 그는 내게 이렇게 말했다.

"한 개의 다리가 훨씬 더 다루고 조작하기 쉽거든요."

인체 부위 하나는 들고 옮기기가 더 쉽다. 냉장고에서 공간도 덜 차지한다. 크레스는 머리, 척추, 정강이, 손, 손가락 등 거의 모든 부위를 다 연구해 보았다. 하지만 그는 주로 다리를 사용한다.

---

* 이는 안과 분야에서 열띤 논란이 일었던 부분이다. 일부는 야구공을 더 말랑하게 만들 경우 눈두덩에 닿으면서 더 많이 일그러지기 때문에 손상이 덜한 것이 아니라 더 심해질 것으로 보았다. 터프츠 대학교 의과대학의 시력 및 안전서비스에서 실시한 연구 결과, 더 말랑한 공이 실제로 눈두덩 안으로 더 깊이 들어가기는 하지만 손상이 더해지지는 않는다는 사실이 밝혀졌다. 단단한 공에 비해 손상이 더 심해지기가 쉽지는 않았을 것이다. 더 단단한 공에 맞았을 때는 "눈의 내용물이 거의 전부 밀려 나오면서 주변부에서부터 시신경까지 눈이 완전히 파열됐기" 때문이다. 아마추어 운동구 제조사들이 〈안과 자료Archives of Ophthalmology〉 1999년 3월호를 읽고 그들이 만드는 야구공의 경도를 조정했기를 바랄 뿐이다. 어떻든 어린이 야구선수들의 눈을 보호하겠다는 생각은 훌륭하다.

작년 여름에는 비틀어져 부서진 발목을 생체공학적으로 관찰하며 지냈다. 이번 여름에는 산악 자전거나 스노보드를 타다가 넘어질 때와 같은 수직 낙하 시 입을 수 있는 부상을 살펴보기 위해 동료들과 함께 다리 낙하 실험을 하고 있다.

"우리보다 다리를 더 많이 부러뜨려 본 사람들은 아마 찾기 힘들 겁니다."

나는 크레스와 이메일을 주고받으면서, 사체의 가랑이를 틀에다 넣어 놓고 야구공이나 하키 퍽 또는 뭘로든간에 때려 본 적이 있는지 물었다. 그는 그런 적이 없으며, 그 방면의 운동 부상 연구를 한 사람도 알지 못한다고 했다. 그는 답장에서 이렇게 썼다.

"그러니까…… '가랑이의 충격'이 이런 연구에서 우선순위가 높을 것 같다고 생각하시겠지만, 제 생각엔 실험실에서는 아무도 그쪽을 연구하고 싶어 하지 않을 것 같네요."

그렇다고 해서 과학이 그쪽을 전혀 연구하지 않는다는 말은 아닙니다. 나는 우리 동네 의과대학 도서관에서 "사체"와 "음경"이라는 검색어로 정기 간행물을 뒤져 보았다. 옆 칸에서 컴퓨터를 이용하는 사람들이 이를 눈치채고 사서에게 신고하는 일이 없도록, 모니터를 칸막이 뒤쪽으로 깊이 밀어 둔 채 검색했다.

25개 항목을 살펴보았는데, 대부분은 해부학 연구였다. 시애틀의 어느 비뇨기과 의사는 음경 축의 척추신경 분포 패턴을 조사했다 (사체 24구의 음경).* 붉은 액상 라텍스를 음경동맥에 주입하여 혈관의 흐름을 연구한 프랑스 해부학자도 있었다 (사체 20구의 음경). 음경의 발기에서 음경이 단단한 정도에 좌골해면체근이 미치는 영향을 계산한 벨기에인도 있었다 (사체 30구의 음경). 반짝이는 구두에 흰 가운 차림의 사람들이, 감히 대놓고 말할 수 없는 영역을 지난 20년 동안 세계 곳곳에서 조용히, 주도면밀하게 파고들고 있는 것이다. 이런 연구들을 보면 타일러 크레스의 경우는 약과다.

한편 여성의 경우, "사체"와 "음핵"이라는 검색어로 뒤져본 결과 단 하나의 결과만이 나왔다. 오스트레일리아 비뇨기과 의사인 헬렌 오코넬Helen O'Connel은 "요도와 음핵의 해부학적 관계"라는 글에서 이런 불균형에 대해 불평을 토로한다.

"현대 해부학에서는 여성 회음부 해부학에 대한 설명을 남성 해부학에 대한 세밀한 설명 다음에 짤막하게 첨부하는 정도로 줄여 버리고 말았다."

나는 오코넬을 여권 운동가 글로리아 스타이넘Gloria Steinem이 실험실 가운을 걸치고 당당하게 쾌속 질주하는 모습으로 상상한다. 그녀는 또한 내가 여기저기를 기웃거리다가 발견한, 유아 사체를 이용하여 연구한 최초의 연구자이기도 하다. (그녀가 이 부분을

---

* 이는 산 사람과 죽은 사람들이 함께 동원된 합동연구였다. 죽은 쪽에게 좀 더 불리했다. 연구에서는 사체의 음경을 해부한 뒤, 해부에서 얻은 자료가 정확한지를 척추신경 전기충격실험을 통해 확인했다. "건강한 남성 10명"으로부터 전기충격실험에 참여하겠다는 동의를 얻어냈다. 건강한 남성들이야 늘 그렇잖은가.

연구한 이유는 남아 유아들을 상대로 한 발기 조직 연구가 이유도 불분명하게 이루어졌기 때문이다.) 그녀는 논문에서 윤리적인 승인을 얻었다고 밝혔다. 승인을 내 준 단체는 빅토리아 법의병리학 연구소와 왕립 멜번 병원의 의학연구위원회인데, 언론의 난도질이라는 무시무시한 망령을 우선하며 일하는 기관들이 아닌 것은 분명하다.

5
그 비행기에선
무슨 일이 있었을까

시신이 진실을
말해 주어야 할 때

데니스 섀너핸Dennis Shanahan은 캘리포니아주 칼즈바드 시내에서 동쪽으로 10분 거리의 교외에서 부인 모린Maureen과 함께 살고 있다. 그리고 같은 집 2층의 널찍한 스위트룸을 사무실로 쓰고 있다. 햇살이 잘 드는 조용한 사무실만 보면 그 안에서 벌어지는 업무의 섬뜩한 측면을 전혀 짐작할 수 없다. 섀너핸은 부상분석사다. 그는 대부분의 시간을 산 사람들의 상처와 부상을 분석하느라 보낸다. 그는 의심스러운 ("안전벨트가 끊어졌다", "내가 운전하지 않았다" 등과 같은) 주장을 하는 사람들에게 소송을 당한 자동차 회사들에게 자문을 해 준다. 대개는 상처를 살펴보는 것만으로 간단히 진상이 밝혀지고 만다. 그런데 가끔은 그가 살펴보는 신체가 죽은 사람 것일 때가 있다. TWA 800기 사건의 경우도 그랬다.

1996년 7월 17일 JFK 국제공항에서 파리를 향해 출발한 비행기가 뉴욕주 이스트모리키스 연안의 대서양 상공에서 폭발했다. 목격자들의 증언은 서로 앞뒤가 맞지 않았다. 어떤 사람들은 미사일이 비행기에 맞는 것을 보았노라고 주장했다. 인양한 잔해에서 폭발물의 흔적이 검출됐지만, 폭탄 조각은 발견되지 않았다. (하지만 추락이 있기 훨씬 전에 탐지견의 훈련을 위해 기체 내에 폭발 물질을 감추어둔 적이 있다는 사실이 나중에 알려졌다.) 음모론이 갑자기 퍼져 나갔다. 수사가 오래도록 지루하게 진행됐지만, 모두가 궁금해하는 부분에 대한 확답은 나오지 않았다. 바로 무엇이 -또는 누가- 비행기를 추락시켰는가 하는 것이다.

추락 후 며칠 뒤 섀너핸은 뉴욕으로 찾아가 사망자들의 시신을 살펴보고 그들에게서 무엇을 알아낼 수 있을지 조사했다. 지난주에 나는 캘리포니아주 칼즈바드로 찾아가 섀너핸을 만났다. 나는 이런 일을 사람이 어떻게 -과학적으로, 또 감정적으로- 처리하는지를 알고 싶었다.

그밖에도 그에게 물어볼 것이 몇 가지 있었다. 섀너핸은 악몽 이면의 실상을 아는 사람이다. 그는 여러 가지 다른 유형의 추락 사고에서 사람들에게 어떤 일이 벌어지는지를 의학적으로 끔찍하리만치 세밀하게 알고 있다. 사람들이 대체로 어떻게 사망하고, 사고 순간 어떤 상황이 벌어질지를 당사자들이 알고 있었을

지, 또 어떻게 하면 −적어도 낮은 고도의 추락이라면− 생존 가능성을 높일 수 있었을지 등. 나는 그에게 한 시간만 할애해 달라고 했지만 결과적으로는 다섯 시간을 빼앗고 말았다.

추락한 비행기는 대개 자신의 이야기를 들려준다. 때로는 문자 그대로 조종실 비행기록계에 녹음된 목소리로 들려주고, 때로는 추락한 비행기의 깨진 파편과 타다 남은 조각을 통해 함축적으로 들려준다. 그러나 비행기가 바다 위에서 사고를 당하면 그 이야기는 조각조각이 되어 앞뒤가 맞지 않을 수도 있다. 특히 수심이 깊거나 수류가 빠르고 복잡한 경우에는 블랙박스를 회수하지 못할 수도 있고, 마지막 순간에 비행기에서 어떤 일이 일어났는지를 확실하게 판별할 수 있을 만큼 충분한 분량의 잔해를 인양하지 못할 수도 있다. 이런 경우가 되면 조사자들은 항공병리학 교과서에서 "인간 잔해"라 부르는 증거, 즉 승객의 시체로 눈을 돌린다. 날개나 동체 조각과는 달리 시체는 수면 위로 떠오르기 때문이다. 부상분석사는 희생자의 상처 유형, 부상 정도, 신체의 어느 쪽에 상처가 있는지 등을 연구함으로써 사건의 무시무시한 전개를 재구성해 낼 수 있다.

공항에 도착해 보니 섀너핸이 마중을 나와 있다. 그는 도커즈(Dockers) 바지와 반소매 셔츠 차림에 가느다란 금속 테 안경을 쓰고 있다. 완벽하게 직선으로 탄 가르마 양쪽으로 머리칼이 가지런하게 빗겨져 있다. 거의 가발 같아 보이지만, 가발이 아니다. 그는 정중하고 침착하며, 금방 호감을 사는 사람이다. 그를 보니 우리 동네 약사 마이크가 떠오른다.

그는 내가 생각한 것과는 전혀 딴판이다. 조금 전까지만 해도 나는 그가 무뚝뚝하고, 무섭고, 냉담하며, 욕을 달고 사는 사람일 거라고 생각하고 있었다. 애초에 나는 추락 사고 수습 중인 현장에서 그를 인터뷰할 계획이었다. 우리 두 사람은 작은 마을의 무도회장이나 고등학교 체육관 같은 임시 시체 안치소에서 만날 것이고, 그는 얼룩진 실험실 가운 차림일 것이며, 나는 메모장을 손에 든 채 그의 설명을 듣는 광경을 상상하고 있었다. 섀너핸이 직접 추락 사고 피해자의 부검을 하지 않는다는 사실에 생각이 미치기 전까지는 말이다. 그런 부검은 근처 시체 보관소의 검시관들이 맡는다. 섀너핸이 이러저러한 이유로 현장에 가고 시신을 살펴보는 일도 종종 있지만, 대부분은 검시 보고서를 가지고 작업한다. 보고서 자료를 해당 비행편의 좌석 배치표와 연관시키면서, 분명한 지표가 될 만한 부상을 찾아내는 것이다. 그는 추락 사고 현장에서 작업 중인 그의 모습을 보려면 적어도 몇 년은 기다려야 할지도 모른다고 말했다. 대부분의 추락 원인은 명확해서 사체 분석에서 얻는 자료가 필요치 않은 때가 많기 때문이다.

내가 추락 현장에서 취재하지 못해 아쉽다고 했더니 섀너핸은 《항공 우주 병리학Aerospace Pathology》이라는 책을 한 권 건네 주면서, 내가 이미 본 적이 있을 듯한 것들의 사진이 있을 거라고 한다. 나는 책을 들고 "신체 분포도 작성"이라는 부분을 펼친다. 추락한 비행기 파편들의 스케치 가운데로 작고 검은 점이 여기저기 흩어져 있다. 점에서 이어져 나온 선을 따라가면 이런 꼬리표들이 붙어 있다: "갈색 가죽 구두", "부조종사", "척추 조각", "스튜어디스."

섀너핸의 업무가 설명돼 있는 장의 제목은 "비행기 사망 사고에서 나타나는 부상 패턴"인데, "고열로 인해 두개골 내에 증기가 발생하여 두개골이 폭발하면 충격에 의한 부상처럼 보일 수도 있다는 점을 염두에 두어야 한다"는 사실을 조사관들에게 주지시키는 설명이 붙은 사진들이 수록돼 있다. 이쯤 되자 비행기 추락의 인간 잔해에 이렇게 꼬리표가 붙은 검은 점들 이상으로 가까이 다가가고 싶지 않다는 생각이 확실히 자리 잡았다.

TWA 800편의 경우, 섀너핸은 폭탄의 유무를 추적했다. 그는 희생자들의 부상을 분석하여 객실 내에 폭발의 증거가 있는지 살폈다. 그런 증거가 발견되면 다음에는 어디에 폭탄이 있었는지를 정확히 집어낼 것이었다. 그는 서랍 속의 두꺼운 폴더에서 자기 팀의 보고서를 꺼낸다. 이 보고서는 말하자면 대형 민간 항공기 추락사고의 혼란과 참혹함을 수치와 도표와 그래프를 통해 수치화하고 간략하게 서술하여, 그 참상을 거르고 걸러 국립수송안전위원회 아침 회의에서 커피를 마시며 논의할 수 있는 대상으로 탈바꿈시킨 것이다.

"4.19 – 떠오른 희생자들의 좌·우 부상 비교."

"4.28 – 대퇴골 중앙부 골절과 앞쪽 좌석의 수평 뼈대 손상."

이런 사건을 조사하려면 그 이면에 있는 인간적 비극으로부터 감정적으로 거리를 두어야 할 것 같다는 생각이 든다. 나는 통계나 저런 무미건조한 제목들이 그렇게 거리를 두는 데에 도움이 되는지 섀너핸에게 묻는다. 그는 자신의 손을 내려다본다. 그의 손은 깍지를 낀 채 800기의 폴더 위에 놓여 있다.

"모린에게 물어보면 제 기분이 들쭉날쭉했다는 얘길 들을 수 있을 겁니다. 감정적으로 아주 충격을 받았죠. 특히 10대 아이들 탑승객 수를 보면 더 그렇습니다. 단체로 파리 여행길에 오른 어느 고등학교 프랑스어 동아리, 젊은 부부들. 우린 다들 상당히 필사적이었어요."

섀너핸은 그것이 대개의 추락 사고 조사 현장에서 감도는 분위기와는 다르다고 말한다.

"아주 가볍게만 개입하려는 심리가 있으니까요. 그래서 농담이라든가 쾌활한 마음가짐으로 임하는 것이 상당히 일반적인 경향이 있죠. 그런데 이번에는 아니었어요."

섀너핸이 800기 사고에서 개인적으로 가장 힘들었던 부분은 신체들이 대부분 비교적 온전했다는 점이었다.

"멀쩡한 신체는 그렇지 않은 신체보다 더 마음에 걸립니다."

그는 말한다. 우리들 대부분은 다루거나 보는 것조차도 상상하기가 힘든 잘린 손, 다리, 살점 조각 등이 그로서는 대하기가 더 마음 편하다.

"그런 상태의 사체는 그냥 조직입니다. 그런 마음가짐으로 제 할 일을 처리하는 거죠."

처참하지만 슬프지는 않다. 처참함에는 익숙해진다. 하지만 망가진 인생에는 익숙해지지 않는다. 섀너핸은 병리학자들이 쓰는 방법을 쓴다.

"그들은 인간이 아니라 부위에 초점을 맞춥니다. 부검 동안 그들은 눈의 상태를 설명하고 그런 다음 입을 설명하죠. 뒤로 물러나 서서 '이건 아이가 넷 있는 가장의 시체입니다' 하고 말하지는 않는 거예요. 감정적으로 살아남으려면 그 길뿐입니다."

그러나 멀쩡한 시체는 폭탄이 터졌는지를 판별할 때 가장 유용한 실마리가 된다. 우리는 보고서 16쪽을 보고 있다. 제목은 '4.7 – 신체의 파편도'다.

"폭발이 일어나면 바로 곁의 사람들은 파괴됩니다."

섀너핸은 나직이 말한다. 그에게는 그런 것을 건방지다 싶을 정도로 완곡하지도 않고 불쾌할 정도로 생생하지도 않게 말하는 재주가 있다. 800기의 객실 안에 폭탄이 있었다면 섀너핸은 폭파 지점으로부터 가장 가까운 좌석에 앉은 승객들의 "심하게 조각난 신체"들을 발견했을 것이다. 그렇지만 실제로는 대부분의 시신이 멀쩡했다. 이런 사실은 시신 파편도를 표시하는 방식을 통해 금방 알아볼 수 있다. 방대한 보고서를 분석해야 하는 섀너핸 같은 사람들의 일을 간단하게 만들어 주기 위해 검시관들은 종종 색깔

표시법을 이용한다. 예를 들어 800기에서는 승객들이 초록(신체가 멀쩡함), 노랑(으스러진 머리 또는 사지 중 하나의 절단), 파랑(사지가 둘 이상 절단됨, 머리는 으스러지거나 으스러지지 않음), 그리고 빨강(사지가 셋 이상 절단됨 또는 신체의 완전한 절단)으로 분류됐다.

폭탄이 터졌는지를 판별할 때 시신에 박힌 "이물체"의 파편과 탄도를 분석하는 것 또한 도움이 된다. 이는 엑스레이에서 나타나는데, 엑스레이는 추락사고에 따른 부검 시 언제나 기본으로 촬영해 둔다. 폭탄은 자체의 파편과 가까이 있는 물체의 파편을 가까이에 앉은 사람들에게 발사한다. 각 시신과 시신들 전체를 통해 나타나는 패턴을 분석함으로써 폭탄이 터졌는지, 터졌으면 어느 지점에서 터졌는지를 판별할 수 있다. 만일 폭탄이 우현 화장실에서 폭발했으면 그쪽을 향해 앉았던 사람들의 신체 앞부분에서는 파편들이 발견될 것이다. 통로 건너편에 앉았던 사람이라면 신체의 오른쪽에서 그런 부상이 나타날 것이다. 섀너핸이 예상한 대로, 뚜렷한 패턴은 나타나지 않았다.

섀너핸은 이어 일부 신체에서 발견된, 화학물질에 의한 화상을 주목했다. 이런 화상으로 인해 미사일이 객실을 뚫고 지나간 것이 아니냐는 의혹이 제기된 상태였다. 추락이 있을 때 대개 부식성이 강한 연료에 접촉함으로써 화학물질에 의한 화상이 발생하는 것은 사실이지만, 섀너핸은 비행기가 물에 떨어진 뒤에 생긴 화상이 아닌가 하는 의심을 했다. 제트연료가 수면에 쏟아졌다면 떠 있는 시신의 등에는 화상을 입혀도, 앞에는 입히지 않았을 것이다. 이를 확인하기 위해 섀너핸은 "부유 시체," 즉 수면에서 인양한 시신들이 전부 화학물질에 의한 화상을 입었는지, 또 그런 화상이 등에 있는지를 살폈다. 정말 그랬다. 미사일이 객실을 뚫고 지나갔다면 승객의 좌석에 따라 신체의 앞부분이나 옆부분에 화상이 생기겠지만, 등에는 화상이 나타나지 않아야 했다. 등받이가 방어벽이 되기 때문이다. 사건의 원인이 미사일이라는 증거는 없었다.

섀너핸은 화재가 났을 때와 같은 열에 의한 화상도 살펴보았다. 여기에는 하나의 패턴이 있음을 발견했다. 화상의 위치를 – 대부분은 신체의 앞부분에 있었는데– 살펴봄으로써 그는 객실을 휩쓸고 지나간 불길의 경로를 추정해 낼 수 있었다. 다음에는 승객들의 좌석이 얼마나 심하게 탔는지 조사한 자료를 살폈다. 앉은 승객들보다 좌석들이 훨씬 심하게 탄 사실로 미루어 보아, 화재 발생 수 초 이내에 승객들이 비행기 밖으로 내던져졌음을 알 수 있었다. 그 무렵 당국에서는 날개의 연료 탱크가 폭발한 게 아닌가 의심하기 시작한 참이었다. 폭발은 승객들의 시체가 멀쩡할 정도로 충분히 먼 곳에서 일어났지만, 비행기의 동체에 손상을 입혀 비행기를 두 동강 내고 승객들을 밖으로 날려 보낼 정도로 심했다.

섀너핸에게 나는 승객들이 안전벨트를 매고 있었는데 왜 비행기 밖으로 날아간 건지 묻는다. 그는 비행기가 부서지기 시작하면 엄청난 힘이 작용하기 시작한다고 설명한다. 순간적으로 작용하는 폭탄과는 달리 그런 힘은 대체로 인체를 조각내지는 않겠지만 좌석에서 비틀어 끌어낼 정도로 강력하다.

"시속 500km로 운행 중인 비행기잖습니까."

섀너핸이 말한다.

"그게 부서지면 공기역학 능력을 잃게 되죠. 엔진은 여전히 추진력을 공급하고 있지만, 현재 비행기는 안정된 상태가 아닙니다. 그러면 무지막지한 회전력에 휘말려요. 균열이 더 심해지고, 그로부터 5, 6초 안에 이 비행기는 조각이 납니다. 제가 볼 때 비행기가 상당히 빨리 부서지고 있었고, 그래서 등받이가 망가지면서 사람들이 구속 상태에서 풀려나왔을 겁니다."

800기 승객들의 부상 상태는 섀너핸의 이론과 맞아떨어진다. 승객들은 섀너핸의 세계에서 "극한 수면충격(水面衝擊)"이라 부르는 상황에서 전형적으로 나타나는 광범위한 내상(內傷)을 입은 경향이 있었다. 인간이 낙하하다가 수면에 부딪혀 갑자기 움직임을 멈추면 장기는 몇 분의 일 초 동안 더 움직이다가 신체의 내벽에 부딪히는데, 이 순간 신체의 내벽은 반동으로 인해 반대쪽으로 이동하고 있다. 이때 대동맥은 부분적으로 신체의 내벽에 고정돼 있기 때문에 —따라서 동시에 멈추기 때문— 파열되는 일이 많고, 나머지 부분, 즉 심장에 가까운 부분은 자유로이 매달려 있다가 약간의 시간차를 두고 멈춘다. 이 두 부분은 서로 반대 방향으로 움직이게 되고 그 결과 작용하는 절단력 때문에 혈관이 끊어지는 것이다. 800기의 승객 가운데 73퍼센트가 대동맥이 심하게 절단된 상태였다.

오랫동안 낙하하던 신체가 수면에 부딪힐 때 곧잘 일어나는 또 다른 현상은 갈비뼈 골절이다. 이 사실은 민간항공의료연구소 연구원이었던 리차드 스나이더Richard Snyder와 클라이드 스노우Clyde Snow에 의해 기록으로 남았다. 1968년에 스나이더는 금문교에서 뛰어내린 169명의 시신 부검 보고서를 살펴보았다. 갈비뼈가 부러진 사람들이 85퍼센트인 반면, 척추 골절은 15퍼센트, 팔이나 다리 골절은 0.3퍼센트에 지나지 않았다. 갈비뼈 골절은 그 자체로는 그리 큰 문제가 아니지만, 고속으로 충돌할 때에는 날카롭고 뾰족한 무기가 되어 그 안에 있는 심장과 허파, 대동맥을 찌르고 가른다. 스나이더와 스노우가 살펴본 사례의 76퍼센트가 갈비뼈로 인해 허파에 구멍이 난 상태였다. 800기의 통계 역시 비슷한 양상을 보여준다. 대부분의 신체에는 극한의 수면 충격 시 보이는 내상이 뚜렷했다. 모두 가슴에 내상을 입었고, 99퍼센트는 갈비뼈가 여러 군데 부러졌으며, 88퍼센트는 허파가 찢어졌고, 73퍼센트는 대동맥에 부상을 입었다.

만일 대부분의 승객이 수면에 부딪히는 커다란 충격으로 인해 사망했다면, 바다에 가라앉는 3분 동안 그들은 상황을 알고 있었다는 뜻일까? 어쩌면 생존한 상태로?

"만일 살아 있다는 걸 '심장이 뛰고 숨을 쉰다'라고 정의한다면 상당한 숫자였을 겁니다."

섀너핸은 말한다. 하지만 '의식했다'? 그는 그렇게 생각하지 않는다.

"그럴 가능성은 아주 적다고 봅니다. 좌석과 승객들이 이리 튕기고 저리 튕깁니다. 어안이 벙벙할 뿐이겠죠."

섀너핸은 이제껏 그가 면담한 수백 건의 비행기 및 자동차 충돌사고 생존자들에게 사고 동안 무엇을 느끼고 관찰했는지를 빠짐없이 물어보았다.

"그 결과, 자신이 심각한 외상을 입었다는 사실을 그리 썩 잘 의식하지 못한다는 쪽으로 대체적인 결론을 내렸습니다. 대단히 초연하더군요. 상황의 많은 부분을 의식하고 있지만, 현실이 아닌 것처럼 느끼는 그런 반응을 보입니다. '무슨 일이 벌어지고 있는지 알지만, 사실 무슨 일이 벌어지고 있는지를 몰랐다, 그 일이 내게 벌어지고 있다는 기분이 꼭 드는 건 아니지만, 한편으로는 그게 내게 벌어지고 있다는 걸 알고 있었다' 이런 식이죠."

비행기가 부서질 때, 그렇게나 많은 수의 승객들이 공중으로 내던져진 만큼, 나는 아주 적더라도 그들이 생존할 가능성이 조금은 있지 않았을까 하는 의문이 들었다. 올림픽 다이빙 선수처럼 물에 떨어진다면, 고공에서 비행 중인 비행기에서 떨어진다 해도 살아날 수 있지 않을까?

실제로 이런 일이 적어도 한 번은 있었다. 앞에서 높은 고도에서의 낙하를 연구한 사람으로 소개한 리차드 스나이더는 1963년에 대개는 사망하게 되는 높이에서 추락하여 살아난 사람들에게 흥미를 느꼈다. "인간이 자유낙하의 극한 충격에서 생존할 가능성"이라는 보고서에서 그는 11.3킬로미터 고도의 비행기에서 추락하여, (비록 한나절 동안뿐이지만) 생존한 한 남자의 사례를 소개했다. 게다가 이 불쌍한 친구는 물에 떨어지는 사치도 누리지 못하고 땅에 떨어졌다. (실은 그 정도의 높이에서는 물에 떨어지나 땅에 떨어지나 거의 차이가 없다.) 스나이더가 알아낸 것은 충격 시 사람의 운동속도와 부상 정도는 서로 이렇다 할 관계가 없다는 사실이다. 그는 피로연 행사 때 사다리에서 떨어져 다친 신랑들을 만나 본 적이 있는데, 이들은 자살하려고 21미터 높이에서 뛰어내려 콘크리트 바닥에 떨어진 사람보다도 부상이 심했다. 자살을 시도한 그 사람은 일회용 반창고 몇 개와 상담 전문가 외에는 아무것도 필요한 것 없이 멀쩡했다.

일반적으로 말해 비행기에서 추락하면 그게 마지막 비행기 여행이라고 보면 된다. 스나이더의 보고서에 따르면 수면에 발부터 먼저 -가장 안전한 자세로- 떨어졌을 경우 사람이 살아남을 가능성이 높은 최고 속도는 시속 110킬로미터이다. 인체가 낙하할 때 종단속도, 즉 공기저항으로 인해 더 이상 빨라질 수 없는 속도가 시속 190킬로미터이고, 그 속도에 도달하기까지 150미터 밖에 걸리지 않는다는 사실을 두고 볼 때, 8킬로미터 고도에서 폭발하는 비행기에서 떨어진 다음 데니스 섀너핸의 면담을 받을 가능성은 별로 없다고 봐야 할 것이다.

800기에 대한 섀너핸의 판단은 옳았을까? 옳았다. 시간이 지나면서 비행기의 주요 파편들이 발견됐는데, 그 조각들이 그의 결론이 옳았음을 뒷받침했다. 최종적으로는 절연이 벗겨진 전선이 불꽃을 튀기면서, 기화한 연료에 불이 붙어 연료탱크 가운데 하나가 폭발한 것으로 결론지어졌다.

부상 분석이라는 유쾌하지 않은 학문은 1954년에 시작됐다. 그해 영국의 코멧(Comet) 기종 여객기 두 대가 원인 모르게 바다에 추락했다. 첫 번째는 1월에 이탈리아의 엘바섬 상공에서, 두 번째는 그로부터 3개월 뒤 나폴리 상공에서였다. 두 사고 모두 수심이 깊어 잔해를 별로 회수할 수 없었고, 그래서 "의학적 증거"에서 실마리를 찾을 수밖에 없었다. 바다에 떠오른 승객들의 시신 21구의 상처가 바로 그 실마리였다.

조사는 판버러(Farnborough)에 있는 영국 공군 항공의학연구소의 지휘관인 W.K. 스튜어트Stewart와 영국 해외항공사의 의료지원국장인 해롤드 위팅엄 경Sir Harold E. Whittingham이 합동으로 진행했다. 대부분의 학위가 해롤드 경의 것이었으므로 —보고서 표지에는 작위 외에도 학위가 다섯 개 명시돼 있다— 여기서는 존경의 뜻에서 그가 팀의 지휘를 맡았을 것으로 간주하겠다.

해롤드 경과 조사단은 조사에 들어가자마자 시신들의 부상이 획일적이라는 사실을 발견했다. 21명의 사체 모두 외상은 별로 없었지만, 내상은 아주 심했다. 특히 허파가 그랬다. 코멧 사고의 시신과 같은 방식으로 허파가 부상을 입는 원인은 세 가지로 알려져 있었다. 폭탄의 폭발, 갑작스런 압력 저하—객실의 압력유지장치가 망가질 때와 같이—, 그리고 극히 높은 곳으로부터의 추락이었다. 이런 비행기 사고는 이 세 가지 가운데 어느 것도 원인이 될 수 있었다. 여기까지는 사망자들의 시신이 사고의 의문을 걷어내지 못하고 있었다.

가장 먼저 제외된 것은 폭탄에 의한 폭발 가능성이었다. 화상을 입은 시신도 폭탄에 의한 파편이 박힌 시신도 없었고, 데니스 새너핸이 말하는 "심하게 조각난 신체"도 없었다. 이로써 코멧에 불만을 품은, 폭발물을 잘 다루는 미친 해직 근로자 시나리오는 금방 휴지통에 버려지는 신세가 됐다.

그다음으로 조사단은 객실의 기압이 갑자기 떨어진 경우를 생각했다. 그게 허파가 이렇게 심하게 손상되는 원인이 될 수 있을까? 이를 알아내기 위해 판버러 조사단은 실험용 기니피그들을 동원하여, 해수면으로부터 10,000미터 상공 수준으로 압력이 갑자기 저하되는 상황에 노출시키는 실험을 했다. 해롤드 경의 보고를 인용한다.

> "그러자 기니피그들은 약간 놀란 듯했지만 호흡장애 증상은 보이지 않았다."

동물 실험이나 인간의 경험에 바탕을 둔 다른 기관들의 보고 자료에서도 이와 비슷하게 해로운 효과는 거의 나타나 있지 않았으며, 코멧기 승객들의 허파에서 볼 수 있는 종류의 손상은 분명히 아니었다.

이로써 우리가 익히 살펴본 "극한의 수면충격"이 유력한 사망 원인으로 올라섰고, 구조적 결함 등으로 인해 고공에서 동체가 파괴된 것이 추락의 원인일 가능성이 높아졌다. 리차드 스나이더가 "자유낙하의 극한충격에서 인간이 생존할 가능성"이라는 제목의 보고서를 쓰기 14년 전, 판버러 조사단은 다시 한번 기니피그들을 동원했다. 해롤드 경은 종단 속도로 수면에 부딪힐 때 허파에 정확하게 어떤 일이 벌어지는지를 알고 싶어 했다. 처음에 기니피그라는 동물이 거론되는 것을 보고 나는 해롤드 경이 기니피그 우리를 질질 끌고 도버 해협의 절벽 위로 터벅터벅 걸어 올라가, 아무것도 모르는 조그만 짐승들을 절벽 아래 바다로 내던지면, 작은 배를 타고 밑에서 기다리던 그의 동료들이 녀석들을 뜰채로 건져 올리는 광경을 상상했다. 그러나 해롤드 경은 나보다는 더 분별이 있는 사람이었다. 그와 조사단 사람들은 실험에 필요한 충격을 훨씬 짧은 거리에서 얻기 위해 일종의 "수직 새총" 같은 걸 만들었다. 그는 이렇게 썼다.

"우리는 접착지 띠를 이용해 기니피그를 발사대 아랫면에 살짝 붙였다. 그래서 발사대가 수직으로 가장 아래쪽에 다다랐을 때 정지시키면 기니피그는 배가 아래를 향하도록 발사되어, 약 75센티미터 낙하한 다음 물에 떨어졌다."

내가 아는 어린아이 가운데 해롤드 경과 판박이인 아이가 하나 있다.

결론만 간단히 설명하자면, 발사된 기니피그의 허파는 코멧기 승객의 허파와 아주 흡사해 보였다. 조사단은 비행기가 고공에서 부서져, 타고 있던 승객 대부분이 바다에 떨어졌다고 결론지었다. 정확하게 동체의 어디가 부서졌는지를 알아내기 위해 이들은 인양 당시 승객들이 옷을 입은 채였는지 벗겨진 상태였는지를 살폈다. 해롤드 경의 이론은 이랬다. 사람이 몇 킬로미터 상공에서 추락하여 바다에 떨어지면 옷이 벗겨지겠지만, 비교적 원상태를 유지하고 있는 비행기의 꼬리 부분 안에서 바다에 떨어지면 그렇지 않을 것이고, 그래서 옷을 입은 사체와 벗겨진 사체들이 갈라지는 지점이 부서진 부위라고 결론 내릴 수 있다는 것이었다. 두 비행기 모두 (좌석 배정표를 대조해 봤더니) 옷을 입은 채 떠오른 사람들은 비행기의 뒷부분에 있었던 승객들이었고, 일정 위치보다 앞에 앉은 승객들은 옷이 벗겨진 채 발견됐기 때문이다. 사실상 거의 전부가 그랬다.

해롤드 경은 이런 이론을 증명하기 위해 중요한 한 가지 자료만을 더 확보하면 됐다. 비행기에서 떨어져 바다에 부딪히면 옷이 정말로 벗겨질까 하는 것이다. 개척심이 투철한 해롤드 경은 직접 연구에 착수했다. 판버러 조사단이 또 한 번 기니피그들을 이용하여, 이번에는 저 쪼끄만 기니피그들에게 1950년대 모직 양장·양복을 입혀 실험했다는 이야기를 독자 여러분에게 자세하게 전해 줄 수 있으면 얼마나 좋겠냐만, 실제로 기니피그는 한 마리도 동원되지 않았다. 이번에는 왕립 항공기 연구소가 동원되어, 완전히 옷을 입힌 인체 모형들을 비행기의 운항고도에서 바다에 떨어뜨렸다.*

해롤드 경이 예상한 대로 충격으로 인해 인체 모형들의 옷이 벗겨졌다. 마린 카운티의 검시관으로 금문교 자살자들의 시신을 부검한 게리 에릭슨Gary Erickson 역시 이와 같은 현상이 실제로 일어난다는 사실을 확인시켜 주었다. 그는 내게 겨우 75미터 높이에서 떨어지더라도 "보통은 신발이 날아가고, 바지에서 가랑이가 떨어져 나가고, 뒷주머니도 한쪽 내지 둘 다 없어진 상태"가 된다고 말했다.

결국 해롤드 경의 이론을 뒷받침해 줄 수 있을 정도로 비행기 잔해가 많이 발견됐다. 비행기는 정말 구조적 결함으로 인해 공중에서 부서졌다. 해롤드 경과 판버러의 기니피그들에게 존경을 표한다.

섀너핸과 나는 근처 바닷가의 이탈리아 식당에서 때 이른 점심을 먹고 있다. 손님은 우리뿐이어서, 우리 식탁에서 오고 가는 것

---

* 사고로 추락하는 인간에게 어떤 일이 벌어지는지를 관찰하기 위해 사체가 사용된 적이 있는지 나처럼 궁금해하는 독자들도 어쩌면 있을 것이다. 내가 찾아낸 것 가운데 이에 가장 근접한 사례는 1964년에 J.C. 얼리Earley가 쓴 "신체 종단 속도"와 1962년에 J.S. 코트너Cotner가 쓴 "낙하하는 인체에 공기 저항이 미치는 영향 분석"인데, 아쉽게도 둘 다 출판되지 않았다. 나는 J.C. 얼리는 연구에서 인체 모형을 사용하면 제목에 "인체 모형"이라는 말을 명기했다는 사실을 분명히 알고 있다. 그래서 기증된 시체 몇 구가 과학을 위해 실제로 낙하하지 않았을까 하는 생각이 든다.

과 같은 내용의 대화를 나누기에는 너무나 조용하다. 웨이터가 물잔을 채워 주러 올 때마다 나는 극비사항이나 지극히 개인적인 문제를 의논하고 있는 사람마냥 말을 멈춘다. 섀너핸은 신경 쓰지 않는 것 같다. 섀너핸은 이렇게 말하고 있다.

"……비교적 작은 잔해들은 가리비 채취용 트롤망으로……."

그러는 동안 웨이터가 내 샐러드에 후추를 갈아 주고 있는데, 내가 느끼기로 6박 7일은 걸리는 것 같다.

나는 섀너핸에게 그런 걸 다 알고, 다 보면서 어떻게 비행기를 탈 수 있는지 묻는다. 그는 추락하는 비행기의 대부분은 1만 미터 상공에서 떨어지지 않는다는 사실을 지적한다. 추락 사고의 절대 다수는 이착륙 때에 지상 또는 지상 가까이에서 일어난다. 섀너핸은 비행기 추락 사고에서 생존할 확률은 이론적으로 85퍼센트라고 한다.

여기서 "이론적"이라는 말이 중요하다. 모든 게 연방항공국에서 요구하는 탈출 훈련 때처럼 되기만 한다면 살아남을 거라는 뜻이다. 연방 정부는 항공기 제작사들이 비행기의 비상구를 통해 승객들을 90초 이내에 완전히 탈출시킬 수 있어야 한다고 규정하고 있다. 그러나 어쩌랴. 현실에서 훈련 상황과 같이 탈출할 수 있는 경우는 아주 드물다.

"생존이 가능한 추락 사고를 살펴보면 비상구의 절반이나마 연 경우도 드물다는 걸 알게 됩니다."

섀너핸은 말한다.

"게다가 주위 사람들이 다들 공황과 혼란에 빠져 있죠."

그는 댈러스에서 있었던 델타 항공사의 추락 사고를 예시로 들어 준다.

"충분히 생존할 수 있는 사고였습니다. 외상도 거의 없었으니까요. 그렇지만 많은 사람이 화재로 인해 죽었습니다. 이들은 비상구 앞에 몰린 채 발견됐어요. 문을 열 수가 없었던 거죠."

비행기 사고에서 사망의 제1원인은 화재다. 충격이 그리 크지 않아도 연료탱크가 폭발하여 비행기가 화염에 휩싸일 수 있다. 승객들은 숨쉴 때 뜨거운 공기가 빨려들어가 기도가 타들어 가면서 죽고, 장식재나 보온재가 타면서 생기는 유독가스로 인해 죽는다. 앞에 있는 좌석에 부딪히면서 다리가 부러져 출구로 기어가지 못하기 때문에 죽는다. 불타는 비행기에서 질서 있게 빠져나오지 않기 때문에 죽는다. 탈출하려고 애쓰다 보니 인파가 몰리며 서로 밀치고 짓밟는 것이다.*

비행기를 화재로부터 안전하게 만들기 위해 항공사들이 더 노력하는 게 불가능할까? 충분히 가능하다. 비상구를 더 많이 만들 수 있지만, 그들은 그렇게 하지 않는다. 그만큼 좌석을 떼어 내야 하니 수입이 줄기 때문이다. 살수장치를 설치하거나 군용 헬리콥

---

* 이런 사고에서 살아남는 비결 한 가지를 소개한다. 바로 남자가 되는 것이다. 1970년에 민간항공의료연구소에서는 비상탈출과 관련하여 세 건의 추락사고를 연구했는데, 생존에 가장 중요한 요소는 성별이었다. (근소한 차이지만 바로 다음 요소는 출구까지의 거리가 얼마나 가까운가 하는 점이었다.) 생존할 가능성은 성인 남성이 단연 높았다. 까닭은? 거치적거리는 사람들을 전부 밀쳐 내고 탈출하기 때문이 아닌가 한다.

터에서 쓰는 것처럼 충격에도 안전한 연료 체계를 만들 수 있다. 그러나 그러지 않는다. 중량이 더 나가기 때문이다. 무거워지면 그만큼 연료비가 더 든다.

돈을 절약하기 위해 사람을 희생시켜도 좋다는 결정은 누가 내리는 걸까? 표면적으로는 연방항공국이다. 문제는 대부분의 항공기 안전 개선안들은 비용과 편익이라는 관점에서 평가받는다는 사실이다. 방정식 편익 쪽을 수치로 계산하기 위해, 구조되는 인명 1인당 일정 액수의 금액이 환산·배정돼 있다. 1991년에 도시연구소에서 계산한 결과에 따르면 우리에게는 각각 270만 달러의 가치가 있다. 연방항공국의 반 가우디Van Goudy는 내게 이렇게 말했다.

"한 사람이 죽는 비용과 그게 사회에 미치는 효과를 경제적 가치로 계산한 게 그겁니다."

이게 원자재값보다는 상당히 많이 쳐주는 게 맞기는 하지만, 편익 쪽의 액수가 항공사가 계산하는 예상 비용을 웃돌 정도로 커지는 경우는 아주 드물다. 가우디는 내가 질문하면서 언급한 어깨띠를 예로 들며 설명했다.

"항공국은 이럴 겁니다.

'좋다. 어깨띠를 장착함으로써 앞으로 20년 동안 15명의 인명을 구하게 된다면 200만 달러 곱하기 15명, 해서 3000만 달러라는 계산이 나온다.'

그럼 업계 쪽에서는 다시 이렇게 대꾸하겠죠.

'그걸 다는 데에는 6억 6900만 달러가 드는뎁쇼.'"

어깨띠는 그렇게 안녕이다.

그런데 연방항공국이 다시 "이것들아, 달라면 그냥 달아" 하고 말하지 않는 이유는 뭘까? 정부가 자동차의 에어백 장착을 의무화하는 데에 15년이 걸린 것과 같은 이유에서다. 항공국이 규정을 만든다 한들 종이호랑이에 지나지 않는 것이다.

"만일 새로운 규정을 도입하고 싶으면 연방항공국은 업계에다 비용편익 분석결과를 보내 의견을 구해야 합니다."

섀너핸이 말한다.

"그런데 업계에서 그게 맘에 안 들면 자기편 의원들을 찾아가는 거죠. 보잉쯤 되면 하원에 미치는 영향력이라는 게 엄청나니까요."*

그렇지만 연방항공국이 공을 세운 부분도 있다. 최근에 이들은 새로운 "둔화" 시스템을 승인했다. 이 시스템은 질소 농도를 높이고 산소 농도를 낮춘 공기를 연료탱크에 주입함으로써 인화 가능성을 줄이고 따라서 TWA 800기를 추락시킨 것과 같은 폭발의 위

---

* 오늘날 비행기에 에어백이 장착돼 있지 않은 건 바로 이 때문이 틀림없다. 믿거나 말거나, 실제로 비행기용 에어백을 설계한 사람들이 있었다. 에어스탑 구속장치(Airstop Restraint System)라는 이름을 붙인 이 에어백은 발밑, 좌석 밑, 가슴 부분에 에어백을 하나씩 달아 단일 체계로 동작하도록 엮은 장치이다. 연방항공국은 1964년에 이 장치를 DC-7기에 설치하여 인체 모형 실험까지 했다. 아리조나주 피닉스 근교의 언덕에 추락시켰는데, 골반띠를 단단히 맨 표준 인체 모형은 격렬하게 앞으로 접히면서 머리가 달아났다. 한편 에어스탑의 보호를 받은 인체 모형은 완전히 멀쩡했다. 이 장치를 설계한 사람들은 제2차 세계대전 전투기 조종사들이 추락 직전에 구명조끼를 팽창시킨다는 이야기에 착안했다고 한다.

험성을 낮춰 주는 것이다.

나는 이 책을 읽은 다음 비행기를 탈 때마다 자신이 비상구 앞에 쌓인 시체 가운데 하나로 최후를 맞는 게 아닌가 하는 생각을 할 사람들에게 해 줄 만한 충고가 있는지 섀너핸에게 물었다. 그의 대답은 주로 상식적인 것들이다. '비상구 가까이에 앉아라.', '열과 연기를 피해 몸을 낮춰라.', '허파가 타지 않고 독한 연기를 마시지 않도록 최대한 오래 숨을 참아라.' 그는 창가 좌석을 더 좋아하는데, 복도 쪽에 앉는 사람들은 비교적 가벼운 사고에서도 머리 위 짐칸에서 떨어지는 옷가방 벼락을 맞을 가능성이 크기 때문이라고 한다.

청구서를 기다리는 동안 나는 섀너핸에게 질문을 던진다. 지난 20년 동안 그가 칵테일 파티에 나갈 때마다 받은 질문이다. 추락할 때 살아날 확률이 비행기의 앞쪽에 앉아 있는 게 높나요? 아니면 뒤쪽에 앉는 게 높나요? 그는 참을성 있게 대답한다.

"그건 비행기가 어떤 식으로 추락하는지에 따라 다르죠."

나는 질문을 바꾼다. 당신이 비행기 안 어디든 마음대로 골라 앉을 수 있다면 어디에 앉을 건데요?

"당연히 1등석이죠."

6
죽은 사람에게
총을 쏘는 것에 대하여

**총알과 폭탄에 관한
까다로운 윤리**

1893년 1월 중 사흘간, 또 3월에 나흘간 미 육군 의무단의 루이스 라 가드Louis La Garde 대위는 아주 특이한 적들을 향해 무기를 들었다. 군 사상 전례가 없었던 이 일 덕분에 그는 이름을 후세에 길이 남겼다. 라 가드는 외과의사로 복무했지만, 전투에 대해 잘 알고 있었다. 1876년의 파우더 강 탐사에서는 적대적인 수(Sioux) 부족들에 맞서 용감하게 싸움으로써 훈장도 받았다. 그때 그는 '무딘 칼'이라는 이름의 족장에게 돌진했는데, 우리로서는 그 이름이 족장의 지능이나 전투력, 족장이 쓴 무기의 질과 성능과는 무관했을 거라고 상상할 수 있을 뿐이다.

라 가드는 1892년 7월에 저 이상한 운명의 명령을 받았다. 명령서에는 새로 실험 중인 30구경의 스프링필드(Springfield) 소총이 그에게 배달될 것이라고 되어 있었다. 원래 그가 지급받은 표준 화기인 45구경 스프링필드 소총과 새로 배달될 소총을 가지고 그 해 겨울에 펜실베이니아주 프랭크포드 병기공장에 출두하라는 내용이었다. 소총으로 겨냥할 대상은 나체에 비무장인 남자들이었다. 알몸에 비무장이라는 사실은 그나마 덜 이상한 부분이었다. 더 특이한 부분은 이미 죽은 사람들이라는 사실이었다. 이들은 자연사한 사람들로, 육군 병기부의 실험 대상으로 -출처는 밝히지 않았지만- 수집됐다. 이들을 사격장 천장에 장치된 도르래에 매달아 놓고, 화약량을 바꿔 가며 (다양한 거리의 효과를 주기 위해) 서로 다른 부위에 12차례 총격을 가한 다음 부검하는 실험이었다. 라 가드의 임무는 두 가지 소총이 인체의 뼈와 내장에 미치는 생리학적 효과를 비교하는 것이었다.

   실험 목적으로 민간인 사체에 총알을 먹이는 일에 나선 것은 미 육군이 처음이 아니다. 라 가드는 저서 《총상Gunshot Wounds》에서 프랑스 육군이 1800년경부터 "전쟁에서 총격의 효과를 가르치려는 목적으로 시신에게 총을 쏴 왔다"고 적고 있다. 독일군도 그랬다. 그들은 사체들을 실제 전쟁터와 비슷한 거리의 야외에 세우는 수고도 마다하지 않았다. 중립국으로 유명한 스위스조차도 1800년대 말에 사체들을 대상으로 하는 일련의 전투 부상 탄도학 연구를 승인했다.

   외과 교수이자 스위스 육군 의용대 (스위스는 전쟁하지 않는 쪽을 선호하지만 그래도 무장은 하고 있다. 빨갛고 조그만 맥가이버칼 정도가 아니다) 대원인 테오도어 코허Theodore Kocher는 총알에 의한 부상 과정을 이해하겠다는 목표로 스위스제 베텔리(Vetterli) 소총을 온갖 종류의 과녁에 쏘느라 1년을 보냈다. 과녁에는 병, 책, 물을 채운 돼지 창자, 황소의 뼈, 인간의 두개골, 그리고 마침내는 인간의 전신 사체 두 구까지 동원됐다.

코허는 –라 가드도 어느 정도– 사체들을 상대로 하는 탄도학 연구가 더 인도주의적인 형태의 총격전으로 이어지기를 바란다는 뜻을 품고 있었다. 코허는 전투의 목표가 적을 죽이는 게 아니라 싸울 수 없게만 만드는 것으로 삼아야 한다고 역설했다. 이와 관련하여 그는 총알의 크기에 제한을 두고 재료로는 용융점이 납보다 더 높은 물질을 사용할 것을 권고했다. 변형이 덜 되면 인체 조직을 덜 파괴하기 때문이었다.

무력화(無力化), 군수업계의 용어로 '저지 능력'이 탄도학 연구의 지상 목표가 됐다. 적이 나를 불구로 만들거나 죽이기 전에, 내가 먼저 적을 확실히 저지시키면서 가능하면 불구로 만들지도 않고 죽이지도 않는 방법. 실제로 1904년에 라 가드 대위와 매달린 사체들이 다시 무대에 올랐을 때의 목표는 저지 능력 향상이었다. 필리핀에서 벌어진 미국과 스페인간의 전쟁 막바지 단계에 미 육군이 개입한 이래, 저지능력 향상은 장군들 사이에서 선결 과제 가운데에서도 급선무에 해당하는 문제라는 인식이 퍼진 상태였다. 그 무렵에는 미군의 콜트(Colt) 38구경이 적을 저지하지 못한 사례가 수없이 많았다. "문명화된" 전쟁에서는 콜트 38로도 충분한 것으로 간주됐지만, 《총상》에서 라 가드는 "극기심이 뛰어난 일본군마저도 대개는 첫발에 쓰러졌다"고 쓰고 있다), "야만적 부족이나 광적인 적"에 대해서는 그렇지 않은 것이 분명했다. 필리핀의 모로 부족은 그 두 가지를 조금씩 다 갖추고 있었던 것 같다. 라 가드는 이렇게 썼다.

> "양손에 볼로 장도(長刀)를 하나씩 쥐고 휘두르며 나는 듯이 돌격해 오는 모로족 같은 미치광이는 최고의 저지 능력을 지닌 탄환으로 적중시켜야 한다."

> (모로 부족은 볼로가 아니라 검 솜씨가 뛰어난 것으로 정평이 나 있으며, 상대방을 일격에 반으로 가르는 능력을 자랑스레 여겼다고 한다.)

그는 전투로 단련된 모로족 전사 하나가 미 육군 경비대를 향해 돌진한 이야기를 소개한다.

> "그가 90m 거리 이내로 접근해 들어오자 경비대는 일제히 그에게 발포했다."

그랬음에도 불구하고 그는 놀랍게도 경비대 바로 앞까지 85미터 이상이나 더 돌진한 다음에야 쓰러졌다.

라 가드는 전쟁부의 요구에 따라 육군이 사용하는 여러 가지 총과 탄환, 또 각 무기가 얼마나 빨리 적을 정지시키는지에 대한 조사에 나섰다. 그는 연구를 위한 한 가지 방법으로, 매달아 놓은 사체에 총기를 발사하여 그 "충격", 즉 "겉으로 나타나는 흔들림"을 관찰하면 될 것으로 판단했다. 다시 말해 몸통이나 팔·다리를 매달아 놓고 거기 총을 쏘았을 때 뒤로 밀려나는 거리를 측정하자는 것이었다. 권총의 저지 능력에 대한 책을 쓴 (제목도《권총의 저지 능력Handgun Stopping Power》이다) 에반 마셜Evan Marshall은 이렇게 말한다.

"그것은 무게가 다양한 물체들을 매달아 놓고 그것들의 운동량을 서로 연관 지어 측정할 수 있지 않을까, 그리고 그게 저지능력과 관련하여 뭔가 의미가 있지 않을까 하는 가정에 바탕을 둔 것이다. 그러나 그것은 사실 미심쩍은 실험으로 미심쩍은 자료를 추출해 내는 작업이었다."

라 가드 대위는 총이 사람을 어떻게 저지시키는지 알아보려면 이미 영구적으로 저지된 상태가 아닌 대상을 상대로 실험해 보는 게 가장 좋은 방법이라는 사실을 깨닫게 됐다. 다시 말해 살아 있는 대상을 쓰자는 것이다. 라 가드는 "*실험 대상으로 결정된 짐승들은 시카고 도축장에서 도살될 예정인 비프들이었다*"고 기록함으로써, 1930년대 이후에 그의 책을 읽게 될 10명일지 15명일지 모를 사람들의 고개를 갸웃하게 만들었다. 옛날에는 '소'라는 뜻으로 "비프(beef)"라는 낱말을 썼지만, 1930년대에 들어 일반 대화에서 더 이상 그런 뜻으로는 쓰이지 않게 된 것이다. 비프 열여섯 마리를 해치운 끝에, 라 가드는 답을 찾아냈다. 구경이 큰 (45구경) 콜트 리볼버 총알은 서너 발만에 소를 땅바닥에 쓰러뜨렸지만, 구경이 작은 (38구경) 총알은 열 발씩이나 맞춰도 소를 땅바닥에 쓰러뜨리지 못한다는 사실이었다. 그때 이후로 미 육군은 병사들이 암소들의 습격에 만반의 대비가 돼 있다는 자신감을 가지고 전투에 임하게 됐다.

미국과 유럽에서 탄약으로 인한 외상 연구의 최전선에서 당해온 것은 거의 대부분 돼지들이다. 중국의 경우 이런 목적으로 -제3군의대학(第三軍醫大學)과 중국병공학회(中國兵工學會) 등에서- 총에 맞는 동물은 개였다. 오스트레일리아에서 제5회 부상탄도학 심포지엄 의사록에 기록된 내용에 따르면 토끼들이 과녁이 됐다. 우리는 어떤 문화가 탄도학을 연구할 때 가장 미움받는 동물을 실험 대상으로 고르는 것이 아닐까 생각하기 쉽다. 중국에서는 이따금 개들을 먹지만, 그 외에는 개에 대해 별다른 용도도 애정도 없다. 오스트레일리아에서 토끼는 상당히 골칫거리이다. 처음에는 영국인들이 사냥감으로 들여왔는데, 엄청난 번식력으로 엄청나게 불어나 20년이라는 짧은 기간에 오스트레일리아 남부 숲 80억 제곱미터를 쓸어버렸다.

미국과 유럽의 연구에서는 위와 같은 가설이 맞지 않는다. 미국에서 돼지들이 총을 맞는 이유는 미국 문화에서 돼지를 더럽거나 구역질난다며 미워하기 때문이 아니다. 오히려 우리와 아주 비슷하기 때문이다. 돼지의 심장은 특히 인간의 것과 유사하다. 염소 또한 곧잘 쓰였는데, 이는 허파가 사람과 비슷하기 때문이다. 이런 이야기는 미군 병리학연구소에서 방탄복을 연구하는 말린 드마이오Marlene DeMaio 중령에게서 들은 것이다. 드마이오 중령과 이야기하면서 나는 동물의 장기들을 짜맞추면 인간이 아닌 인간을, 그것도 살아 움직이는 인간을 만들 수 있겠다는 느낌이 들었다.

"인간의 무릎은 갈색 곰의 그것과 가장 비슷하죠."

그녀는 이야기 도중에 이렇게 말하더니 뒤이어 사실 그리 놀랍지도 않은 말을 들려주었다.

"인간의 뇌는 여섯 달쯤 된 젖소(Jersey)와 가장 비슷합니다."*

다른 데에서 나는 에뮤(오스트레일리아에만 사는 대형 조류-편집자주)의 엉덩이가 인간의 엉덩이와 닮았다는 것도 알게 됐다. 이렇게 닮았기 때문에 손해 보는 쪽은 에뮤이다. 아이오와 주립대학교에서는 에뮤를 뼈 괴사와 비슷한 증세를 갖게끔 불구로 만든 다음, 컴퓨터 단층촬영기에 넣었다 뺐다 하면서 뼈 괴사라는 질병을 이해하는 연구를 한 적이 있다.

만일 내가 옛날 군부의 결정권자였다면, 사람들이 총에 맞고도 가끔 그 자리에서 쓰러지지 않는 까닭에 대한 연구가 아니라, 그렇게나 쉽게 쓰러지는 까닭에 대한 연구를 지시했을 것이다. 출혈로 인해 (그래서 결국 뇌에 산소 공급이 이루어지지 않아) 의식을 잃기까지 10~12초가 걸린다면, 그렇다면 총에 맞은 사람들이 바로 그 자리

---

* 양과 여성 인간의 생식기관이 서로 해부학적으로 닮았다는 소문에 대해서는 드마이오 중령에게 물어보지 않았다. 그녀가 내 지능과 태도가 그, 뭐나, 목화다래바구미와 비슷하다는 결론을 내리게 될까 싶어서였다.

에서 쓰러지는 일이 그렇게나 많은 까닭은 뭘까? TV에서만 그러는 게 아니라 실제로도 그런 일이 일어난다.

나는 이 질문을 덩컨 맥퍼슨Duncan MacPherson에게 해 보았다. 그는 탄도학 전문가로 존경받고 있으며 로스앤젤레스 경찰서의 고문이기도 하다. 맥퍼슨은 그게 순전히 심리적인 효과라는 입장이다. 쓰러지느냐 마느냐는 마음 상태에 달려 있다는 것이다. 동물들은 총에 맞는다는 게 뭔지 모르고 따라서 바로 그 순간 그 자리에서 쓰러지는 현상을 보이는 일이 드물다. 그는 총알에 심장을 관통당한 사슴이 40~50미터 달아난 다음에야 쓰러지는 일이 많다는 사실을 지적한다.

"사슴은 무슨 일이 벌어지는지를 조금도 모릅니다. 그래서 10초쯤 그냥 사슴답게 행동하다가 더 이상 그러지를 못하는 거죠. 더 성질이 포악한 짐승이라면 그 10초라는 시간을 이용해 우리에게 달려들 겁니다."

반면에 총격을 당했어도 맞지는 않았을 때, 또는 맞아도 피부를 뚫고 들어가지 않고 그냥 몹시 아프기만 하지 치명적이지는 않은 상처를 입었을 때도 그대로 땅바닥에 쓰러지는 사람들도 있다.

"내가 아는 한 경찰이 어떤 사람에게 총을 쐈어요. 그랬더니 그 자가 그 자리에서 얼굴을 땅에 철퍼덕 박고 완전히 쓰러진 겁니다."

맥퍼슨은 내게 말한다.

"그래서 그 경찰은 이렇게 생각했죠. '아이쿠, 규정대로 몸통을 쏜다는 게 실수로 머리에 맞았나 보다. 사격장에 가서 연습 좀 하는 게 좋겠는데.' 그리고는 그 자에게 다가갔는데 총에 맞은 흔적이 없는 겁니다. 중앙 신경계에 맞지 않았는데 무슨 반응이 재빠르게 나타난다면, 그건 순전히 심리적인 거란 말이죠."

라 가드의 시대에 육군이 모로 부족과 싸울 때 겪은 어려움은 맥퍼슨의 이론으로 설명될 것이다. 그들은 소총이 어떤 효과를 지니는지 잘 몰랐을 것이고, 그래서 계속 모로 부족다운 행동을 하다가 더 이상 그렇게 할 수 없게 됐을 것이다(출혈로 인해 의식을 잃었기 때문). 때로는 적이 순간적으로 고통에 둔감해지는 게 단지 총알의 효과에 대한 무지 때문만은 아니다. 악의나 굳은 결의 때문일 수도 있다.

"고통이 통하지 않는다는 걸 자랑으로 여기는 친구들이 아주 많습니다."

맥퍼슨은 말했다.

"그런 사람들은 총알구멍이 아주 많이 나야 쓰러지죠. 로스앤젤레스 경찰서에 아는 형사가 하나 있는데, 357 매그넘으로 심장에 관통상을 입고서도 쓰러지기 전에 자기를 쏜 놈을 죽였습니다."

모두가 심리 이론에 동의하는 건 아니다. 총알에 맞을 때 일종의 신경 과부하가 일어난다고 생각하는 사람들도 있다. 나는 텍사스주 빅토리아에 사는 신경학자로서 권총 사격에 열심인 예비

역 부보안관 데니스 토빈Dennis Tobin이라는 사람과 연락을 주고받았는데, 그의 이론이 이렇다. 《권총의 저지 능력》에서 "'저지 능력'에 대한 신경학자의 관점"이라는 제목의 장을 쓴 토빈은 뇌간에 망상활성계(RAS)라 불리는 영역이 있는데 이게 사람이 즉각 쓰러지게 만든다고 단언한다. RAS는 내장에서 발생하는 극도의 고통에서 오는 자극의 영향을 받을 수 있다.* 이런 자극을 받으면 RAS는 다리의 특정 근육을 약화하는 신호를 내보내고, 그러면 사람이 땅바닥에 쓰러진다는 것이다.

동물 연구를 살펴보면 약간 빈약하기는 해도 토빈의 신경학적 이론에 대한 뒷받침을 찾을 수 있다. 사슴은 계속 사슴답게 뛰어다닐지 몰라도 개나 돼지는 사람들처럼 반응하는 것 같다. 이런 현상은 이미 1893년에 군사 의료 관계자들 사이에 알려져 있었다. 일례로 그리피스Griffith라는 이름의 부상탄도학 실험가는 180미터 거리에서 쏜 크락-요르겐센(Krag-Jorgensen) 소총이 살아 있는 개의 내장에 미치는 영향을 기록하면서, 개들이 복부에 총을 맞았

---

* 맥퍼슨은 총상이 처음부터 고통스러운 경우는 극히 드물다고 반박한다. 18세기 과학자·철학자인 알브레흐트 폰 할러Albrecht von Haller의 실험을 살펴보면 총알이 어디에 맞느냐에 따라 다르지 않을까 싶다. 할러는 살아 있는 개, 고양이, 토끼, 그밖에 운 나쁜 작은 동물들을 상대로 체계적으로 실험하면서 내장의 각 부위에 통증이 나타나는지 관찰하여 그 결과를 기록으로 남겼다. 그의 판단에 따르면 위, 장, 방광, 요관, 질, 자궁, 심장에는 통증이 나타나고, 허파, 간, 지라, 콩팥에는 "건드리고 칼로 찌르고 조각조각 잘라내 보았으나 동물들은 어떠한 고통도 느끼지 못하는 듯했으므로 감각이 거의 없다". 그는 자신의 실험이 일정한 방법론적인 한계를 지니고 있음을 인정했다. 가장 문제시되는 부분은 그의 표현대로 "흉곽이 절개된 동물은 극도의 고통을 겪고 있기 때문에 약간의 자극이 더해진들 그 효과를 구별하기 힘들다"는 점이다.

을 때 "*마치 감전이라도 된 것처럼 즉사했다*"고 적었다. 그리피스는 이런 현상을 이상하다고 생각했다. 그는 이를 이상하게 생각하는 이유를 《제1차 전미 의학연합 보고서Transactions of the First Pan-American Medical Congress》에서 "개들이 순간적으로 사망할 수 있는 중요한 부분에는 총알이 맞지 않았기" 때문이라고 지적했다. (사실은 개들이 죽은 게 그리피스가 생각한 정도의 즉사가 아니었을 것이다. 그냥 쓰러졌을 뿐인데 180미터 거리에서 보면 죽은 것처럼 보였을 가능성이 높다. 그리고 그리피스가 180미터를 걸어 개들에게 다가가는 동안 출혈로 인해 죽었을 것이다.)

1988년에 당시 스웨덴의 룬드 대학교에 재직한 A.M. 괴란손Göransson이라는 신경생리학자가 이러한 수수께끼의 해법을 찾아 나섰다. 토빈처럼 괴란손도 총알의 충격으로 인해 중앙 신경계에 과도한 부하가 유발되는 것으로 생각했다. 그래서 그는 아마도 인간과 생후 6개월 된 저지 소의 뇌가 서로 비슷하다는 사실을 모른 채, 돼지 아홉 마리를 마취하여 그 뇌를 뇌파 검사장치에 연결한 다음, 돼지들의 엉덩이에 발사체를 한 발씩 쐈다. 괴란손은 "고에너지 미사일"을 사용했다고 했는데, 이름만 들으면 엄청난 무기 같지만 사실은 그렇지 않다. 괴란손 박사가 자동차를 타고 연구소에서 좀 떨어진 곳까지 가서, 저 억세게 운이 나쁜 돼지들에게 스웨덴제 토마호크 미사일을 발사한 게 아니라, 그저 고속의 작은 총알을 뜻하는 말이라고 한다.

맞는 순간 세 마리를 제외한 모든 돼지들의 뇌파가 상당히 밋밋해졌는데, 그 가운데에는 50퍼센트 정도나 떨어진 것도 있었다. 돼지들이 이미 마취된 상태였으므로 그런 현상이 충격 때문인지 판단하는 것은 불가능했고, 괴란손도 추측하지 않는 쪽을 택했다. 그리고 만일 돼지들이 의식을 잃었다 한들 괴란손으로서는 그 과정을 알 길이 없었다. 전 세계의 돼지들에게 대단히 유감스러운 일이지만, 그는 동료 학자들의 더 깊은 연구를 바란다고 했다.

신경 과부하 이론을 지지하는 사람들은 그런 효과의 원인으로 "일시적으로 생기는 구멍"을 꼽는다. 모든 총알은 인체 조직을 비집고 들어가면서 조직 속에 구멍을 만든다. 이 구멍은 거의 순간적으로 다시 닫히지만, 구멍이 열려 있는 몇 분의 1초 동안 신경계가 강력한 조난신호를 내보낸다. 이 조난 신호가 너무나 강력한 나머지, 전체 신경계에 과부하가 일어나서 문에다 "금일휴업" 팻말을 내건다는 것이다.

따라서 이들의 입장은 탄도학에서 추구하는 "좋은 저지 능력"이라는 목표를 달성할 수 있을 정도로 충분한 충격을 이끌어 내려면 커다란 구멍을 내는 총알이 유리하다는 쪽이다. 만일 이것이 사실이라면, 총알의 저지 능력을 측정하기 위해서는 그 총알에 의해 생겨나는 구멍을 생겨나는 그 상태 그대로 살펴볼 수 있어야 한다. 저 선하신 조물주께서 카인드 앤 녹스(Kind&Knox) 젤라틴 회사와 협력하여 인조 인체 조직을 발명한 것도 바로 이 때문이다.

나는 지금 인간의 넓적다리를 빼고 인간의 넓적다리와 가장 닮은 탄도실험용 젤라틴에다 총알을 발사하기 직전이다. 지금 내 앞에 놓인 것은 15×15×45센티미터 크기이다. 탄도실험용 젤라틴은 본질적으로 녹스에서 디저트용으로 만드는 젤라틴을 크게 만든 것이다. 다만 평균적인 인체 조직과 같은 밀도가 되도록 만들었기 때문에 디저트용보다 밀도가 높고, 디저트용보다 색깔이 밋밋하며, 더군다나 설탕이 없는 관계로 만찬 손님의 입맛에 맞을 가능성이 더욱 낮다는 차이점만 있을 뿐이다. 사체의 넓적다리보다 더 좋은 점은 일시적으로 생기는 구멍을 정지 상태로 보여준다는 사실이다. 진짜 조직과는 달리 인조 인체 조직은 도로 다물리지 않고 구멍이 그대로 남아 있다. 그래서 탄도학을 연구하는 사람들이 총알의 성능을 판단하고 기록을 보존할 수 있게 해 준다. 게다가 인조 인체 조직은 부검할 필요가 없다. 투명하기 때문이다. 쏜 뒤에는 그저 손상 부위를 쳐다보기만 하면 된다. 그런 다음 집으로 가져가 먹고, 30일 뒤 튼튼해진 손톱을 쳐다보며 만족한 미소를 띠면 끝이다.

일반 젤라틴 제품과 마찬가지로 탄도실험용 젤라틴은 소뼈 부스러기와 "갓 저민" 돼지가죽으로 만든다.* 카인드 앤 녹스 홈페

---

* 카인드 앤 녹스의 홈페이지를 살펴보았더니 소뼈와 돼지가죽으로 만든 그 밖의 젤라틴 제품으로 마시맬로, 캔디 바 내용물에 들어가는 누가 제품류, 사탕과자, 젤리 과자, 캐러멜, 스포츠 음료, 버터, 아이스크림, 비타민 캡슐, 좌약, 그리고 살라미 겉에 희멀겋게 벗겨지는 그 맛대가리 없는 것 등이 있었다. 내가 말하고자 하는 요지는, 만일 광우병이 걱정된다면 생각보다 신경 써야 할 대상이 훨씬 많을 거라는 말이다. 그리고 만일 위험 요소가 있다면— 나로서는 없다고 생각하고 싶은데— 우리는 이미 끝장난 것이다. 그러니 긴장 풀고 초콜릿 바나 한 개 더 먹자.

이지에는 젤라틴의 다양한 용도가 소개돼 있는데, 거기에 인공 인체조직은 포함돼 있지 않다. 이는 녹스의 어느 홍보 담당자에게 연락을 바란다는 메모를 남겨두었는데도 내게 연락해 주지 않은 것과 마찬가지로 뜻밖이다. 자기 웹사이트에서 최우수 돈지豚脂의 특장점을 거리낌 없이 극찬하는 ("대단히 청결한 물질입니다," "탱커 트럭이나 열차 단위로 구매하실 수 있습니다") 회사라면 탄도실험용 젤라틴에 대해 언급하는 것도 괜찮을 텐데, 아무래도 나는 젤라틴 홍보에 대해 배워야 할 게 트럭이나 열차 단위로 많은 모양이다.

내 앞에 놓인 모조 인간 넓적다리는 릭 로덴Rick Lowden이 조리한 것이다. 그는 자유분방한 재료공학자로서 총알을 전문 분야로 삼고 있는데, 테네시주 오크릿지에 있는 동력자원부의 오크릿지 국립 연구소에서 일하고 있다. 이 연구소는 맨해튼 프로젝트(원자폭탄 개발)의 플루토늄 연구로 가장 잘 알려져 있으며, 지금은 훨씬 더 광범위하고도 전반적으로 덜 대중적인 프로젝트들을 담당하고 있다. 예를 들어, 최근에 릭은 나중에 치우는 데에 엄청난 비용이 들어가지 않는, 환경친화적인 무연(無鉛) 총알 설계에 관여하고 있다. 릭은 총을 무척 좋아하고 총에 대한 대화를 무척 좋아한다. 지금 이 순간도 그는 나와 함께 총에 대해 대화하려고 애쓰고 있다. 그에게는 진이 빠지는 상황임이 분명하다. 내가 화제를 자꾸 사체 쪽으로 몰아가고 있기 때문이다. 그는 이런 화제를 그다지 즐기지 않는 것이 명백하다. 탄두 속을 비운 총알의 장점을 입에 침이 마르도록 늘어놓는 사람이라면 ("원래 크기의 두 배까지 커지면서 사람을 쾅 때리기만 하거든요") 사체에 대한 이야기도 괜찮을 것 같은데, 꼭 그렇지만은 않은 모양이다. 내가 사람의 사체 조직에다 쏘면 어떻게 될지 물었더니 그는 이렇게 말했다.

"그냥 움츠러들고 말죠."

그리고는 무슨 소리를 냈는데, 메모를 보니 내가 그 소리를 이렇게 받아적어 두었다.

"오옭."

우리는 오크릿지의 사격장 차양 밑에 서 있다. 저지 능력을 시험하기 위한 첫 작업이 진행 중이다. 우리 발치에는 뚜껑이 열린 플라스틱 아이스박스가 놓여 있고, 안에는 물방울이 송골송골 맺힌 "넓적다리"가 들어있다. 맑은 수프 색깔이다. 약간씩 풍기는 지방 정제 공장 냄새를 감추기 위해 첨가한 계피 때문에 커다란 껌 같은 냄새가 난다. 릭은 아이스박스를 9미터 거리에 있는 과녁용 탁자로 가져가, 모조 넓적다리를 꺼내 젤라틴 거치대에 내려놓는다. 나는 오늘 사격장을 감독하고 있는 스코티 다우덜Scottie Dowdell과 대화한다. 그는 이 지역의 소나무 해충인 딱정벌레 문제에 대해 말하고 있다. 나는 사격장의 과녁 뒤쪽 400m 거리 숲속에 늘어서 있는 죽은 소나무들을 가리킨다.

"저기처럼요?"

스코티는 아니라고 대답한다. 총알로 인한 상처 때문에 죽은 거란다. 소나무가 총에 맞아 죽을 수 있는 줄은 몰랐다.

릭이 돌아와 총을 설치한다. 사실은 총이 아니라 "만능 총신"인데, 여러 가지 구경의 총열을 달 수 있는 탁상형 총이다. 조준을 마친 다음 끈을 당기면 총알이 발사된다. 우리는 파쇄형, 그러니까 목표물에 부딪히는 순간 부서지게 만든 새로운 총알 두 개를 시험한다. 파쇄형 총알은 "과도한 관통", 즉 도탄(跳彈) 문제를 해결하기 위해 개발됐다. 도탄은 목표를 관통한 총알이 벽에 튕겨, 무고한 사람이나 총알을 발사한 경찰 또는 군인에게 해를 입히는 것을 말한다. 충격 시 파쇄탄이 부서질 때의 부작용은 주로 그 총알을 맞은 신체 안에서 부서진다는 점이다. 다시 말하면 저지 능력이 아주 아주 뛰어난 경향이 있다. 기본적으로 희생자의 몸 안에서 소형 폭탄이 터지는 것과 같은 방식으로 작용하는데, 이 때문에 오늘날까지 주로 특별기동대의 "특수 대응," 즉 인질구조 상황 같은 때에만 사용되고 있다.

릭이 내게 방아쇠 줄을 건네주면서 셋부터 거꾸로 숫자를 세기 시작한다. 젤라틴은 탁자 위에 놓인 채 파랗고 고요한 테네시의 하늘 아래 햇살을 즐기며 몸을 녹이고 있다. '랄랄라, 산다는 건 즐거워, 젤라틴 덩어리 팔자는 정말 상팔자……♪' 쾅!

젤라틴 덩어리는 공중으로 휙 날아올랐다가 탁자 위에 떨어지더니 땅바닥에 떨어진다. 존 웨인John Wayne(미국의 서부극 배우)이 말한 대로, 아니, 기회가 있었다면 말했겠지만, 저 젤라틴 덩어리는 앞으로 한동안 아무도 괴롭히지 못할 것이다. 릭은 젤라틴을 주워 받침대 위에 놓는다. 총알이 "넓적다리" 안으로 뚫고 들어간 흔적이 보인다. 총알은 관통하여 뒤쪽으로 튀어나오지 않고, 10cm 정도 안에서 멈췄다. 릭은 벌어진 구멍을 가리킨다. "보세요. 에너지가 고스란히 흡수됐네요. 완전한 무력화란 겁니다."

나는 릭에게 탄약 전문가들이 코허나 라 가드처럼 불구로 만들거나 죽이지 않으면서 무력화시킬 수 있는 총알을 설계하려 애써 본 적이 있는가 물은 일이 있다. 릭의 얼굴에는 내가 앞서서 방탄복을 뚫는 총알을 "귀엽다"고 했을 때와 같은 표정이 떠올랐다. 그는 군대는 "과녁이 인간이든 차량이든 상관 없이" 총알이 그 과녁에게 얼마나 손상을 많이 가하는가에 따라 무기를 선택한다고 대답했다. 이는 저지 능력을 시험할 때 주로 사체가 아니라 탄도 실험용 젤라틴이 이용되는 까닭 가운데 하나이기도 하다. 우리는 인류가 생명을 구하는 데에 도움이 되는 연구에 대해 논하고 있는 게 아니다. 인류가 생명을 죽이는 데에 도움이 되는 연구에 대해 논하고 있는 것이다. 이 연구가 경찰과 군인들의 생명을 구하지 않겠냐고 주장할 수 있겠지만, 그조차 다른 사람의 생명을 먼저 빼앗음으로써 가능한 것이다. 어쨌든 인체조직의 용도 중에서도 일반 대중의 폭넓은 지지를 얻을 만한 용도는 아니다.

물론 탄약 전문가들이 탄도실험용 젤라틴에다 총알을 발사하는 또 한 가지 중요한 이유는 재구성이 쉽다는 점이다. 조리법만 제대로 따르면 언제나 같은 젤라틴을 만들 수 있다. 반면에 사체의 넓적다리는 주인이 사용을 멈춘 시점의 나이, 성별, 신체 조건 등에 따라 밀도와 굵기가 다양하다. 또 하나의 이유는 뒤처리가 간편하다는 점이다. 오늘 아침의 넓적다리는 주워서 아이스박스 안에 다시 들어갔다. 깔끔하고 피도 없는, 저칼로리 디저트의 공동묘지이다.

그렇다고 탄도실험용 젤라틴에 대한 사격에 피가 전혀 튀기지 않는 것은 아니다. 릭이 내 운동화의 코 부분을 가리킨다. 《펄프 픽션Pulp Fiction》에서처럼 자잘한 얼룩이 튀어 있다.

"운동화에 인조 조직이 묻었네요."

릭 로덴은 한 번도 죽은 사람에게 총을 쏘아 본 적이 없다. 그럴 기회가 없었던 것도 아니다. 예전에 그는 테네시 대학교의 인체부패 연구소와 협동으로, 죽은 인체 내의 산분해 산물에 의한 부식에 강한 총알을 개발하려는 목적의 프로젝트에 참여하고 있었다. 발생한 지 오래된 범죄를 수사관들이 해결하는 데에 도움이 되도록 하기 위한 것이었다.

릭은 사체에게 실험탄을 쏘는 대신, 직접 땅바닥에 무릎 꿇고 엎드려 해부용 칼과 집게로 사체를 수술했다. 사체 안에 총알을 넣는 것이다. 그는 이렇게 한 까닭을 총알이 근육, 지방조직, 머리, 흉곽, 복부 등 특정 부위에 자리 잡도록 하기 위함이라 설명했다. 조직에 대고 총알을 발사하면 관통할 수도 있고, 그러면 헛수고가 되기 십상이라고 한다.

또 그래야만 한다는 생각이 들기도 했다고 말한다.

"늘 그런 생각이 들었어요. '시체에게 총을 쏠 수는 없잖아!'"

그는 또 하나의 프로젝트를 떠올렸다. 젤리 안에 떠 있는 바나나 파인애플 조각처럼, 탄도실험용 젤라틴 덩어리 안에 집어넣을 수 있는 모조 인골(人骨)을 개발하기 위한 것이었다. 모조 인골의 경도를 결정하기 위해 실제 인골에 총을 쏘아 두 가지를 서로 비교할 필요가 있었다.

"총을 쏠 용도로 사체 다리 16개를 제공 받았죠. 그런데 환경부에서 내가 사체에 총을 쏘면 내 프로젝트를 중지시킬 거라더군요. 그래서 우리는 돼지의 넓적다리를 쏠 수밖에 없었습니다."

릭은 내게 군사 탄약 전문가들은 갓 죽인 가축에다 총을 쏘는 것조차 조심스러워한다고 말했다.

"그러지 않을 친구들이 아주 많아요. 가게에 가서 햄을 사 오거나 도축장에서 다리 한쪽을 구해 오죠. 그렇게까지 하고서도 실험 내용을 공개적으로 출판하지 않습니다. 여전히 기피 대상인 거예요."

우리가 서 있는 곳으로부터 3미터쯤 뒤에는 자기 거주지를 선정하는 과정에서 일생일대의 실수를 한 불운한 그라운드호그(기니피그의 한 종류) 한 마리가 코를 킁킁거리고 있다. 인간의 넓적다리 반쯤 되는 크기이다. 나는 릭에게 저 그라운드호그를 오늘 실험한 총알로 쏘면 어떻게 될지 물었다.

"완전히 증발해 버리려나요?"

릭과 스코티는 서로 눈짓을 주고받는다. 그들을 보니 그라운드호그에게 총을 쏘는 데에 대한 기피 심리는 상당히 적다는 느낌이

든다. 스코티가 탄약 상자를 닫는다.

"어떻게 되긴요. 작성할 서류가 증식하겠죠."

군은 최근에 이르러서야 공공기금의 지원을 받는, 사체를 활용한 탄도학 연구라는 소용돌이 속에 다시 발을 담갔다. 상상이 가겠지만 목표는 철저히 인도주의적이다. 작년에 미군 병리학연구소의 탄도 미사일 외상연구 실험실에서 말린 드마이오 중령은 새로 개발된 방탄복을 사체에 입혀 놓고 그들의 가슴에 오늘날 쓰이는 갖가지 탄약을 발사했다. 실전에 사용하기 전에 제조사들의 주장이 맞는지를 확인하자는 취지에서다. 그 결과 방탄복 제조사들이 주장하는 바를 그대로 믿을 수는 없다는 사실이 드러났다.

독립된 탄도학 및 방탄복 연구시설인 H.P. 화이트 연구소의 공학자 팀장인 레스터 론Lester Roane에 따르면 제조사들은 사체시험을 하지 않는다고 한다. H.P. 화이트 역시 하지 않는다. 론은 이렇게 말했다.

"이 문제를 냉정하게 논리적으로 들여다보는 사람이라면 누구도 문제 삼지 않을 겁니다. 죽은 고깃덩이거든요. 그런데 무슨 이유에선지 이게 '정치적으로 올바른(politically correct) 태도'라는 용어가 생기기도 전에 벌써 올바르지 않은 게 돼 버렸단 말입니다."

사체를 이용한 드마이오의 시험방법은 군에서 원래 사용하던 방탄복 시험법에 비하면 눈에 띄게 진보한 것이다. 한국전쟁 당시 수행된 보어 작전에서, 미군은 6,000명의 병사들에게 도론

(Doron) 방탄복을 지급하고는 그들의 생존 정도를 표준 방탄복을 착용한 병사들과 비교했다. 론은 중앙아메리카의 어느 경찰국에서 촬영한 비디오를 보았는데, 자기네 방탄복을 경찰들에게 입혀 놓고 총을 쏘는 방법으로 시험하는 장면이 있었다고 한다.

　방탄복 설계의 비결은 총알을 막을 수 있을 정도로 두껍고 튼튼하면서도 너무 무겁고 덥고 불편하여 경찰들이 입기를 거부하는 일은 없을 정도로 만드는 것이다. 정말 바람직하지 않은 것은 길버트 아일랜드 사람들이 쓰던 것과 같은 갑옷이다. 드마이오를 만나러 워싱턴시에 갔을 때 스미스소니언 자연사 박물관에 들렀다가 길버트 아일랜드의 갑옷을 보았다. 미크로네시아의 전투는 너무나도 치열하고 잔인해서 길버트 아일랜드의 전사들은 머리끝부터 발끝까지 코코넛 나무껍질 섬유를 꼬아 만든 갑옷으로 감쌌다. 이 갑옷은 현관용 매트만큼 두꺼웠다. 매듭 실로 만든 거대한 화분 같아 보이는 모습으로 전장에 들어서는 것도 수치스럽겠지만, 이 갑옷은 실제로 너무나도 다루기가 불편하여 입고 움직이려면 종자들 여러 명이 도와주어야만 했다.

　자동차 실험실의 사체처럼 드마이오의 방탄복 시험용 사체들에도 가속도계와 하중계들이 부착됐다. 방탄복 시험에서는 하중계를 흉골에 부착하는데, 충격력을 기록함으로써 방탄복 안의 가슴에서 어떤 일이 벌어지는지를 의학적으로 세밀하게 알아낼 수 있다. 일부 비교적 고약한 구경의 무기에서 사체의 허파가 찢어지고 갈비뼈 골절이 일어났지만, 목숨을 잃을―사체가 아닐 경우―

만한 정도의 부상은 일어나지 않았다. 자동차 산업에서 쓰이는 것과 비슷한 실험용 인체 모형을 만듦으로써 앞으로 언젠가는 사체가 필요치 않도록 하는 것을 목표로 더 많은 실험이 예정돼 있다.

드마이오가 인간의 사체를 이용하자고 제안했을 때 세심한 주의를 기울이라는 지침이 상급기관에서 내려왔다. 그녀는 심의위원회 세 곳, 군사 법률 자문 한 명, 그리고 정식 윤리학자 한 명의 동의를 얻어냈다. 그녀의 프로젝트는 최종적으로 승인을 받았다. 그러나 한 가지 조건이 있었다. 총알 사용은 허용하지 않는다는 조건이었다. 총알은 사체의 피부 앞에서 멈춰야만 했다.

드마이오는 노여움에 눈알을 부라렸을까? 그녀는 그러지 않았다고 한다.

"내가 의과대학에 다닐 때에는 이런 식으로 생각했더랬죠. '에이, 그렇게 불합리하게 생각하지 말자고. 이미 죽은 사람들이야. 자신의 신체를 기증했잖아, 안 그래?' 그런데 이번 프로젝트를 진행하면서 나는 우리가 국민의 믿음을 등에 업고 있다는 사실을 깨달았어요. 이게 과학적으로 말이 안 된다 해도, 우리로서는 사람들의 감정 문제를 신중히 고려해야 한다는 거죠."

연구소 차원에서는 책임 소재 문제와 유쾌하지 않은 언론 보도로 인해 연구비 지원이 취소되지나 않을까 하는 두려움 때문에도 주의하게 된다. 나는 드마이오의 연구를 지지한 한 기관에서 법률자문으로 일하는 존 베이커John Baker 대령과 대화를 나누었다. 그가 소속된 기관의 우두머리는 자기 기관의 이름을 밝히지 말고 그저 "워싱턴에 소재한 어느 연방 기관"이라고만 지칭할 것을 요구했다. 그는 지난 20여 년 동안 민주당 의원들과 예산 중심의 사고방식을 지닌 입법의원들이 그 기관을 폐쇄하려 했다고 말했다. 지미 카터Jimmy Carter, 빌 클린턴Bill Clinton, 동물의 윤리적 대우를 지지하는 사람들(People for the Ethical Treatment of Animals) 등도 그랬다. 나는 내 인터뷰 요청 때문에 이 사람의 시대가 환경부 사격장 뒤편의 저 수많은 소나무처럼 쓰러지고 있는 건 아닐까 하는 느낌이 들었다.

"문제는 일부 유족이 놀란 나머지 소송을 제기하는 것입니다."

베이커 대령은 워싱턴에 소재한 어느 연방 기관에 있는 자신의 책상 너머에 앉아 말했다.

"그런데 이 분야에 대해서는 아무 법규도 없는 거예요. 그냥 좋은 판결 외에는 아무것도 기대할 수가 없는 겁니다."

그는 사체에게는 권리가 없지만, 그 가족에게는 권리가 있다는 점을 지적했다.

"감정적으로 피해를 입었다는 점을 바탕으로 제기된 소송도 있겠죠……. 그런 류의 사건은 묘지 같은 데에서도 벌어집니다. 묘지 관리자가 관이 썩게 버려두어 시신이 튀어나오는 경우 말이죠."

나는 자세한 정보에 근거한 동의를 ―자신의 신체를 의학 연구에 기증한다는 서면상의 동의를― 받아두면 유족들이 소송을 걸 일도 별로 없을 거라고 대답했다.

여기서 애매한 부분은 "자세한 정보에 근거한"이라는 말이다. 대개 사람들은 자신의 것이든 가족 것이든 시신을 기증할 때 대개 시신에 대해 앞으로 이루어지게 될 끔찍한 내용의 세세한 부분까지는 신경 쓰지 않는다고 보면 된다. 그리고 자세한 내용을 그들에게 전달하면 그들은 마음을 바꿔 동의를 철회할 수도 있다. 반대로, 사체에 총을 쏠 계획이라면 유족이 어떤 태도로 나오든 사실대로 알려주고 동의를 받아 내는 게 좋을 것이다. 〈임상 윤리학 저널Journal of Clinical Ethics〉의 편집인으로서 말린 드마이오의 연구 프로젝트를 심사한 에드먼드 하우Edmund Howe는 이렇게 말한다.

"일부는 유족들의 입장을 존중하여 그들에게서 감정적 반응이 일어날 수도 있는 정보를 알려 주고 있다. 그렇지만 또 한편에서는 같은 존중심에서 출발하더라도 정반대로 생각하여, 유족들이 그런 감정을 겪지 않도록, 따라서 윤리적으로 그런 피해를 주지 않도록 한다. 그렇지만 유족들에게 중요할 수도 있는 정보를 공개하지 않는 행위의 부작용은 그것이 그들의 존엄성을 어느 정도 침해하는 행위가 될 수도 있다는 사실이다."

하우는 제3의 가능성을 제시한다. 가족들이 선택하게 하는 것이다. 기증된 사체를 상대로 이루어지고 있는 행동을 구체적으로 -감정적으로 동요를 일으킬 수도 있는 구체적인 부분을- 알고 싶어 하는가, 아니면 모르는 편이 더 좋겠다고 생각하는가?

양측의 균형을 잡는 일은 쉽지 않고, 궁극적으로는 말을 어떻게 표현하느냐에 달렸다. 베이커는 이렇게 말한다.

"이런 식으로 얘기하면 절대로 안 되죠. '그러니까, 우리는 그분의 눈을 해부하려는 겁니다. 눈을 빼내 해부대에 올려놓은 다음, 그걸 해부하고 또 해부해서 점점 더 세밀한 부분까지 들어가는 거죠. 다 끝나고 나면 모조리 감염성 폐기물 수거용 비닐봉지에 쓸어 담아 최대한 한군데에 모아 둡니다. 남은 부분을 나중에 유족 여러분에게 돌려드려야 하니까요.' 이렇게 말하면 끔찍하죠."

한편 "의학 연구"라는 말은 약간 모호하다.

"그래서 이렇게 얘기합니다. '우리 대학교에서 가장 중점적으로 생각하고 있는 부분 가운데 하나는 안과입니다. 그래서 여기서는 안과 재료를 가지고 연구를 많이 하지요.'"

누구라도 그걸 곰곰 생각해 보면, 궁극적으로는 실험실 가운을 입은 사람이 머리에서 눈알을 빼낼 거라는 결론을 내리기가 그리 어렵지 않다. 그렇지만 대부분의 사람은 그리 깊이 생각하지 않는다. 과정은 생각하지 않고 그냥 최종적인 목적지만 생각한다. 언젠가는 이걸로 시력을 되찾을 사람이 있을 거라는 생각만 하는 것이다.

탄도학 연구는 특히 문제가 된다. 누군가의 할아버지 머리를 잘라서 거기에다 총을 쏘아도 좋다는 결정을 어떻게 내리는가? 무고한 시민이 안전한 총알에 얼굴을 맞았을 때 외관상 결함이 남는 골절상을 당하지 않도록 하기 위한 충분한 자료 수집이 목적이라 해도 그렇다. 나아가, 실제로 어떻게 누군가의 할아버지 머리를 잘라 내고 다시 거기에다 총을 쏠 것인가?

나는 바로 이런 일을 한 신디 버Cindy Bir에게 위와 같은 질문을 해 보았다. 신디는 웨인 주립대학교에 갔을 때 만난 사람으로, 죽은 사람들을 향해 물체를 발사하는 일에 익숙하다. 1993년에 국립법무연구소는 플라스틱탄, 고무탄, 비비탄 등 여러 가지 비치명적 탄약의 충격 효과 조사를 그녀에게 위촉했다. 경찰은 1980년대 말경부터 생명의 위해 없이 민간인들을 진압할 필요가 있을 때 -주로 폭동이나 폭력적인 정신이상자들- 비치명적 총알을 사용해 왔다. 그 이후 아홉 차례에 걸쳐 이들 "비치명적" 총알이 치명적인 것으로 드러났고, 이에 법무연구소는 그런 일이 다시는 되풀이되지 않도록 신디에게 조사를 맡겨 이런 갖가지 총알이 어떤 효과를 지니는지를 들여다보게 한 것이다.

우선 "어떻게 누군가의 할아버지 머리를 잘라 내고 다시 거기에다 총을 쏠 것인가" 하는 질문에 대해 신디는 이렇게 대답했다.

"그건 다행히도 루한(자동차 충돌 실험에서 사체를 준비해 주는 바로 그 루한이다.)이 해 주죠."

그녀는 비치명적 탄약은 총이 아니라 공기포로 발사하는데, 그러는 편이 더 정확하기도 한 동시에 마음도 덜 불편하기 때문이란다. 신디는 이렇게 말한다.

"그래도 그 프로젝트가 끝났을 때는 기뻤죠."

신디는 대부분의 사체 연구자들과 같은 방식으로 대처한다. 시체에 대한 연민도 있지만, 감정적으로 거리를 두는 것이다.

"그들을 정중하게 다루고, 또 말하자면 그런 사실을 따로 생각하는 거예요. ……그들이 인간이 아니라는 말을 하려는 게 아니라…… 연구 재료라고 생각하는 거죠."

신디는 간호사 훈련을 받았는데, 어떤 면에서는 죽은 사람들을 상대하는 게 더 마음이 편하다고 한다.

"그들이 아무것도 느끼지 못할 거라는 사실, 내가 뭘 해도 그들은 아픔을 못 느낄 거라는 사실을 내가 아니까요."

하지만 아무리 익숙해진 사체 연구원이라 해도, 손에 잡아야 하는 일이 과학적 방법이 아닌 다른 방식으로 다가오는 날이 있다. 신디에게도 그런 날이 있었다. 그러나 실험 대상에게 총알을 겨눈다는 사실과는 아무 관계가 없었다. 그것은 연구 재료가 익명의 사물이라는 영역 밖으로 빠져나와, 인격체였던 과거로 돌아가는 순간이었다.

"연구 재료가 들어왔다는 연락을 받고 루한을 도와주러 내려갔죠. 이 남자는 병원이나 요양원에서 곧장 이송된 것 같았어요."

그녀는 기억을 떠올린다.

"티셔츠에 면 잠옷 차림인 시체였는데, 문득 이 사람이 내…… 아빠일 수도 있었겠다는 생각이 드는 거예요. 그리고 또 한번은 연구 재료를 보러 갔을 때였죠. 들어올리기 힘들 정도로 너무 크지는 않은지 살펴볼 때가 많아요. 그런데 이 사람은 내 고향 동네 병원의 가운을 입고 있더라고요."

소송에 휘말리면 어쩌나, 평판이 나빠지면 어쩌나 하며 밤늦도록 전전긍긍하고 싶으면, 자신의 신체를 과학에 기증한 사람의 시신 곁에서 폭탄을 터트리면 된다. 이는 아마도 사체 연구 분야에서 가장 확고히 금기가 되는 부분일 것이다. 실제로 폭발의 과녁으로는 죽은 사람들보다 마취된 상태의 살아 있는 동물들이 대체로 더 바람직하다고 여겨졌다. 방위 원자력 지원국(DASA)이 1968년에 펴낸 보고서 《충격파의 직접 효과에 대한 인간의 내성 평가 Estimates of Man's Tolerance to the Direct Effects of Air Blast》에서 연구자들은 실험을 통해 폭발이 생쥐, 햄스터, 시궁쥐, 기니피그, 토끼, 고양이, 개, 염소, 양, 돼지, 당나귀, 짧은꼬리원숭이 등에게 미치는 효과에 대해서 논하고 있다. 그러나 정작 실제 조사하려는 대상, 즉 인간에 대한 효과는 다루지 않았다. 사체를 충격파관에 묶어놓고 어떤 일이 벌어지는지를 살펴본 사람은 아무도 없었던 것이다.

나는 지뢰 제거 작업요원들을 위한 보호장구를 설계하는 캐나다의 메드-엥 시스템즈(Med-Eng Systems)라는 회사에서 일하는 아리스 마크리스Aris Makris라는 사람에게 연락했다. 나는 그에게 방위 원자력 지원국의 보고서에 대해 들려주었다. 마크리스 박사는 산 사람들이 충격파를 얼마나 견딜지를 측정하기 위해 죽은 사람들을 이용하는 것은 그다지 소용이 없을 수도 있다는 설명을 내놓았다. 수축되어 원래 구실을 하지 못하는 허파 때문이라는 것이다. 폭탄의 충격파는 신체에서 가장 쉽게 찌그러지는 조직에 가장 커다란 피해를 입히는데, 그런 조직은 바로 허파에서 찾을 수 있다. 특히 혈액이 산소를 얻고 이산화탄소를 내놓는 저 연약한 기낭(氣

囊)이 이에 해당한다. 이 공기주머니들은 폭발에 의한 충격파에 찌그러져 파열된다. 그러면 흘러나온 피는 폐로 들어가고 그 주인은 익사한다. 익사하기까지 때로는 10~20분이라는 짧은 시간이 걸리며, 때로는 몇 시간씩 걸리기도 한다.

마크리스는 또 이와 같은 생물의학적인 문제는 차치하고라도, 충격파의 내성을 연구하는 사람들에게는 사체들을 상대로 하는 연구가 그다지 내키지 않았을 것이라 말했다.

"거기에는 윤리라든가 대외관계 같은 엄청난 문제가 연관돼 있기 때문이지요. 그들에게는 사체를 폭발시키는 게 낯선 일인 겁니다. '시신을 기증해 주세요, 우리가 날려버리게요.'"

최근에 한 팀이 그런 소용돌이 속에 용감하게 뛰어들었다. 로버트 해리스Robert Harris 중령과 텍사스주 포트 샘 휴스턴에 있는 미 육군 외과연구소의 수족외상 연구분과 소속 박사들이다. 이들은 사체들을 동원하여, 지뢰 제거 작업에 일반적으로 쓰이고 있거나 새로 출시된 신발 다섯 가지를 시험했다.

베트남전 이후 지뢰 제거 작업에는 샌들이 가장 안전한 신발이라는 소문이 끈질기게 나돌았다. 신발 조각 자체가 파편처럼 발에 박혀 부상이 가중되고, 나아가 감염의 위험까지 있는데, 샌들은 그로 인한 부상을 최소화한다는 것이다. 그런데도 아무도 진짜 발을 상대로 샌들에 대한 소문이 사실인지 시험해 본 적이 없었고, 제조사들이 일반 전투화보다 더 안전하다고 역설하며 내놓는 새로운 장비들을 사체에게 시험해 본 사람들도 없었다.

여기에 하지말단(下肢末端) 평가 프로그램의 겁 없는 사람들이 등장한다. 이들은 1999년부터 댈러스의 어느 의과대학 사체 기증 프로그램을 통해 확보된 20구의 사체를 하나씩 차례대로 이동식 충격파 방호설비의 천장에 매달린 멜빵에 묶었다. 각 사체의 뒤꿈치에 신장계와 하중계를 설치한 다음, 여섯 가지의 신발 가운데 하나를 신겼다. 어떤 신발은 발을 멀리 들어올려 힘을 재빨리 감소시킴으로써 발을 충격파로부터 보호한다고 주장한다. 또 어떤 신발은 충격파의 에너지를 흡수하거나 비껴가게 함으로써 보호한다고 주장한다. 연구자들은 뒤꿈치를 땅에 댄 일반적인 보행자세로 사체들을 세웠다. 마치 자신들의 파멸을 향해 성큼성큼 자신만만하게 걸어 들어가는 듯한 모습이었다. 더 실감나게 하기 위해 머리끝부터 발끝까지 정규 전투복을 입혔다. 제복을 입힘으로써 실제 상황에 보다 가까워지기도 했지만, 그 외에도 적어도 미 육군이 보기에는 파란 레오타드가 주지 못하는 일종의 존엄성 같은 것도 풍기게 됐다.

해리스 중령은 설사 존엄성이 훼손된다 해도 인도주의적인 이익이 그것을 뛰어넘는다고 확신하고 있었다. 그럼에도 그는 시신 기증 프로그램 담당 책임자들에게 시험의 세부사항을 유족들에게 알리는 것이 좋을지 물었다. 그들은 그러지 않는 쪽을 권고했다. 어렵사리 기증을 결정한 유족들은 소위 "슬픔이 되살아나는" 경험을 당할 것이고, 또 어떤 실험이든 그 핵심으로 들어가면 어떤 방식으로 사체를 이용하든 마음을 아프게 할 소지가 있다는 두

가지 이유 때문이었다. 만일 시신 기증 프로그램 담당자가 하지 말단 평가 프로그램에 이용되는 사체의 유족들과 접촉한다면, 옆 실험실에서 다리의 낙하 실험에 이용되는 사체의 가족들도 만나야 할까? 또 아닌 게 아니라 캠퍼스 건너편의 해부 실습실에서 이용되는 사체의 가족들도 만나야 하지 않을까? 해리스 중령이 지적한 것과 같이, 폭파 실험과 해부 실습의 차이는 본질적으로 소요시간이다. 하나는 몇 분의 1초만에 끝나고, 다른 하나는 1년 동안 계속된다. 그는 이렇게 말한다. "결국에 가면 둘 모두 별반 차이가 없습니다." 나는 해리스에게 자신의 신체를 연구에 기증할 생각인지 물었다. 그는 아주 환영이라는 듯 대답했다. "늘 이렇게 말하고 있죠. '내가 죽고 나면 그대로 저기다 매달아서 터트려 버려.'"

사체가 아니라 대용품 "모조" 다리를 연구에 이용할 수 있었다면 해리스 중령은 그렇게 했을 것이다. 오늘날에는 오스트레일리아의 방위과학 및 공학기구가 개발한 두 가지 괜찮은 대용품이 현장에서 사용된다. (오스트레일리아에서는 여타 영연방 국가들과 마찬가지로 인간 사체를 대상으로 하는 탄도학 및 충격파 실험이 금지돼 있다. 게다가 일부 낱말은 철자법도 이상하다.) 파쇄형 대용품 다리(FSL)는 충격파에 대해 인체의 다리 구성재와 비슷하게 반응하는 물질로 만들어져 있다. 예컨대 뼈로는 광물을 함유한 플라스틱을, 근육으로는 탄도실험용 젤라틴을 이용한다. 2001년 3월, 해리스는 사체 실험에서 사체들이 견뎌 낸 것과 같은 정도의 충격파를 오스트레일리아제 다리에 가해보았다. 결과가 서로 상관이 있는지를 보기 위함이었다. 실망스럽게도 뼈의 골절 패턴이 약간 달랐다. 현재로서 가장 큰 문제는 비용이다. FSL은 하나당 5천 달러 정도 드는데 (게다가 재사용이 불가능하다) 비해, 사체는 (운반, HIV와 C형 간염 검사, 화장 비용 등까지 합쳐) 대개 5백 달러 미만이다.

해리스 중령은 여러 가지 문제점이 해결되고 가격이 떨어지는 것은 시간문제가 아닐까 생각한다. 그는 그럴 날이 오기만을 기다리고 있다. 대용품이 바람직한 이유는 지뢰와 관련된 사체 실험이 윤리적으로 까다롭기 때문만이 아니라 사체들이 일정하지 않기 때문이기도 하다. 사체의 나이가 많을수록 뼈가 가늘고 조직의 탄성이 떨어진다. 지뢰 제거 작업의 경우 나이 차이 문제는 더욱 심각하다. 지뢰 제거 작업자는 평균적으로 20대인데 반해 기증되는 사체는 60대이다. 트로트 가요 팬들을 강당 가득 모아 놓고 청소년들이 듣는 팝을 시험 판매하는 것과 마찬가지다.

그날이 오기까지, 전신 사체를 쓸 수 없는 영연방 지뢰 연구자들에게는 힘든 나날이 계속될 것이다. 영국의 연구자들은 수술로 절단해 낸 다리에 신을 신겨 실험하는 방법을 택했는데, 그런 식으로 절단해 낸 다리의 주인은 대개 괴저나 당뇨병 합병증이 있어서 건강한 사지에 비교하기가 어려워 많은 비판을 받아왔다. 어떤 연구자들은 새로 개발된 보호용 신발을 사슴 뒷다리에 신겨 시험했다. 사슴에는 발가락도 뒤꿈치도 없고 사람에게는 발굽이 없기 때문에, 또 내가 알기로 사슴을 시켜 지뢰 제거 작업을 하는 나라는 없기 때문에, 그런 연구가 지니는 가치가 어느 정도일지를 생각하기가 -약간의 재미는 있지만- 어렵다.

하지말단 평가 프로그램은 그 자체로 귀중한 연구가 됐다. 샌들의 전설은 사실이 아님이 어느 정도 증명됐고 (부상 정도가 전투화와 거의 비슷했다), 보호용 신발 가운데 한 가지-메드-엥의 스파이더 부츠-가 표준 지급품에 비해 성능이 월등한 것으로 나타났다. (더 많은 실험 재료를 통해 확실한 결과를 볼 필요가 있기는 하다.) 해리스는 그 연구 프로젝트가 성공한 것으로 생각한다. 지뢰에 관한 한 보호 정도가 약간 향상되는 것만으로도 희생자의 의학적 상태에 지대한 영향을 미칠 수 있기 때문이다. 그는 이렇게 말한다.

"한쪽 발을 구할 수 있거나 절단 부위를 무릎 아래로 낮출 수 있다면 그건 성공입니다."

인간의 부상 연구에서 자동차의 충돌, 총상, 폭발, 스포츠 사고 등 사람들을 불구로 만들거나 사망하게 할 가능성이 가장 큰 것들이 - 우리가 공부하고 연구할 필요가 있는 것들이 - 바로 연구용 사체를 훼손할 가능성이 가장 큰 것들이라는 사실은 불행한 조건이다. 스테이플러에 의한 부상이라든가 발에 맞지 않는 신발을 얼마나 오래 견딜 수 있는지에 대한 연구에는 사체를 사용할 필요가 없다. 마크리스는 이렇게 말한다.

"자동차든 폭탄이든 위협에 대한 보호책을 찾아내려면 인간을 극한의 환경에 노출시켜야 합니다. 파괴적인 방법을 사용할 수밖에 없어요."

나는 마크리스 박사의 말에 동의한다. 그렇다면 내가 죽은 뒤 NATO 지뢰 제거반의 발을 보호하는 데에 도움을 줄 수 있도록 내 발을 폭파하게 하겠다는 말일까? 그렇다. 그리고 사고사를 막는 데에 도움이 되도록 죽은 내 얼굴에다 치명적이지 않은 발사체를 쏘게 하겠다는 말일까? 아마 그럴 것 같다. 내 시체로 하지 못하게 할 행동은 무엇일까? 나로서는 오로지 한 가지밖에 생각나지 않는다. 내가 사체라면 조금도 참여하고 싶지 않은 실험이다. 이 실험은 과학이나 교육이나 차량의 안전이나 군인들의 보호 장비 개선이라는 이름으로 행해진 것이 아니다. 이 실험은 종교라는 이름으로 행해졌다.

7
거룩한 희생

십자가 실험

때는 1931년, 프랑스의 의사들과 의과대학 학생들은 라에네크 협의회라 불리는 연례행사에 참석하기 위해 파리에 모여 있었다. 어느 날 늦은 아침, 모임의 한쪽에서 성직자 한 사람이 나타났다. 그는 검은색의 길다란 성직복 차림에 천주교 신부의 칼라를 하고 있었고, 한쪽 팔 밑에는 낡은 가죽 서류 가방을 지니고 있었다. 그는 자신을 아마이약Armailhac 신부라고 소개하면서 프랑스 최고의 해부학자들의 고견을 구한다고 말했다. 서류 가방 안에는 신자들 사이에 십자가에서 내린 예수의 시신을 염습했던 아마포일 것으로 알려진 토리노의 수의를 근접 촬영한 사진들이 들어 있었다. 지금도 그렇지만 당시에는 이 수의의 진위가 가려지지 않은 상태였고, 그래서 교회는 수의에 새겨진 흔적들이 해부학·생리학적 사실과 일치하는지를 보려고 의학계의 의견을 물어본 것이다.

저명하면서도 썩 겸손하지는 않은 외과의사인 피에르 바베 Pierre Barbet 박사가 아마이약 신부를 생 조제프 병원에 있는 자기 집무실로 초대하여, 일사천리로 그 일을 자임하고 나섰다.

"저는…… 해부학에 정통하며 오랫동안 해부학을 가르쳤습니다."

그는 저서 《해골산의 의사: 외과의사가 바라본 우리 주 예수 그리스도의 수난 A Doctor at Calvary: The Passion of Our Lord Jesus Christ as Described by a Surgeon》에서 아마이약 신부에게 이렇게 말한 것으로 회고하고 있다. 그다음 줄은 이렇다.

"저는 13년간을 시체들과 아주 가까이에서 살았습니다."

해부학을 가르친 경력과 시체들과 아주 가까이에서 수년간 지낸 경력이 다 똑같은 말 같다고 생각되기는 하지만, 누가 알겠는가. 가족의 시체를 지하실에 보관했는지도 모를 일이다. 프랑스인들이 이런 행동을 한다는 사실은 잘 알려져 있다.

한편 우리의 바베 박사에 대해서는 알려진 게 거의 없다. 다만 그가 그 수의가 진품임을 증명하는 데에 대단히, 어쩌면 지나치게 몰두했다는 사실만이 알려져 있을 뿐이다. 오래지 않아 그는 자신의 실험실에서 자신이 직접 만든 십자가에 아인슈타인의 머리 모양을 한 사체의 −아무도 찾아가지 않아 파리의 해부학 실습실로 전달되는 수많은 사체 가운데 하나− 손발에 못을 박아 매달기 시작했다.

바베는 수의의 오른쪽 뒷면에 생긴 "흔적"에서 시작되는 한 쌍의 가늘고 긴 "핏자국"*에 집착하게 됐다. 이 두 자국은 같은 곳에서 출발하지만 서로 다른 각도로 서로 다른 경로를 따라 이어진다. 그는 이렇게 쓰고 있다.

> "첫 가닥은 비스듬하게 위쪽으로 타고 올라가 (해부학적으로 그 형세는 분투하는 병사의 모습과 같다) 하박의 척골측 가장자리에 이른다. 또 한 가닥은 조금 더 가늘고 구불구불한 것으로, 팔꿈치까지 올라갔다."

병사 운운하는 부분에서 우리는 시간이 가면서 점점 분명해질 한 가지 사실의 실마리를 어렴풋이 보게 된다. 바로 바베는 좀 이상한 사람이었다는 사실이다. 내 말은, 무례하게 굴려는 게 아니

---

* 토리노의 수의에 있는 것이 정말 핏자국일까? 화학자이자 수의광(狂)이었던 고故 앨런 아들러Alan Adler가 실시한 과학적 조사에 따르면 핏자국임이 확실하다. 《토리노의 수의에 대한 평결Inquest on the Shroud of Turin》을 쓴 조 니켈Joe Nickell에 따르면 핏자국이 아님이 확실하다. 유명한 폭로단체인 '초자연현상이라는 주장에 대한 과학적 조사를 위한 위원회'의 웹사이트에 소개된 기사에서 니켈은 "피"를 과학적으로 조사했더니 황적색(red ocher)과 주홍색(vermilion) 템페라 물감의 혼합물이라는 결과가 나왔다고 한다.

라, 도대체 누가 핏줄기의 각도를 묘사하는 데 전투 장면의 비유를 쓰겠는가?

바베는 두 가닥의 혈흔이 예수가 몸을 위로 밀어 올렸다가 다시 축 늘어져 손에 매달리기를 반복하면서 생겨난 것으로 결론지었다. 그래서 못이 박힌 상처에서 나온 핏방울이 그의 자세에 따라 두 갈래로 흘렀을 거라는 말이다. 바베는 예수가 그렇게 움직인 까닭은 사람들이 팔로 매달려 있으면 숨을 내쉬기가 어렵기 때문이라는 이론을 내세웠다. 즉 예수는 숨이 막히지 않으려고 애썼고, 잠시 뒤 다리에 힘이 빠져 다시 아래로 축 늘어졌다. 바베는 이런 자신의 이론에 대한 뒷받침으로 제1차 세계대전 동안 이용된, 사람들의 손을 머리 위로 치켜올린 뒤 거기에 끈을 묶어 매달아 놓는 고문 기법을 소개했다. 그는 이렇게 썼다.

"손을 매달아 놓으면 근육에 갖가지 경련과 위축이 유발된다. 결국 이런 경련이 호흡 관련 근육에까지 미쳐 날숨을 막는다. 형벌을 받는 사람은 허파를 비울 수가 없어 질식사한다."

바베는 수의에 남은 핏줄기라는 것의 각도를 이용하여 십자가 위의 예수가 취한 두 가지 자세를 계산했다. 축 늘어진 자세에서는 뻗은 팔이 십자가의 기둥과 65도 각도를 이루었을 것이라는 계산이 나왔다. 위로 몸을 밀어 올린 자세에서는 팔이 기둥과 70도를 이루었다. 그런 다음 바베는 파리의 병원과 빈민 숙소에서 해부학과로 보내진 수많은 무연고 시신들 가운데 하나를 이용하여 자신의 계산 결과를 증명하는 작업에 착수했다.

시신을 다시 자신의 실험실로 옮긴 그는 그것을 직접 만든 십자가에 못 박았다. 그런 다음 십자가를 똑바로 세워놓고, 시신이 축 늘어진 상태가 됐을 때 팔의 각도를 쟀다. 그랬더니 과연 65도였다(물론 사체에게 몸을 위로 밀어 올리라고 설득하는 것은 불가능했으므로 두 번째 각도는 확인되지 않은 채 남아 있다.). 바베가 쓴 책의 프랑스어판에는 십자가에 매달린 죽은 사람의 사진이 실려 있다. 사체의 허리 윗부분만 나와 있기 때문에 바베가 사체를 예수처럼 헝겊을 둘둘 두른 속옷차림으로 만들었는지는 알 수 없지만, 사체가 독백극 배우 스폴딩 그레이Spalding Gray와 기묘하게 닮았다는 것만은 확실하다.

바베의 발상은 해부학적으로 수수께끼였다. 예수가 힘이 빠져 축 늘어질 때, 못 박힌 두 손바닥으로만 온몸의 무게를 지탱할 수밖에 없었다면 살이 못에 찢기지 않았을까? 바베는 손바닥 살이 아니라 더 튼튼하고 뼈대도 굵은 손목에 못이 박힌 게 아닌가 생각했다. 그는 실험에 나섰고, 이 실험 내용을《해골산의 의사》에서 설명한다. 이번에는 전신 사체를 십자가에 힘들여 매달 것 없이 팔 하나만을 매달았다. 바베는 팔의 주인이 방 밖으로 나서자마자 망치를 꺼냈다.

"건장한 남자의 팔 하나를 2/3 길이만큼 절단해낸 나는 굵기가 8.5밀리미터 정도 되는 정사각형 못(예수를 십자가에 박은 못)을 손바닥 한 가운데에 박은 다음 45킬로그램짜리 추를 팔꿈치에다 조심조심 매달았다(이는 키가 180센티미터인 남자 몸무게의 절반에 해당한다). 10분이 지나자 상처가 길어졌다. 나는 십자가 전체를 적당히 흔들어 보았다. 그랬더니 못이 갑자기 두 개의 손바닥뼈 사이 공간으로 파고들면서 피부가 커다랗게 찢어졌다. 다시 한 번 살짝 흔들었더니 남은 부분까지 마저 찢어지고 말았다."

뒤이어 몇 주에 걸쳐 바베는 8.5밀리미터 굵기의 못을 때려 박을 수 있는 적당한 손목 부위를 찾아내기 위해 팔 열두 개를 더 매달았다. 손에 가벼운 부상을 당한 건장한 남자들이 피에르 바베 박사의 진료실을 찾아가기 좋은 시기는 아니었다.

결국 바베는 망치를 분주하게 놀린 끝에, 못이 박혔던 진짜 위치를 찾아냈다고 확신하게 됐다. 그 곳은 데스토의 공간(Destot's space)이라는 부분으로, 손목의 두 뼈 사이에 있는 완두콩 크기의 공간을 말한다. 그는 이렇게 썼다.

"매번 이 위치는 스스로 방향을 가진 듯, 벽 사이의 좁은 통로를 따라 미끄러지듯, 마치 기다리고 있었다는 듯 이 지점을 저절로 찾아 들어갔다."

마치 못의 궤적에 신의 섭리가 개입하기라도 한 것 같았다. 바베는 의기양양하게 계속한다.

"그리고 이 지점은 수의에서 나타나는 못 자국과 정확하게 일치한다. 누구도 이 위치를 몰랐을 것이므로 이 수의를 누가 조작해 만들었을 가능성은 없다."

그리고 프레더릭 즈가비Frederick Zugibe가 등장한다. 즈가비는 미국 뉴욕주 록랜드 카운티 소속의 검시관이다. 지나치게 일에 열심인 사람인데, 여가를 활용해 십자가를 연구하고 또 전 세계를 다니며 그가 "수의광들의 모임"이라 부르는 회의 등에 나가 "바베 쳐부수기"를 한다. 목소리가 거친 그는 전화를 걸면 언제나 통화할 시간을 내주지만, 대화하다 보면 그에게는 여가라는 게 거의 없다는 걸 금방 알게 된다. 그리스도의 양손에 각기 작용하는 몸무게를 계산하는 공식을 반쯤 설명하다가 한동안 전화 속의 말소리가 멀어지고, 그러다가 다시 목소리가 들려오면서 이렇게 말한다.

"죄송합니다. 아홉 살짜리 여자애 시신이 들어와서요. 아버지에게 맞아 죽었답니다. 무슨 얘길 하던 중이었죠?"

바베는 토리노의 수의가 진짜임을 증명하는 것을 사명으로 삼은 것 같지만 즈가비는 그렇지 않다. 그는 50년 전에 십자가형의 과학에 관심 갖기 시작했다. 당시 생물학도였던 그에게 누가 십자가형의 의학적인 측면을 다룬 보고서를 주며 읽어 보라고 했다. 보고서에 적힌 생리학적 자료는 그가 보기에 부정확했다.

"그래서 직접 조사에 나섰고, 이 결과를 학기 말 보고서로 제출하면서 흥미를 갖게 됐지요."

토리노의 수의에 흥미가 있었던 건 만일 그게 진짜라면 십자가형의 생리학에 대해 많은 양의 정보를 알게 될 거라는 이유 때문이었다.

"그러다가 바베의 책을 알게 됐습니다. 이런 생각이 들었죠. 우와, 재미있는데! 정말 영리한 친군가 봐. 두 줄기로 흐르는 피 얘기라든가 그런 걸 보면."

즈가비는 직접 연구를 시작했다. 그리고 바베의 이론은 하나씩 무너졌다.

바베처럼 즈가비도 십자가를 하나 만들었는데, 2001년에 수리를 위해 (기둥이 비틀어져) 며칠 동안 나와 있었던 때를 제외하고는 지금까지 40여 년 동안 뉴욕 교외에 있는 그의 집 차고 안에 서 있다. 즈가비는 시체를 매달지 않고 자원자들을 이용하고 있다. 이는 모두 수백 명에 이른다. 그는 자신의 연구를 위해 근처에 있는 종교단체인 성 프란시스 성공회 수도회로부터 100명에 가까운 자원자들을 찾아냈다. 십자가에 매달릴 실험 대상들에게는 수고비로 얼마를 줘야 했을까? 한 푼도 주지 않았다. 즈가비는 이렇게 말한다.

"그들은 오히려 제가 돈을 내라면 냈을 겁니다. 다들 거기에 올라가면 어떤 기분일지 알고 싶어 했거든요."

그건 그렇고, 즈가비는 못을 쓰지 않고 가죽 띠를 이용했다(그러는 동안 즈가비는 진짜 십자가형을 당하고 싶다는 전화도 간혹 받았다. "상상이 갑니까? 어떤 아가씨가 전화를 했는데, 자신에게 진짜로 못을 박아 달라더군요. 그 아가씨는 어떤 단체에 속해 있는데, 그네들은 얼굴에 철판도 붙이고 수술로 머리 모양도 바꾸고, 혀를 두 갈래로 가르고 음경에다 쇠붙이 같은 걸 박아 넣기도 하죠.").

사람들을 십자가에 매달면서 가장 먼저 즈가비의 눈에 띈 것은 그들 가운데 호흡에 문제를 느낀 사람이 아무도 없다는 사실이었다. 45분 동안이나 매달려 있어도 마찬가지였다(그는 바베의 질식이론에 대해 회의적이었고 또 제1차 세계대전 당시 이용된 고문 기법에 대한 설명도 인정하지 않았다. 그들은 손을 양옆이 아니라 머리 위로 똑바로 치켜 올렸기 때문이었다.). 또한 몸을 자기도 모르게 위로 밀어 올리려 한 피험자도 없었다. 사실은 다른 실험에서 피험자들에게 그렇게 몸을 밀어 올려 보라고 부탁했을 때 그러기가 불가능하다는 걸 알게 됐다.

"발이 십자가에 붙어 있는 채로 그런 자세에서 몸을 위로 밀어 올린다는 건 완전히 불가능합니다."

즈가비는 역설한다. 나아가 그는 두 가닥의 핏줄기가 십자가에 닿아 있는 손등 부분에 있다는 점을 지적한다. 예수가 몸을 위로 밀었다가 다시 처지기를 되풀이했다면 상처에서 흐른 피는 두 줄기로 깔끔하게 갈라지는 게 아니라 문대졌을 것이다.

그러면 수의에 생긴 두 줄기 저 유명한 자국은 무엇일까? 즈가비는 예수가 십자가에서 내려져 씻겨진 다음 생긴 것이 아닌가 보고 있다. 시신을 씻자 엉겨 붙어 있던 피딱지가 떨어지고, 거기서 조금씩 흘러나온 피가 복사뼈, 즉 손목의 새끼손가락 쪽에 툭 불거져 나온 부분에 이르러 두 갈래로 갈라진 것이라는 말이다. 즈가비는 자신의 연구실에 들어온 총기 희생자의 시신에서 피가 바로 이런 식으로 흐른 것을 본 적이 있다고 했다. 그는 자신의 이론을 시험하기 위해, 연구실에 갓 들어온 시체의 상처에 말라붙은 피를 씻어내고 약간의 피가 흘러나오는지를 살폈다. 그리고 그 결과를 수의광들의 잡지인 〈신돈Sindon〉에 이렇게 실었다. "몇 분만에 작은 핏줄기가 생겨났다."

즈가비는 이어 바베가 데스토의 공간과 관련하여 해부학적으로 커다란 실수를 저질렀음을 알아냈다. 바베는 자신의 책에서 데스토의 공간의 위치가 *"수의에서 나타나는 못 자국과 정확하게 일치한다"*고 썼는데 그렇지 않았던 것이다. 토리노의 수의에서 보이는 손등의 상처는 손목의 엄지 쪽에 나 있는데, 어떤 해부학 책을 보더라도 데스토의 공간은 손목의 새끼손가락 쪽에 나 있음을 알 수 있다. 바베가 사체의 손목에 못을 박아 넣은 자리도 바로 이곳이었다.

즈가비의 이론에 의하면 그 못은 예수의 손바닥으로 비스듬히 기울어진 각도로 박혀 손목 뒤쪽을 뚫고 나왔다. 그는 사체를 통한 나름의 증거를 가지고 있다. 44년 전에 자신의 연구실에 들어온 살인사건 희생자를 찍은 사진이 그것이다.

"온몸을 구석구석 잔인하게 찔렸습니다."

즈가비는 기억을 떠올린다.

"방어하면서 생긴 상처가 한 군데 나 있었는데, 맹렬한 칼질로부터 얼굴을 보호하기 위해 손을 들어올려 생긴 거였죠."

칼에 찔린 곳은 손바닥이었지만, 칼이 비스듬하게 찌르고 들어가 손목의 엄지 쪽으로 뚫고 나왔다. 칼이 지나간 경로에는 거의 장애물이 없었던 것 같다. 엑스레이 촬영 결과 뼈에는 아무 상처가 없는 것으로 나타난 것이다.

앞서 말한 〈신돈〉의 기사에는 즈가비와 어느 자원자가 찍힌 사진이 한 장 있다. 즈가비는 무릎까지 내려오는 실험실 가운 차림인데, 자원자의 가슴에 붙은 생명 신호 감지 센서를 조정하고 있는 모습이다. 즈가비와 각종 의료 모니터 장비들 위로 뻗은 십자가는 거의 천장에까지 닿는 높이이다. 자원자는 운동복 반바지 외에는 아무것도 입지 않았고 콧수염이 썩 짙다. 무관심한 표정인 그는 정류장에서 버스를 기다리는 사람처럼 약간 먼 곳을 바라보고 있다. 두 사람 모두 이런 모습으로 사진이 찍히는 걸 의식하고 있지 못한 것 같다. 이런 프로젝트에 깊이 몰입하다 보면 세상 사람들에게 내 모습이 얼마나 이상하게 보일지 의식하지 못하게 되는 것 같다.

피에르 바베는 기적의 토리노 수의가 진품임을 의심 많은 사람에게 증명하기 위한 십자가 실험의 대상으로 해부학 교육에 쓰이기로 되어 있는 사체를 쓰는 것을 이상하게 보지도 않았고, 문제가 있다고 생각하지도 않았음이 분명하다. 그는 《해골산의 의사》 머리말에서 이렇게 썼다.

"의사요 해부학자이며 생리학자인 우리가, 지식 있는 우리가, 우리의 불충분한 학문이 단지 형제들의 고통을 덜어 주는 일에만 쓰일 것이 아니라 더 큰 사명, 즉 형제들을 깨우치는 사명을 추구해야 한다는 엄청난 진실을 널리 선포하는 일은 실로 더없이 중요하다."

내 생각에는 "형제들의 고통을 덜어 주는" 것보다 "더 큰 사명"은 없다. 하물며 종교의 주장을 떠받치는 사명은 더더욱 해당사항이 아니다. 이제 살펴보려 하지만, 어떤 사람들은 완전히 죽은 상태에서도 형제들의 고통과 불행을 덜어 주는 어려운 일을 해내고 있다. 성인으로 추대될 자격이 있는 사체가 있다면 적어도 십자가에 매달린 스폴딩 그레이는 아닐 것이다. 날마다 우리들 병원에 오고 가는, 뇌사 상태로 심장이 뛰는 장기 기증자들, 바로 이런 친구들이 그 후보들일 것이다.

8
살았을까
죽었을까

삶과 죽음을 구분하는 법

수술실을 향해 가는 환자는 영안실로 가는 환자보다 두 배 빨리 움직인다. 산 사람을 싣고 병원 복도를 따라 바퀴 소리를 내며 이동하는 밀 것(운반차)에서는 목적과 추진력이 느껴진다. 곁에서는 단호한 표정을 한 의료진이 성큼성큼 걸어가며 정맥주사관을 바로잡고 인공호흡기를 펌프질하며 양쪽 여닫이문을 박차고 들어간다. 반면 사체를 실은 밀 것은 바쁜 구석이 전혀 없다. 단 한 사람이 밀고 갈 뿐이다. 조용히, 마치 쇼핑 카트처럼 거의 눈에 띄지 않는다.

바로 이런 이유 때문에 나는 내가 기다리는 사체가 밀 것을 타고 지나가면 알아차릴 수 있으리라 생각했다. 나는 아까부터 캘리포니아 대학교의 샌프란시스코 의료원 수술 병동에 있는 간호사 근무실에서 서성거리면서, 밀 것들이 오가는 광경을 지켜보고 있다. 캘리포니아 장기이식 기증자 네트워크의 홍보국장인 본 피터슨Von Peterson과 사체 하나를 기다리는 중이다. 이제부터 이 사체를 H라 부르기로 한다. 수간호사가 말한다.

"저기 그 환자가 오네요."

청록색 바지 차림의 다리들이 앞으로 내닫듯이 바쁜 걸음으로 우르르 지나간다. H는 죽은 사람이면서 동시에 수술실로 가고 있는 환자이기도 하다. 그녀는 두뇌 말고는 모든 부분이 건강하게 살아 있는, 소위 "심장이 뛰는 사체"다. 인공 호흡 장치가 개발되기 전만 해도 그런 상태인 사람은 없었다. 정상적으로 기능하는 뇌 없이 몸 스스로 숨 쉬지는 않기 때문이다. 그러나 인공호흡장치에 연결해 놓으면 심장도 뛰고, 그 나머지 장기도 며칠 동안이나 계속 활기차게 움직인다.

H는 죽은 사람 같아 보이지도 않고, 죽은 사람의 냄새도 풍기지 않는다. 밀 것 위로 몸을 기울여 가까이 보면 그녀의 동맥에서 맥박이 뛰는 게 보인다. 팔을 만져 보면 내 팔과 마찬가지로 따뜻하고 탄력도 느껴진다. 아마도 이런 이유 때문에 의사나 간호사들이 H를 환자라고 부르고, 수술실에 밀고 들어갈 때에도 산 사람을 데려갈 때처럼 빠른 걸음걸이로 밀고 가는 것 같다.

미국에서는 뇌사를 법적 죽음으로 정의하고 있기 때문에 인격체 H는 사망이 인정된다. 그러나 장기 및 조직체 H는 대단히 왕성하게 살아 있다. 서로 모순되어 보이는 이 두 가지 사실 때문에 그녀는 대부분의 시체들이 갖지 못하는 기회를 얻는다. 즉, 죽어 가는 낯선 사람 두어 명의 생명을 연장해 줄 기회이다. 앞으로 네 시간 안에 H는 간과 콩팥, 심장을 내놓을 것이다. 외과의사들은 찾아올 때마다 장기를 하나씩 꺼내어 고통받고 있는 담당 환자들에게 바삐 돌아갈 것이다. 최근까지만 해도 장기이식 전문가들은 이런 과정을 "장기 수확"이라 불렀다. 이 용어에는 기쁘고 축하할 만한 일이라는 느낌이 있는데, 근래에 들어 더 사무적인 느낌의 "장기 회수"라는 말로 바뀐 것을 보면 아마도 기쁜 느낌을 지나치게 줬던 모양이다.

H의 경우, 한 외과의사가 유타주에서 찾아와 심장을 회수할 것이고, 또 한 의사는 간과 신장을 회수하여 두 층 아래에 있는 환자들에게 가져갈 것이다. 샌프란시스코의 캘리포니아 대학교(UCSF)는 장기이식이 많이 이루어지는 곳이라 이곳에서 적출한 장기는 이곳을 벗어나지 않는 일이 많다. 일반적으로는 캘리포니아 대학교에 있는 이식 환자의 담당 외과의사가 뇌사자가 있는 조그만 도시까지 찾아간다. 그리고 대개 사고의 희생자로부터 ─ 예기치 않게 두뇌에 사고를 당한, 장기가 튼튼한 젊은 희생자로부터 ─ 장기를 적출한다. 의사들이 이렇게 하는 이유는 일반적으로 그런 작은 도시에는 장기 회수 경험이 있는 의사가 없기 때문이다. 외과 훈련을 받은 흉악범들이 호텔 방에서 사람들의 배를 갈라 신장을 훔쳐간다는 소문과는 반대로, 장기 회수는 뛰어난 솜씨가 요구되

223

는 어려운 작업이다. 일을 확실히 제대로 처리하고 싶으면 비행기에 몸을 싣고 현장에 가서 자기 손으로 직접 해야 한다.

오늘 복부 절개를 맡은 의사는 앤디 포셀트Andy Posselt라는 사람이다. 그는 전기소작기를 들고 있는데, 이는 은행에서 볼 수 있는 줄 달린 싸구려 볼펜처럼 보이지만 수술용 칼과 같은 기능을 한다. 소작기는 자르는 동시에 지지는데, 이렇게 함으로써 절개하는 순간 잘린 혈관이 지져져 막히게 된다. 그 결과 출혈은 훨씬 줄어들고, 연기와 냄새는 훨씬 많아진다. 악취는 아니고, 그저 고기를 태우는 듯한 냄새이다. 나는 포셀트 박사에게 그 냄새가 좋은지 묻고 싶지만, 도저히 그렇게 물어볼 수가 없다. 그 대신 내가 그 냄새를 좋아한다면 나쁜 일인지 물었다. 사실 나는 그 냄새가 그다지 좋지는 않다. 어쩌면 약간은 좋은 것 같기도 하다. 그는 나쁘지도 좋지도 않고 그저 좀 소름이 끼칠 뿐이라고 대답한다.

나는 이제껏 큰 수술을 본 적이 없다. 수술 뒤 남은 흉터만 보았을 뿐이다. 흉터의 길이를 보고 나는 외과의사들이 20센티미터 남짓한 구멍을 통해 뭔가를 꺼내고 넣으며 마치 어떤 여자가 안경을 찾아 손가방을 뒤지듯 수술할 것이라 상상했다. 포셀트 박사는 H의 음모 바로 위에서 시작해서 위로, 그녀의 목 언저리까지 족히 60cm는 될 정도로 길게 절개한다. 마치 파카의 지퍼를 내리듯 그녀를 열어젖히는 것이다. 톱으로 흉골을 세로로 자르고 흉곽을 연 다음, 커다란 견인기를 이용하여 절개부를 양쪽으로 벌리자 가로 세로가 비슷하게 벌어진다. 이렇게 그녀를 여행 가방처럼 열어 놓고 보니 인간의 몸통이 본질 그대로 보인다. 몸통이란 내장을 보관하는 커다랗고 튼튼한 통인 것이다.

안을 들여다보니 H는 아주 건강하게 살아 있는 것 같아 보인다. 간과 또 대동맥을 따라 쭈욱 아래까지 심장 박동에 따라 맥박이 뛰는 게 보인다. 절개된 부분에서 피가 흐르고 있고, 장기들은 포동포동하고 미끌미끌해 보인다. 심장 모니터의 전기 신호음까지 들려서 이게 살아 숨 쉬는 건강한 인격체라는 인상이 강해진다. 그녀를 시체로 생각하자니 이상하다. 사실은 그렇게 생각하기가 거의 불가능할 것 같다. 어제는 내 의붓딸 피비에게 심장이 뛰는 사체에 대해 설명했는데, 아이는 도무지 이해가 가지 않는 모양이었다.

"그치만 심장이 뛰고 있으면 살아 있는 사람 아니에요?"

결국 피비는 "장난을 쳐도 무슨 일이 벌어지는지 모르는 사람"이라는 결론을 내렸다. 내가 보기에는 그게 기증된 사체를 단적으로 표현하는 좋은 설명인 것 같다. 실험실이나 수술실에서 벌어지는 일들은 죽은 사람들에게는 마치 등 뒤에서 오가는 험담 같다. 느끼지도, 알지도 못하니 괴롭지도 않다.

중환자실 담당자들은 심장이 뛰는 사체가 지니는 모순과 겉보기와는 반대되는 모습 때문에 감정적인 혼란을 겪을 수도 있다. 이들은 수확이 있기 전 며칠 동안 H 같은 환자들을 살아 있는 것으로 생각해야 할 뿐 아니라 살아 있는 사람으로서 보살피고 치료해야 한다. 24시간 내내 지켜보면서 이 사체들의 "목숨을 유지시켜 주는" 활동에 나서야 한다. 뇌가 혈압과 호르몬 양을 조절해 주지 못하고 혈류 속으로 호르몬을 내보내 주지도 못하기 때문에, 장기들이 정상 상태로 유지되게 하려면 중환자실 담당자들이 이를 대신해 주어야 한다.

케이스 웨스턴 리저브 대학교 의과대학 의사들 팀은 〈뉴잉글랜드 의학 저널New England Journal of Medicine〉에 실린 "장기 적출의 심리적·윤리적 영향"이라는 글에서 다음과 같은 관찰 결과를 내놓았다.

> "중환자실 인원들은 사망 진단이 내려진 뇌사자에게는 심폐소생술을 실시하면서도 바로 곁 침상에는 '소생시키지 말 것'이라는 지시사항이 붙은 환자가 있을 때 혼란을 느낄 수 있다."

심장이 뛰는 사체를 두고 사람들이 느끼는 혼란은 죽음을 정확히 어떻게 정의할 것인가, 또 정신이 -영혼이, 기(氣)가, 또는 뭐라고 이름을 붙이든- 사라지고 오로지 시체만이 남는 정확한 순간을 어떻게 집어낼 것인가 하는 문제를 두고 수 세기 동안 이어져 내려온 혼란의 연장선이다. 뇌의 활동을 측정할 수 없었던 시절에는 심장이 멈추는 순간이 죽음의 순간으로 여겨졌다. 실제로 뇌는 심장이 피를 보내 주지 않기 시작하는 순간부터 6~10분 정도 더 살아 있지만, 이는 필요 이상으로 정밀하게 따지는 것이다. 대부분은 심장의 활동 정지를 기준으로 하는 정의로 충분했다.

수 세기 동안 인류가 고민한 문제는 심장이 박동을 멈췄는지 아니면 잘 들리지 않을 뿐인지를 확실하게 분간할 수 없었다는 사실이다. 청진기는 1800년대 중반에 들어서야 발명됐고, 그나마도 초기에는 귀에다 대는 나팔 모양의 확성기 수준에 지나지 않았다. 익사나 심장발작, 특정 유형의 약물 중독처럼 박동이 특히 약한 경우에는 아무리 꼼꼼한 의사라 해도 분간이 힘들었고, 그래서 환자들은 실제로 목숨이 다하기도 전에 장의사에게 보내질 위험을 안고 있었다.

18세기와 19세기 의사들은 산 채로 매장될지도 모른다는 환자들의 불안뿐 아니라 자신의 불안감도 가라앉히려는 목적으로 사망을 검증하기 위한 갖가지 특이한 방법들을 고안해 냈다. 웨일즈의 의사이자 의학사학자인 얀 본데손Jan Bondeson은 자신의 재치 넘치는 훌륭한 연구서《산 채로 매장되다Buried Alive》에 그러한 검증법 열두 가지를 소개했다. 이러한 기법들은 크게 두 가지 범주에 든다. 하나는 의식이 없는 환자에게 이루 말할 수 없는 고통을 가해 깨우는 것이고, 다른 하나는 일정 수준의 창피를 주는 방법이다. 이들은 발바닥을 면도날로 얇게 저며내고 엄지발톱 밑에 바늘을 찔러 넣기도 했다. 귀에다 대고 진군 나팔을 불기도 하고, "무시무시한 비명이나 심한 소음"을 들려주기도 했다. 어느 프랑스 성직자는 빨갛게 달군 쇠꼬챙이를 "뒷구멍"에 찔러 넣을 것을 권장했다. 한 프랑스 의사는 환자의 소생 전용 젖꼭지 족집게를 고안해 냈다. 또 한 사람은 백파이프 모양으로 생긴 담배 관장

(灌腸) 기구를 개발해, 파리의 시체 보관소를 다니며 열성적으로 시범을 보였다. 17세기 해부학자 제이컵 윈즐로 Jacob Winslow는 왁스를 끓여 환자의 이마에 붓고 따뜻한 오줌을 입에다 부어 넣을 것을 동료들에게 권했다. 스웨덴의 어느 책자에서는 기어다니는 곤충을 시신의 귀에 넣는 방법을 제시했다. 간단하고 독창적이기로는 죽었다고 생각되는 사람의 코에 "뾰족한 연필"을 찔러 넣는 방법만 한 게 없었다.

일부 경우에는 더 창피한 쪽이 환자인지 의사인지 분간하기 힘들었다. 프랑스의 의사 장 바티스트 뱅상 라보르드 Jean Baptiste Vincent Laborde는 박자에 맞춰 혀를 잡아당기는 기법을 개발하여 대단히 상세하게 기록해 놓았는데, 사망한 것으로 생각되는 시점에서 적어도 세 시간 이상 실시해야 한다고 했다. (나중에 그는 손으로 돌림판을 돌려 혀를 잡아당기는 기계를 고안해 냈는데, 여전히 지루하기야 했겠지만, 시술 자체는 좀 덜 불쾌해졌을 것이다.) 또 다른 프랑스 사람은 환자의 손가락 하나를 의사의 귀에 찔러 넣고, 불수의근(자율적으로 움직이는 근육)이 어쩌다 움직일 때 나는 윙윙거리는 소리에 귀를 기울이라고 가르쳤다.

짐작이 가겠지만 이런 기법 가운데 널리 받아들여진 것은 하나도 없었고, 의사들의 대부분은 사람이 죽었음을 확인하는 확실한 방법은 부패가 유일하다고 생각했다. 이는 시신을 의사의 집이나 진료실에 며칠 동안이나 두면서 뚜렷한 냄새나 징후가 나타나는지를 지켜보아야만 가능한 일이었으니, 시신에게 관장 시술을 하는 것보다도 매력이 떨어지는 일이었다. 그래서 썩어 가는 시신들을 보관할 목적으로 지은 영안대기소라는 건물이 생겨났다. 이는 아름답게 꾸민 일종의 거대한 강당인데 1800년대 독일에서 흔했다. 어떤 건물에는 마치 남자들은 죽어서도 여인의 면전에서 점잖지 못하게 행동할 게 뻔하다는 듯 남자·여자 사체를 두는 강당이 별도로 마련돼 있었다. 또 어떤 곳에서는 계층에 따라 시체를 나누었다. 부유한 사람들은 돈을 더 내고 호화로운 환경에서 썩어 갈 수 있었다. 관리인들이 배치돼 강당을 지키면서 생명의 징후가 있는지를 살폈는데, 사망자가 조금만 움직여도 관리인이 알 수 있게끔 장치를 설치했다. 시신의 손가락을 종*에 연결한 곳들도 있었고, 어떤 곳에서는 대형 오르간의 풀무에 연결했다. 이렇게 한 이유는 악취가 상당히 심하여 관리인들이 별도의 방에서 근무했기 때문이다. 여러 해가 지나도록 한 명의 주민도 살아나지 않자 이러한 시설은 문을 닫기 시작했고, 1940년쯤에 이르러 영안대기소는 젖꼭지 족집게나 혀 뽑개와 함께 자취를 감추었다.

  만일 영혼이 몸을 떠나는 게 보이기만 한다면, 적어도 그것을 측정이라도 할 수 있다면 얼마나 좋을까. 그러면 사망 시간의 판단은 과학적인 관찰이라는 단순한 절차를 통해 이루어질 것이다.

---

* 어느 웹사이트에서 읽었는데 이것이 "종소리 덕분에 살았다saved by the bell"는 표현의 기원이라고 한다. 실제로 20년 동안 영안대기소에 보내진 1백만 명 이상의 시신 가운데 되살아난 사람은 한 명도 없었다는 통계가 있다. 종소리 때문에 관리인들이 긴장하는 일은 사실 많이 있었는데, 시체가 부패하면서 자세가 바뀌느라 생기는 움직임 때문이었다. 여기에서 다시 "종소리 때문에 새 일자리를 찾을 수밖에 없게 됐다Driven to seek new employment by the bell"는 말이 생겨났는데, 요즘은 그다지 듣기도 힘들고 아마 한 번도 들어본 적이 없는 말일 것이다. 내가 지어낸 말이기 때문이다.

실제로 이게 거의 실현될 뻔한 일이 있었다. 매사추세츠주 해버힐의 덩컨 맥두걸Duncan Macdougall이라는 의사에 의해서였다. 1907년에 맥두걸은 영혼의 무게를 잴 수 있는지 알아보기 위해 일련의 실험에 착수했다. 그는 자신의 진료실에 6그램의 무게 변화까지 감지하는 섬세하고 커다란 천칭을 설치하여 그 저울대 위에 병상을 놓았다. 죽어가는 환자 여섯 명이 이 병상을 거쳐 갔는데, 환자가 사망하기 전과 사망하는 도중의 체중 변화를 관찰함으로써 영혼을 구성하는 물질이 있음을 증명하고자 한 것이다. 맥두걸의 실험결과는 〈미국 의학American Medicine〉 1907년 4월호에 실렸다. 덕분에 평소 협심증이나 요도염 관련 글이 주류를 이루던 이 잡지가 상당히 활기를 띠게 됐다. 아래는 맥두걸이 첫 환자의 사망을 묘사한 글이다. 철저함 빼면 시체인 글이었다.

환자는 3시간 40분이 지나자 사망했는데, 사망과 동시에 갑자기 저울대가 한계점까지 쿵 소리를 내며 기울어지더니 다시 올라가지 않고 그 상태를 유지했다. 감소된 중량은 24g인 것으로 확인됐다. 이 같은 중량 감소는 호흡이나 땀에 의한 수분 증발 때문일 수가 없다. 이번 실험에서 수분 증발은 1분에 0.5그램 비율로 이루어지고 있음을 사전에 측정해 두었기 때문이다. 반면에 위와 같은 중량 감소는 갑작스럽고도 크다.
변은 나오지 않았다. 나왔다 해도 그 무게는 여전히 병상 위에 머물러 있었을 것이다. 다만 배설물의 묽기에 따라 수분 증발에 의

한 느린 속도의 중량 감소는 있었을 것이다. 방광이 몇 그램의 오줌을 방출했는데, 이 역시 병상 위에 머물러 있었으므로 증발에 의한 느린 속도의 점진적 중량 감소만이 영향을 끼칠 수 있다. 따라서 갑작스러운 중량 감소의 원인이 될 수 없다.

이제 가능한 원인은 하나뿐이었다. 그것은 허파에 남아 있는 공기의 방출이다. 이를 확인하기 위해 나는 직접 병상에 올라갔다. 내 동료가 저울대의 균형을 잡았다. 내가 아무리 숨을 깊이 들이쉬고 내쉬어도 저울대에는 변화가 없었다.

다섯 명의 환자가 사망한 순간에 모두 비슷한 정도의 중량 감소가 있음을 관찰한 맥두걸은 개들을 이용한 실험으로 옮겨갔다. 열다섯 마리의 개가 별다른 중량 변화를 보이지 않은 채 숨이 멎었는데, 맥두걸은 이를 자신의 이론을 뒷받침하는 증거로 받아들였다. 그가 믿는 종교에서는 동물에게 영혼이 없다고 가르치는데, 그것과 맞아떨어진다고 본 것이다. 맥두걸의 실험 대상 가운데 인간들은 그의 환자였지만, 그가 열다섯 마리의 개를 어떻게 그렇게 짧은 시간에 손에 넣을 수 있었는지에 대한 설명은 없다. 불쾌하게 생각할 사람들이 있겠지만, 저 훌륭한 의사가 자기만의 생물학적 신학 실습을 위해 건장한 견공 열다섯 마리에게 냉정하게 독을 사용했다고 추측할 수밖에 없을 것이다.

맥두걸의 보고서가 실리자 〈미국 의학〉의 독자 편지란에서는 신랄한 논쟁이 벌어졌다. 같은 매사추세츠주에 사는 의사 오거스터스 클라크Augustus P. Clarke는 피가 허파를 돌면서 공기에 의해 냉각되는데, 피가 순환하지 못하면서 갑자기 체온이 상승하는 현상을 고려하지 않았다며 맥두걸을 비난했다. 클라크는 이런 체온 상승으로 인한 땀과 수분 증발이 환자의 체중이 떨어지고 개들의 체중에는 변화가 없는 원인일 것이라고 보았다(개들은 땀이 아니라 헐떡거림을 통해 체온을 조절한다.). 맥두걸은 피가 돌지 않으면 피부 표면에 피가 공급되지 않을 것이고 따라서 피부 표면의 체온 하강은 일어나지 않는다고 맞받아쳤다. 이 논란은 5월호부터 12월호까지 계속 이어졌고, 그 무렵 나는 흐름을 놓치고 말았다. 의학박사 해리 그릭Harry H. Grigg이 쓴 "고대 의학과 수술사의 몇 가지 요점"이라는 기사 쪽에 눈길이 쏠렸기 때문이다. 해리 그릭 덕분에 나는 이제 칵테일 파티에서 치질이나 임질, 포경수술, 벌리개* 등에 대해 장황하게 늘어놓을 수 있게 됐다.

청진기가 개량되고 의학에 대한 지식이 늘어나면서 의사들은

---

* 독자와 내가 칵테일 파티에서 만날 확률이 상당히 낮고 또 내가 대화를 벌리개 쪽으로 이끌고 갈 가능성은 더더욱 낮기 때문에, 내친김에 여기서 이야기하겠다. 최초의 벌리개는 항문용으로 히포크라테스 시대로 거슬러 올라간다. 질용이 등장한 것은 그로부터 5백 년이라는 시간이 더 흐른 뒤였다. 그릭 박사는 다음과 같은 이론을 통해 그 이유를 설명한다. 당시 의학은 아라비아의 관습을 따랐는데, 이에 의하면 여자는 반드시 여자가 검진해야만 했다. 그런데 검진할 수 있는 여의사가 아주 드물었다. 그러니까 히포크라테스 시대에는 부인과 병원에 가는 여자들이 거의 없었다는 말이다. 히포크라테스의 부인과 용구함에 —항문용 벌리개는 말할 것도 없고— 소똥으로 만든 피임용 질좌약과 "고약한 냄새가 진하게 나는" 훈증소독제 등이 들어있었음을 감안하면 안 가는 게 오히려 나았을 것이다.

심장이 멈추는 정확한 시간을 집어낼 수 있게 됐고, 그래서 의학계에서는 환자가 삶에서 완전히 퇴근한 건지 아니면 그저 커피 사러 잠시 나갔다 온 건지 판정하는 가장 좋은 방법은 심장 박동의 정지 여부를 살피는 것이라는 데에 의견을 모았다. 죽음의 정의에서 심장을 무대의 중심에 놓음으로써, 삶과 영혼, 혹은 정신 또는 자아의 정의에서도 심장이 주연을 맡게 됐다. 사실은 수없이 많은 연가와 시, "I♥" 어쩌고 하는 범퍼 스티커에서 보듯 오래전부터 주인공은 심장이었다. 자아가 뇌에, 오로지 뇌에만 자리 잡고 있다는 믿음을 바탕으로 한 '심장이 뛰는 사체' 개념은 철학적으로 미묘한 문제가 됐다. 심장이 연료 펌프라는 생각에 적응하는 데에는 상당한 시간이 걸렸다.

영혼이 깃든 자리에 대한 논란은 4000년 정도 지속되어 왔다. 처음에는 심장이냐 뇌냐가 아니라 심장이냐 간이냐 하는 것이었다. 심장이라고 생각한 원조는 고대 이집트 사람들이었다. 그들은 '카(Ka)'가 심장에 들어 있다고 믿었다. 카는 인격체의 본질로서, 영혼, 지성, 느낌, 열정, 유머, 불만, 거슬리는 TV 주제가 등 개인을 기생충이 아니라 개인으로 만들어 주는 모든 것을 가리킨다. 심장은 미라화한 시신 속에 남겨 두는 유일한 장기였다. 사람은 저승에서도 카가 필요하기 때문이었다. 이들에게 뇌는 필요하지 않았음이 분명하다. 이들은 사체의 두뇌는 콧구멍을 통해 넣은 갈고리 모양의 구리 바늘을 휘저어 작은 덩어리로 만든 다음 파냈다. 파낸 뇌는 내다 버렸다(이집트인들은 간과 창자, 허파도 몸 밖으로 꺼냈지만 버리지 않고 보관했다. 이들은 토기에 넣어 무덤 안에 보관했는데, 짐을 꾸릴 때 모자라게 꾸리는 것보다는 넘치게 꾸리는 게 더 낫다는 생각 때문이 아니었나 싶다. 저승에서 쓸 짐을 꾸린 것이니 더더욱 그랬을 것이다.).

바빌로니아인들은 가장 처음 간이 주인공이라고 생각한 사람들이다. 이들은 간이 인간의 감정과 영혼의 원천이라고 믿었다. 메소포타미아 사람들은 감정은 간에, 지성은 심장에서 나온다고 봄으로써 양다리를 걸쳤다. 나아가 영혼의 한 부분(폐)을 위에다 관련시킨 걸 보면 이들은 생각이 정말로 자유로운 사람들이었음이 분명하다. 이들과 비슷한 자유사상가들을 살펴보면 우선 데카르트Descartes가 있다. 그는 뇌 속에 있는 호두알만 한 송과체에서 영혼을 발견할 수 있다고 했다. 또 알렉산더 대왕 시대의 해부학자 스트라톤Straton은 영혼이 눈썹 뒤에서 살고 있다고 결론지었다.

고대 그리스가 전성기를 맞으면서 영혼 논쟁은 우리에게 좀더 익숙한 심장과 뇌의 논쟁으로 발전했고, 간은 부수적인 역할로 강등됐다.* 피타고라스Pythagoras와 아리스토텔레스Aristoteles는 영혼이 깃든 곳은 심장이라 ―살고 자라나기 위해 필요한 "생명력"의 원천으로― 보면서도 뇌 속에 제2의 "이성적" 영혼 또는 정신이 있는 것으로 믿었다. 플라톤Platon은 심장과 뇌 모두를 영혼의 영역

---

* 이렇게 된 게 우리로서는 다행이다. 안 그랬다면 셀린 디온Céline Dion은 「내 간은 너의 것My Liver Belongs to You.을 불렀을 것이고 극장에서는 《내 간은 외로운 사냥꾼My Liver Is a Lonely Hunter》를 공연하고 있을 것이다. 스페인 연가에는 corazón이라는 낱말 (스페인 연가에는 전부 이 말이 들어가 있다) 대신 그보다 느낌이 덜 경쾌한 higado라는 낱말이 들어가 있을 것이다. 그리고 범퍼 스티커는 이런 모양이 됐을 것이다: "I (∂ London."

으로 보면서도 뇌를 더 우선시했다. 히포크라테스는 헷갈렸던 것 같다(아니면 내가 헷갈리는 걸지도 모른다). 그는 짓이겨진 뇌가 언어와 지능에 미치는 효과를 언급하면서도 뇌를 점액 분비 기관으로만 보았고, 다른 글에서는 영혼을 지배하는 "열"과 지능이 심장 속에 자리 잡고 있다고 썼다.

초기 해부학자들은 이 문제를 그리 잘 밝혀낼 수 없었다. 영혼은 보이지도 않고 메스를 들이댈 수 있는 것도 아니기 때문이었다. 영혼을 똑 부러지게 파악할 수 있는 과학적 수단이 없는 상황인지라 해부학자들은 태아 발생기의 우선순위에 의존하기로 했다. 태아의 몸에서 가장 먼저 생겨나는 것이 가장 중요한 부분일 것이고 따라서 영혼이 담겨 있을 가능성이 크다는 것이었다. 이를 "영혼 탄생"이라고 하는데, 이 방면의 연구가 내포하고 있는 문제는 3개월 이내의 태아를 손에 넣기가 어렵다는 점이다. 아리스토텔레스를 비롯하여 영혼 탄생을 연구한 학자들은 이런 문제를 비켜 가는 한 가지 방편으로 더 크고 입수하기 쉬운 가금류의 태아를 조사했다. 《인간의 태아 The Human Embryo》라는 책의 "르네상스 초기 의학의 영혼 해부학"을 쓴 비비안 너턴 Vivian Nutton의 말을 인용하겠다. "달걀 조사를 통한 유추는 사람은 닭이 아니라는 반론에 의해 침몰했다."

너턴에 따르면 인간 태아를 실제로 조사하는 데에 가장 근접한 사람은 레알도 콜롬보 Realdo Colombo라는 해부학자인데, 그는 르네상스 철학자 지롤라모 폰타노Girolamo Pontano*의 부탁에 따라 1개월 된 태아를 해부했다. 콜롬보는 간이 심장보다 먼저 생겨난다는, 완전히 틀리기는 했지만 나름대로 멋진 소식을 안고 실험실을 떠났다. 그의 실험실에 당시 갓 발명된 현미경이 있었을 가능성은 어떻게 보아도 극히 낮다.

심장을 중심으로 삼는 우리 문화의 문법과 노래 가사와 선물에 에워싸여 살다 보면 정신적 또는 감정적 지배권이 간에게 있다고 생각하기는 어렵다. 초창기 해부학자들이 간의 지위를 그렇게 높인 까닭에는 그들이 모든 혈관이 간에서 시작된다고 잘못 믿었기 때문도 있다(윌리엄 하비의 순환계통 발견은 간이 영혼의 거처라는 이론에 최후의 치명타를 가했다. 당연하다는 생각이 들겠지만 하비는 영혼이 핏속에 들어있다고 믿었다.). 그리고 내가 볼 때 다른 이유도 있었던 것 같다. 인간의 간은 우두머리처럼 보이는 기관이다. 광택이 나고 공기역학적인 모양이며 위풍당당해 보인다. 내장이 아니라 조각품 같다. H의 간은 지금 먼 길을 떠날 준비를 하고 있는데, 나는 아까부터 H의 간을 보고 감탄하고 있다. 간 주위의 기관들은 형태도 없고 매력도 없다. 위는 축 늘어져 불분명해 보인다. 창자는 헐렁하게 뒤엉켜 있다. 콩팥은 지방 덩어리 밑에 슬그머니 숨어 있다. 그렇지만 간은 반짝인다. 치밀한 설계를 통해 만든 것 같다. 옆부분은 우주에서 바라본 지평선처럼 절묘한 곡선을 이룬다. 내가 만일 고대 바빌로니

---

* 나 역시 처음 듣는 이름이다.

아 사람이었다면 아마도 신이 이곳에도 발을 디뎠을 것이라 생각했을 것 같다.

포셀트 박사는 적출을 위해 간과 콩팥에 이어지는 혈관과 기타 관들을 분리하고 있다. 심장이 제일 먼저 떠난다. 심장은 4~6시간만 생존할 수 있다. 반면에 콩팥은 냉장보관하면 18시간뿐 아니라 24시간까지도 생존 가능하다. 그러나 심장을 회수할 의사가 아직 도착하지 않았다. 그는 유타주에서 비행기로 오는 중이다.

몇 분이 지나자 간호사 한 사람이 수술실 문틈으로 고개를 들이민다.

"유타가 도착했어요."

수술실에서 일하는 사람들은 조종사나 비행 관제사들처럼 은어가 많이 섞인, 짧게 줄인 말로 대화한다. 수술실 벽에 붙어 있는 오늘(세 사람의 절박한 환자들이 죽음을 이겨낼 수 있도록 하려는 이식수술을 위해 중요 장기 네 개를 적출하는 날)의 시간표에는 "복(간/신×2) ♡ 회수"라 적혀 있다. 몇 분 전에는 어떤 사람이 "췌"라고 말했는데 이는 "췌장"을 가리킨다.

"유타가 수술복으로 갈아입고 있어요."

유타는 친절해 보이는 남잔데 쉰 살쯤 돼 보인다. 희끗해지기 시작한 머리칼에 햇볕에 그을린 얼굴이다. 옷을 다 갈아입은 그에게 간호사가 장갑을 끼워 준다. 그는 차분하고 유능해 보이며, 약간은 지루해하는 듯한 분위기마저 풍긴다(그래서 나는 더 놀랍다. 그는 사람의 가슴 속에서 뛰고 있는 심장을 꺼낼 참이 아닌가.). 심장은 이제까지 심낭 뒤에 숨어 보이지 않았다. 심낭이란 심장을 보호하고 있는 주머니이다. 이제 포셀트 박사가 심낭을 잘라 낸다.

저게 H의 심장이다. 나는 심장이 뛰는 것을 한 번도 보지 못했다. 저렇게나 많이 움직일 줄은 몰랐다. 자신의 심장에 손을 얹으면 뭔가가 토닥토닥 움직이긴 하지만 대체로 가만히 있는 걸 상상하게 된다. 마치 손을 책상에 얹어 놓고 가볍게 두들기는 듯한 느낌이다. 그런데 저기 보이는 저 심장은 걷잡을 수 없이 뛰고 있다. 저것은 믹서기 모터 같다. 굴속에서 바삐 움직이는 담비요, 방금 『가격 맞추기』 프로그램에서 고급 승용차를 한 대 딴 외계의 생명체 같다. 인체를 살아 있게 해 주는 영혼이 깃든 곳이 어딘지 찾으라면 나는 바로 저곳이라 믿을 수 있을 것 같다. 인체 내에서 가장 움직임이 활발하다는 단순한 이유 때문이다.

유타는 H의 심장에 붙어 있는 동맥에 집게를 물린다. 잘라내기 위해 혈류를 막는 것이다. 생명 신호 모니터를 보면 뭔가 엄청난 일이 곧 그녀의 신체에 일어날 참이라는 걸 알 수 있다. 이제까지 가시철사 같은 모양을 그리던 심전도계가 이제는 아기가 그림판에 휘갈겨 그린 것 같은 선을 보여주고 있다. 유타의 안경에 피가 한 줄기 뿜더니 금방 수그러든다. 이제까지 H가 살아 있었다면, 이제는 죽어 가고 있을 것이다.

바로 지금이 케이스 웨스턴 리저브의 이식 수술 전문가들을 인터뷰한 보고서에서, 수술실 담당자들이 "존재"나 "영혼" 같은 게 수술실 안에 있는 것을 느낀다고 말한 바로 그 순간이다. 나는 정신의 안테나를 바짝 세우고 영혼의 주파수를 맞추려 애쓴다. 물론 어떻게 하면 되는지는 전혀 짐작도 가지 않는다. 여섯 살 때 나는 오빠의 군인 인형이 방을 가로질러 오빠에게 걸어가게 하려고 정신을 있는 대로 집중했다. 내 경우 초능력은 언제나 이런 식이었다. 아무런 현상도 나타나지 않고, 그러다가 그런 내가 바보 같다는 생각만 드는 것이다.

이제 내 눈앞에 마음이 몹시 거북해지는 한 가지 광경이 나타난다. 잘라서 가슴 밖으로 꺼낸 심장이 저 혼자 계속 박동하는 것이다. 에드거 앨런 포Edgar Allan Poe는 "심장의 폭로The Tell-Tale Heart"를 쓰면서 이런 사실을 알고 있었을까? 이렇게 따로 떼어 낸 심장이 너무나 활기차게 뛰는 바람에 외과의사들이 떨어뜨리는 일도 있다고 한다.

"그냥 씻어내고 나면 아무 문제 없어요."

이에 대해 내가 물었을 때 뉴욕의 심장 이식 전문가인 메흐메트 오즈Mehmet Oz가 한 대답이다. 나는 심장이 리놀륨 바닥 위로 미끄러져 달아나는 광경을 상상한다. 눈짓이 오고 가고, 의사가 그것을 얼른 주워 올려, 식당의 주방 접시에서 굴러떨어진 소시지 덩어리를 닦듯 이물질을 닦아낸다. 내가 이런 걸 물어보는 까닭은 이렇게 신에 가까운 행위를 인간적인 차원으로 되돌려 놓기 위해서인 것 같다. 신체에서 살아 있는 장기를 꺼내 다른 신체 속에서 살게 한다는 게 보통 일은 아니다. 나는 또 이식을 받은 환자에게서 꺼낸 손상된 심장을 따로 보관한 사람들이 있는지 외과의사들에게 묻는다. 뜻밖에도 (적어도 나한테만큼은 뜻밖이다) 자신의 심장을 보거나 보관할 의사를 내비치는 사람은 거의 드물단다.

오즈는 혈액 공급이 중단된 인간의 심장은 1~2분 동안 박동을 지속할 수 있다고 말했다. 산소가 없어질 때까지이다. 18세기 의학 철학자들이 흥분한 것도 이런 현상들 때문이다. 당시 영혼이 심장이 아니라 두뇌 속에 있다고 믿은 사람들이 많았는데, 만일 그렇다면 몸 밖으로 떼어 낸 심장이 어떻게 계속 뛸 수 있단 말인가? 영혼으로부터 떨어져 있는데도?

로버트 와이트Robert Whytt는 이 문제에 유달리 깊이 집착했다. 와이트는 1761년부터 잉글랜드 국왕이 북쪽 스코틀랜드로 여행을 떠날 때마다 왕의 주치의로 동행했다. 사실 국왕은 북쪽 행차를 그다지 자주 하지 않았다.* 그는 국왕의 담석이나 통풍 때문에 바쁘게 불려 다니지 않을 때에는 언제나 실험실에 틀어박혀 살아 있는 개구리나 닭의 심장을 잘라 냈다. 그리고 폐하께서는 절대로 모르는 게 와이트를 위해 좋을 거라는 생각이 들지만, 목을 잘라 낸 비둘기의 심장을 다시 뛰게 하려고 거기에다 자신의 침을

---

* 상관없었다. 와이트는 자기 자신의 몸만으로도 진료 일정을 빼곡히 메울 수 있었기 때문이다. 웰컴 연구소의 의학사 시리즈로서 의학박사 F.N.L. 포인터Poynter가 편집하고 R.K. 프렌치French가 쓴 와이트의 전기에 따르면 그는 통풍, 장 경련, "잦은 복부 팽만 증세", "위장 장애", "위 속의 바람", 악몽, 어지럼증, 현기증, 우울증, 당뇨, 넓적다리와 종아리의 홍반, "짙은 담을 뱉어 내는" 기침 발작 등으로 편할 날이 없었다. 그리고 와이트의 동료 두 사람에 따르면 건강 염려증도 있었다고 한다. 그는 52세에 사망했는데, 사망한 그의 가슴 속에서는 "젤라틴 같은 굳기에 푸른 빛을 띤 물질이 뒤섞인 액체 2.3킬로그램 정도"가 발견됐고, "위 점막에서는 실링 동전 크기의 붉은 반점 하나"가, 그리고 췌장에서는 결석들이 발견됐다. (의학박사에게 전기(傳記)를 쓰게 하면 바로 이렇게 된다.)

떨어뜨린 적도 있다. 와이트는 영혼이 깃들어 있는 곳과 영혼의 성질을 알아내려고 과학 실험을 동원한 호기심 많은 소수의 의학자 가운데 한 사람이었다. 그가 1751년에 쓴 《연구Works》에서 이 주제에 대한 부분을 살펴보면, 뇌인가 심장인가 하는 논란에서 그는 어느 편으로도 기울어지지 않았음을 알 수 있다. 그에게 심장은 영혼이 깃들 장소가 될 수 없었다. 와이트가 뱀장어로부터 심장을 꺼냈을 때 뱀장어의 나머지 부분이 얼마간 "대단히 힘차게" 움직일 수 있었기 때문이었다.

두뇌 역시 생명의 원천이 되는 영혼이 자리 잡을 적당한 곳이 아닌 듯했다. 동물들이 두뇌의 도움이 없이도 놀랄 정도로 오랫동안 썩 멀쩡하게 활동하는 것이 이미 관찰됐기 때문이다. 와이트는 레디Redi라는 사람의 실험에 대해 기록했는데, 레디는 "11월 초에 두개골에 구멍을 내어 뇌를 제거한 육지거북이가 이듬해 5월 중순까지" 사는 것을 확인했다.* 와이트 본인도 닭의 머리를 "가위로 잘라 낸" 뒤, "온기의 영향으로" 두 시간 동안 그 닭의 가슴 속에서 심장이 뛰는 상태를 유지한 적이 있다고 주장했다. 그리고 또 카우Kaau 박사의 실험이 있다. 와이트는 이렇게 적었다.

"카우 박사는 모이를 향해 대단히 열심히 뛰어가는 어린 수탉의

---

* 이런 실험에서는 도대체 무슨 일이 일어난 걸까? 뭐라고 말하기 어렵다. 어쩌면 뇌간이나 숨골은 멀쩡히 남아 있었는지도 모른다. 어쩌면 레디 박사의 뇌 역시 11월 이후 두개골의 구멍으로 빠져나 갔는지도 모를 일이다.

머리를 갑자기 잘라 냈는데, 닭은 똑바르게 23라인란트 피트(약 7.2 미터)만큼 앞으로 달려갔다. 그리고 장애물이 가로막지 않았으면 더 멀리 달려갔을 것이다."

새들에게는 힘든 시기였다.

와이트는 영혼이 일정하게 깃드는 장소가 없이 몸 전체에 걸쳐 퍼져 있는 게 아닌가 생각하기 시작했다. 그래서 팔이나 다리 하나를 잘라 내거나 장기 하나를 꺼내면 영혼의 한 부분이 함께 떨어져 나와 그 부분이 생명체를 한동안 살아 있게 만드는 것이 아닐까 추측한 것이다. 장어의 심장이 몸 밖에 나와서도 계속 뛰는 게 그걸로 설명됐다. 그리고 와이트는 "잘 알려진 이야기"를 인용하면서, "악인의 몸에서 떼어 낸 심장을 불에 던져 넣으면 상당한 높이로 수차례나 뛰어오르는 까닭도 설명된다"고 썼다.

와이트는 필시 기氣에 대해 들어보지 못했겠지만, 영혼이 도처에 퍼져 있다는 개념은 오래전부터 이어져 내려온 동양의 '순환하는 생명 에너지'의 의학철학과 공통점이 많다. 기란 한의사가 침으로 조절하는 것인데, 돌팔이 치료사들이 그걸로 암을 고친다고 주장하기도 하고, TV 카메라 앞에서 사람들이 풀썩 쓰러지기도 한다. 아시아에서는 이처럼 순환하는 생명 에너지의 효과를 조사하기 위한 연구가 여러 번 진행됐고, 그 대부분이 기공 연구 데이터베이스(Qigong Research Database)에 요약돼 있다. 나는 몇 년 전에 기에 대한 기사 자료를 찾으면서 그 데이터베이스를 훑어본 일이 있다. 중국과 일본 전역의 기공 치료사들이 실험실에 서서, 종양 세포 배양접시나 전신에 종기가 번진 실험실 쥐 위로 ("쥐와 손바닥 사이의 거리는 40센티미터이다") 손바닥을 통과시킨다. 그리고 유달리 초현실적으로 보인 게 하나 있었는데, 길이가 30센티미터 되는 인간의 창자 조각을 놓고 한 실험이었다. 이런 연구들 가운데 제대로 통제된 상태에서 진행된 것은 거의 없다. 연구자들이 나태해서가 아니라 전통적으로 동양 과학이 그런 식으로는 이루어지지 않기 때문이다.

생명 에너지의 존재를 증명하려는 시도 가운데 유일하게 동료들의 논평 가운데 이루어진 실험은 정형외과 의사이자 생물의학 전자공학 전문가인 로버트 베커Robert Becker의 연구이다. 그는 닉슨Nixon이 중국에 다녀온 뒤로 기에 흥미를 갖게 됐다. 중국의 어느 한의원에 들렀다가 본 것에 감명을 받은 닉슨은 국립보건연구원에게 몇 가지 연구를 위한 기금을 마련하도록 촉구했다. 그 가운데 하나가 베커의 연구이다. 베커는 기가 신체 신경계와는 별개의 전류일지도 모른다는 가정에서 출발하여, 신체의 몇몇 경맥을 따라 전기의 흐름을 측정하는 실험에 착수했다. 그 결과 베커는 이런 경로가 정말로 전기를 좀더 효율적으로 전달한다고 보고했다.

그보다 몇 년 전, 뉴저지주의 다름 아닌 토마스 에디슨Thomas Edison이 영혼은 온몸에 퍼져 있다는 또 다른 종류의 개념을 들고 나왔다. 그는 생물은 "생명단위"라는 것에 의해 생명을 유지하고

통제된다고 믿었다. 생명단위란 현미경으로도 볼 수 없는 존재로서 모든 세포 안에 들어 있는데, 죽으면 원래 있던 곳을 벗어나 한동안 주변에서 맴돌다가 나중에 재결합하여 새로운 인격체에게 생명을 넣어 준다. 이는 다른 사람이 될 수도 있고 표범이 될 수도 있으며, 해삼이 될 수도 있다. 과학에 정통하면서도 약간은 머리가 이상한* 영혼 추론가들이 그렇듯 에디슨 또한 실험을 통해 자신의 이론을 증명해 보려 애썼다. 그가 쓴 《일기와 잡다한 관찰 Diary and Sundry Observations》에는 영혼과 비슷한 이 생명단위의 집합체들과 대화할 수 있게끔 고안한 "과학기구" 설계도가 언급돼 있다. 그는 당시 영매(靈媒)들 사이에서 널리 쓰이던 위자보드(Ouija board)를 가리켜 이렇게 써놓았다.

"다른 존재 또는 영역 속에 있는 인격체들이, 특정 글자들이 적혀 있는 판 위에서 조그만 삼각형 나무 조각을 움직이는 데에 시간을 허비할 까닭이 어디에 있겠는가?"

에디슨은 생명단위 본체가 일종의 "에테르 에너지"를 발산할

---

* 에디슨이 약간 이상한 사람이었다고 말하면 사람들은 믿기 어려워한다. 에디슨이 좀 그랬다는 증거로 그가 쓴 일기의 한 부분을 소개하겠다. 인간의 기억에 관한 부분이다. "우리는 기억하지 않는다. 우리 안의 작은 사람들이 우리 대신 이 일을 해 주고 있다. 이들은 뇌 속의 '브로카 주름(fold of Broca)'이라 불리는 부분에서 산다. 이들은 마치 공장에서 일하는 사람들처럼 12~15회 교대로 임무를 맡는다. 그러므로 뭔가를 기억해 내는 일은 전적으로 기록이 이루어졌을 당시 근무 중이던 교대조와 연락이 되는지에 달렸다."

것으로 생각했고, 그래서 그 에너지를 증폭시키기만 하면 의사소통이 가능할 것으로 보았다.

에디슨에 대한 열렬한 전기 작가인 폴 이스라엘Paul Israel이 내게 보내준 〈운명Fate〉이라는 잡지의 1963년 4월호에 의하면, 에디슨은 그 기구를 제작하기 전에 죽었지만, 기구의 설계도가 있다는 소문이 오랫동안 나돌았다고 한다. 기사에 따르면 1941년 어느 화창한 날 제너럴 일렉트릭에서 일하는 J. 길버트 라이트Gilbert Wright라는 발명가가 에디슨이 설계한 장치에 가장 가까운 도구를 -강신회와 영매를- 이용하여, 그 설계도를 누가 가지고 있는지 에디슨에게 직접 물어보기로 했다. 에디슨의 대답은 이랬다.

"뉴욕시 파인허스트가 165번지의 랄프 파슈트나 에디슨 합병회사의 빌 건터를 찾아가 보는 게 좋겠네. 그 사람 사무실은 엠파이어 스테이트 빌딩 안에 있어. 아니, 어쩌면 58번가 152번지의 이디스 엘리스가 가장 좋겠군."

사후에도 개성이 그대로 남아 있을 뿐 아니라 주소록도 멀쩡하게 갖고 있음이 분명했다.

라이트는 이디스 엘리스Edith Ellis를 찾아냈고, 엘리스는 그를 다시 설계도의 원본을 가지고 있다는 브루클린의 윈Wynne 중령이라는 사람에게 보냈다. 이 정체불명의 윈 중령이라는 사람은 설계도를 가지고 있을 뿐 아니라, 그걸 조립하여 실험도 해 보았다고 주장했다. 아쉽게도 그는 기구의 작동에 실패했고, 라이트도 마찬가지였다. 우리도 그걸 만들어서 한번 작동시켜 볼 수 있다.

〈운명〉지의 기사에 그 장치의 설계도와 꼼꼼한 상세 설명이 ("알루미늄 나팔", "나무마개", "안테나" 등) 실려 있기 때문이다. 라이트는 해리 가드너Harry Gardener라는 동료와 함께 직접 "외형질 성대(ectoplasmic larynx)"라는 장치를 고안했다. 마이크와 스피커, "소리통," 그리고 인내심이 뛰어난 영매 한 사람으로 구성되는 장치였다. 라이트는 이 "성대"를 이용하여 에디슨과 접촉했다. 에디슨이 그 장치를 개량하기 위해 쓸 만한 요령을 몇 가지 알려 주었다는 걸 보면 그는 미치광이들과 한가하게 잡담하는 것 외에 저세상에서 달리 할 일이 없었던 모양이다.

겉은 멀쩡해도 속은 약간 이상한 사람들 가운데 세포영혼론에 열중한 사람들 이야기가 나왔으니까 말인데, 이와 관련하여 미 육군이 자금을 대고 실행한 프로젝트가 하나 있다. 1981년부터 1984년까지 미 육군의 정보안보부를 지휘한 사람은 육군 소장 앨버트 스터블바인 3세Albert Stubblebine III였다. 재임 당시 그는 부관 한 사람에게 거짓말 탐지기를 발명한 클리브 백스터Cleve Baxtor의 실험을 재현해 보라고 지시했다. 인간의 세포는 그 인간 본체로부터 분리돼 있어도 어떤 방식으로든 본체와 연결돼 있으며 본체와 의사소통도 가능하다는 것을 보여 주기 위한 실험이었다.

연구에서는 자원자의 볼 안쪽에서 세포를 채취하여 원심분리한 후 시험관에 넣었다. 그 뒤 시험관 안에 전극을 장치하고, 이 전극을 심장 박동과 혈압, 땀 등을 통해 감정 변화를 측정하는 장치인 거짓말 탐지기에 연결했다(뺨 세포 반죽으로부터 생명 신호를 어떻게 측정하는지는 나로서는 알 길이 없지만, 여기는 군대고 군대는 갖가지 극비사항을 다 아는 곳이 아니던가.). 그러고는 자원자를 뺨 세포가 있는 실험실이 아닌 다른 방으로 안내하여, 그곳에서 어떤 폭력적인 비디오 테이프를 보여주었다. 뺨 세포들은 주인이 그 테이프를 시청하는 동안 극도로 동요한 상태를 보였다고 한다. 이 실험은 거리를 바꿔 가며 이틀 동안 더 계속됐다. 세포들은 80킬로미터 거리에서도 그의 고통을 감지할 수 있었다고 한다.

　나는 이 실험의 보고서를 몹시 보고 싶어 정보안보부에 전화를 걸었다. 교환원은 내 전화를 역사 부서의 어느 남자에게 연결해 주었다. 그 사람은 먼저 정보안보부는 그렇게 오래도록 기록을 보관하지 않는다고 했다. 나는 그 사람의 뺨 세포가 없이도 그가 거짓말하고 있다는 걸 알 수 있었다. 내가 전화한 곳은 미국 정부니까. 이들은 모든 기록을 보관하니까. 태초부터 모든 걸 세 부씩 보관해 왔으니까.

　그 역사 담당자는 스터블바인 장군이 일차적으로 관심을 가진 대상은 세포가 생명단위라든가 영혼이라든가 세포기억 같은 게 아니라, 천리안 현상이었다고 설명했다. 그러니까, 책상머리에 앉아 시간적·공간적으로 멀리 떨어진 곳의 영상을 떠올리는 능력을 말한다. 잃어버린 커프스 단추나 이라크의 무기고, 마누엘 노리에가Manuel Noriega 장군의 비밀 은신처 같은 곳의 영상을 떠올리는 것이다(실제로 한동안 육군 천리안 팀이 운영되기도 했고, CIA도 천리안 능력자들을 고용한 적이 있다.). 스터블바인은 퇴역한 뒤, 천리안 능력이 필요한 사람들에게 천리안 능력자들을 소개해 주는 프시텍Psi Tech이라는 회사의 이사장으로 활동했다.

용서를 바란다. 이야기가 딴 곳으로 많이 샜다. 그러나 내가 어느 곳에서 어떤 감정을 느끼든, 이곳으로부터 80킬로미터 이내에 있는 내 뺨 세포들이 전부 나와 같은 기분일 것이라는 사실만큼은 알고 있다.

현대 의학계는 전반적으로 영혼이 깃든 곳이자 삶과 죽음을 관장하는 총사령관은 두뇌라는 의견을 분명히 한다. 또 이와 비슷하게, 흉골 뒤에서 아무리 요란한 춤판이 벌어지고 있어도 H 같은 사람들은 사망한 것으로 본다. 현대의 우리는 심장이 홀로 박동을 계속하는 것은 영혼이 거기에 있기 때문이 아니라 두뇌와는 별개로 자체적인 생체 전기 에너지의 원천을 지니고 있기 때문이라는 사실을 안다. H의 심장을 다른 사람의 가슴 속에 앉혀 그 사람의 피가 통하기 시작하면 그 즉시 새로이 박동을 시작할 것이다. 그 사람의 두뇌로부터 아무 신호가 없이도.

법조계가 뇌사 개념을 받아들이기까지는 의사들보다 시간이 좀더 걸렸다. '돌이킬 수 없는 혼수상태'를 사망의 새로운 기준으로 삼고 그럼으로써 장기이식의 윤리적 문제를 일소한 '뇌사의 정의를 조사하기 위한 하버드 의과대학 임시위원회' 보고서가 〈미국 의학협회지Journal of the American Medical Association〉에 실린 것은 1968년이었다. 법률은 1974년이 되어서야 그 뒤를 따랐다. 이 문제가 대두된 계기는 캘리포니아주 오클랜드에서 있었던 이상한 살인사건 재판이었다.

살인범 앤드류 라이언스Andrew Lyons는 1974년 9월에 한 남자의 머리에 총을 쏘아 뇌사 상태로 만들었다. 라이언스의 변호사는 피해자의 가족이 그의 심장을 장기이식에 기증했다는 사실을 알고 이를 라이언스의 변론에 이용하려고 했다. 피고 측은 만일 수술 동안 심장이 계속 뛰고 있었다면 라이언스가 그 하루 전날에 어떻게 그를 죽일 수 있었겠냐고 주장했다. 배심원들 앞에 선 그들은 엄밀히 말해 그를 살해한 사람은 앤드류 라이언스가 아니라 장기 회수를 맡은 외과의사라고 설득하려 했다. 심장 이식의 선구자로서 그 사건에서 증언한 스탠포드 대학교의 노먼 셤웨이Norman Shumway에 따르면 판사가 피고 측의 주장을 받아들이려 하지 않았다고 한다. 판사는 배심원들에게 일반적인 사망의 판단 기준은 하버드의 위원회가 정한 것임을 알려주면서, 그 기준으로 평결에 임해야 한다고 했다(희생자의 뇌가 〈샌프란시스코 크로니클San Francisco Chronicle〉지의 표현대로, "두개골에서 스며 나오는" 사진 역시 라이언스에게는 도움이 되지 않았을 것이다.). 결국 라이언스의 살인죄가 확정됐다. 캘리포니아주는 이 재판의 결과를 바탕으로 뇌사를 법적 사망 기준으로 삼는 법을 도입했다. 다른 주들도 이내 뒤를 따랐다.

장기이식 외과의사가 뇌사 환자에게서 심장을 적출할 때 "살인이다!" 하고 목청을 드높인 사람은 앤드류 라이언스의 변호사가 처음이 아니다. 미국 최초로 심장이식 수술을 집도한 의사인

섐웨이는 심장이식이 시술되던 초창기에 그가 일하던 지역인 산타클라라카운티의 검시관으로부터 빈번히 장광설을 들어야만 했다. 그 검시관은 뇌사라는 사망 개념을 받아들이지 않고, 섐웨이가 뇌사자의 뛰고 있는 심장을 꺼내 다른 사람의 목숨을 구하는 데에 이용하려는 계획을 실행에 옮긴다면 살인 혐의로 기소하겠다고 위협했다. 그 검시관에게는 법적 근거가 없었고, 섐웨이는 위협에도 아랑곳없이 이식을 실행에 옮겼다. 그러자 이번에는 이 수술을 언론이 잘근잘근 씹었다. 뉴욕의 심장이식 수술 전문가인 메흐메트 오즈는 그 무렵 브루클린 지방검사가 그와 비슷한 위협을 한 일을 기억하고 있다.

"그 검사는 자기 구역에 들어와 장기를 수확하는 심장이식 외과의사는 누구든지 체포·기소하겠다고 했지요."

오즈는 뇌사 상태가 아닌데도 심장을 적출당하는 환자가 생길지도 모른다는 게 문제였다고 설명했다. 극히 드물기는 하지만, 경험이 적거나 부주의한 사람이 볼 때 뇌사 상태와 대단히 비슷해 보이는 의학적 증세가 있다. 그리고 법조계 사람들은 의료계 사람들이 이를 제대로 구별할 수 있을 것이라 믿지 않았다. 아주 드물기는 하지만 그렇게 생각할 만한 이유가 있었다. 예를 들면 "폐쇄 상태"로 알려진 증세가 있다. 이 병의 한 가지 형태는 눈알부터 발끝까지 신경이 갑자기, 그것도 아주 빠르게 말을 듣지 않게 되는 것이다. 그 결과 신체는 완전히 마비되지만 정신은 정상 상태 그대로이다. 환자에게는 다른 사람들의 말이 들리지만, 자신에게 의식이 있다는 사실을 알릴 방법이 없다. 이런 환자의 장기를 다른 사람들에게 이식한다는 건 있어서는 안 될 일임이 분명하다. 심한 경우에는 동공의 크기를 조절하는 근육마저도 움직이지 않는다. 이렇게 되면 정말 좋지 않다. 흔히 뇌사 상태인지 확인할 때 쓰는 방법이 바로 환자의 눈에 전등을 비춰 눈동자의 반사운동을 시험하는 것이기 때문이다. 일반적으로 폐쇄 상태에 있는 환자는 완치된다. 누군가가 실수로 그를 수술실로 밀고 가 심장을 꺼내지 않을 경우 그렇다는 말이다.

1800년대에 프랑스와 독일을 휩쓸었던 산 채로 매장당할지도 모른다는 두려움과 마찬가지로, 산 채로 장기를 적출당할지도 모른다는 두려움은 거의 전적으로 근거가 없다. 뇌파도만 한번 보아도 폐쇄 상태나 그와 비슷한 증세를 뇌사로 오진하는 일은 없을 것이다.

사람들은 대체로 뇌사와 장기이식이라는 개념을 머리로는 잘 받아들인다. 그러나 가슴으로는 받아들이기 힘들어한다. 특히 가족의 뛰고 있는 심장을 꺼낼 허락을 받으려는 장기이식 상담자가 이식을 권유할 때에는 더욱 어렵다. 환자의 가족 54퍼센트가 이식을 거절한다고 한다. 오즈는 말한다.

"그들은 그게 아무리 불합리한 생각이라 해도 심장을 꺼내는 순간이 사랑하는 사람의 진짜 최후가 될 거라는 두려움을 어떻게 하지 못하는 겁니다."

사실상 자기가 사랑하는 이를 죽이는 셈이 될 거라는 말이다.

심장이식 담당 의사조차도 때로는 심장이 펌프에 지나지 않는 다는 생각을 받아들이기가 힘들다. 영혼이 어디에 깃들어 있는지를 물었을 때 오즈는 이렇게 말했다.

"솔직히 말하지만, 뇌 속에만 있는 것 같지는 않아요. 여러 가지 측면에서 볼 때 우리 존재의 알맹이가 심장 안에 있다고 믿을 수밖에 없거든요."

그러면 뇌사자가 죽지 않았다고 생각한다는 뜻일까?

"두뇌가 없는 심장이 아무 가치가 없다는 점에는 의심할 여지가 없습니다. 그렇지만 삶과 죽음은 이분법적이지가 않아요."

생과 사는 연속적인 스펙트럼이다. 법적인 선을 뇌사에서 그어놓는 게 여러 가지 이유로 합당하지만 그게 정말로 삶과 죽음을 구분하는 선이라는 뜻은 아니다.

"삶과 죽음 사이에는 죽음에 가까운, 가사(假死)상태라는 게 있습니다. 그런데 대부분의 사람들은 삶과 죽음 사이라는 애매함을 바라지 않죠."

만일 뇌사자가 기증한 심장에 세포와 피 말고 더 고차원적인 뭔가가, 영혼의 기미 같은 게 있다면 이 기미가 심장과 함께 옮겨가 수혜자의 인격 속에서 살림을 꾸리는 것도 상상해 볼 수 있다. 오즈는 어떤 장기이식 환자로부터 편지를 받은 적이 있다. 그 환자는 새로운 심장을 이식받은 직후 특이한 경험을 했다. 심장의 예전 주인의 의식과 접촉한 것으로밖에는 생각할 수 없는 경험이었다. 아래 편지 내용은 환자 마이클 "메드-오" 휘트슨Michael

"Med-O" Whitson의 허락을 받아 실었다.

저는 이 모든 게 기증자의 심장이 지닌 의식과의 접촉이 아니라 약이나 나 자신의 투사(projection)에서 오는 단순한 환각일 가능성이 있다는 점을 염두에 두고 이 편지를 씁니다. 판단이 아주 어려운 부분이라는 걸 알고 있습니다.

최초의 접촉에서 받은 감정은…… 죽어 가는 공포였습니다. 철저히 느닷없이, 충격적으로, 뜻밖에 닥치는 죽음……. 찢어 헤쳐지는 느낌과 때 이르게 죽는다는 두려움……. 이 사건과 나머지 두 가지 사건이 단연 내가 겪은 가장 무서운 경험입니다.

두 번째 사건에서 받은 기억은 기증자가 자신의 심장이 가슴 밖으로 잘려나가 이식되는 경험이었습니다. 절대적인 힘을 지닌 알 수 없는 외부의 힘에 의해 침해당하는 느낌이 강했습니다.

세 번째 사건은 앞 두 번과는 전혀 딴판이었습니다. 이번에는 기증자의 심장이 지닌 의식이 현재 시점이었으니까요. 그는 자기가 어디에 있는지 또 누구인지 알아내려고 필사적이었습니다. 자신의 감각이 전혀 작동하지 않는 것과 같았습니다. 완전히 길을 잃어버린 듯한 극도의 두려움이었습니다. 뭔가를 붙잡으려고 손을 뻗는데 손가락을 앞으로 내밀 때마다 잡히는 건 허공뿐일 때처럼 말이죠.

물론 메드-오라는 사람 한 명의 말로는 과학적인 조사가 이루어지지 않는다. 이 방면의 연구는 1991년 비엔나의 어느 외과의사와 정신과의사 팀에 의해 이루어졌다. 이들은 심장이식 환자 47명을 인터뷰하면서, 새로 이식받은 심장과 기증자의 영향이라고 생각되는 인격 변화를 느낀 적이 있는지 물었다. 47명 가운데 44명이 그런 적 없다고 대답했지만, 저자들은 비엔나의 심리 분석 전통에 따라 설명을 덧붙였다. 이들 가운데 많은 수가 질문에 대해 적대적이거나 농담조의 반응을 보였는데, 프로이트 이론으로 보면 이는 문제에 대한 어느 정도의 부정(denial)으로 보일 수 있다는 것이다.

그렇다고 대답한 환자 세 사람의 경험은 휘트슨의 경험에 비하면 너무나 밝았다. 첫째는 17세 소년의 심장을 이식받은 45세 남자인데, 그는 연구자들에게 이렇게 말했다. "귀에다 이어폰을 꽂고 시끄러운 음악을 즐겨 듣습니다. 전에는 한 번도 그런 적이 없는데도요. 차 바꾸는 것, 좋은 음향기기를 장만하는 것, 지금은 이런 게 제 꿈이에요." 나머지 두 사람은 덜 구체적이었다. 한 사람은 그저 자기 심장의 전 주인이 차분한 성격이어서 그런 차분한 느낌이 그에게 "전해졌다"고만 말했다. 나머지 한 사람은 질문에 대해 "내"가 아니라 "우리"로 대답하는 등 두 사람의 삶을 산다고 느끼고 있었지만, 새로이 갖게 된 성격이 어떤지, 어떤 음악을 좋아하는지에 대한 자세한 설명은 하지 않았다.

자세하고 흥미진진한 내용을 읽고 싶으면 폴 피어솔Paul Pearsall이 쓴 책 《심장의 암호The Heart's Code》를 읽어야 한다. (그는 또 《결혼을 뛰어넘는 성Super Marital Sex》이라는 책과 《초면역Superimmunity》이라는 책도 썼다.) 피어솔은 심장이식을 받은 환자 140명을 인터뷰하여 그들 가운데 다섯 명의 말을 인용하여 책에 실음으로써, 심장에는 "세포기억"이 있으며 그것이 이식받은 사람에게 영향을 미친다는 증거로 삼았다. 일례로 등에 총을 맞은 게이 강도의 심장을 이식받은 여자가 있었는데, 갑자기 더 딱 붙는 옷을 입기 시작했고 등에는 "총에 맞은 듯한 통증"이 느껴진다고 했다. 이 책에도 10대 소년의 심장을 이식받은 중년 남자가 "음악의 볼륨을 올리고 시끄러운 로큰롤 음악을 틀고 싶은" 충동을 느낀다는 이야기가 있었는데, 사실 벌써부터 심장이식에 대해 나도는 뜬소문처럼 느껴진다. 내가 홀딱 반한 경험담은 창녀의 심장을 이식받은 여자의 이야기로서, 그녀는 갑자기 성인 영화 비디오를 빌리게 됐고, 밤마다 남편에게 섹스를 요구하며, 남편을 위해 스트립쇼를 한다고 했다. 물론 자신의 새 심장이 창녀의 것이라는 사실을 알았다면 그 때문에 행동에 변화가 생겼을 수도 있다. 피어솔은 그녀가 기증자의 직업을 알았는지 여부에 대해서는 언급하지 않는다(인터뷰를 하기 전에 그녀에게 《결혼을 뛰어넘는 성》을 한 부 보냈는지에 대해서도 언급하지 않는다.).

　피어솔은 의사가 아니다. 박사이기는 하지만 적어도 의학 쪽과는 관련이 없다. 그의 학위는 자기계발 서적에서 저자 이름 앞에 붙는 종류이다. 나는 그가 제시한 증언을 어떠한 "세포" 기억의 증거로 받아들이기에는 애매한 부분이 많다고 생각한다. 여자가 창녀가 되는 것은 온종일 섹스를 하고 싶기 때문이라거나, 게이가 ‒

그것도 강도가- 딱 붙는 옷을 즐겨 입는다는 유치하고도 때로는 터무니없는 고정관념을 바탕으로 하고 있기 때문이다. 그렇지만 내가 피어솔의 '스스로 알아보는 자기 심장 에너지의 강도 측정법' 제13번 문항에 적혀 있듯 "다른 사람들의 의도를 불신하는 냉소적인 사람"임을 염두에 두기 바란다.

내가 만난 이식 담당 외과의사인 메흐메트 오즈 역시 심장을 이식받은 환자들이 기증자의 기억을 경험하고 있노라고 주장하는 현상에 대해 호기심을 품었다.

"한번은 이런 친구가 있었죠."

그는 내게 말했다.

"이런 말을 하더군요. '저는 이 심장을 누가 내게 줬는지 압니다.' 그러더니 자동차 사고로 죽은 젊은 흑인 여성에 대한 이야기를 자세히 들려주지 않겠어요? '얼굴에 피가 묻은 내 모습이 거울 속에서 보여요. 입에서는 감자튀김 맛이 나고요.' 그 말을 들으니까 소름이 돋더군요."

오즈는 말을 계속한다.

"그래서 확인해 봤죠. 기증자는 나이 지긋한 백인 남성이었습니다."

기증자의 기억을 느꼈다거나 기증자의 인생에 대해 몇 가지 구체적으로 알고 있다고 주장한 환자들이 또 있었을까? 그의 말로는 있었단다.

"다 엉터리더군요."

오즈와 대화한 뒤 나는 다른 사람의 심장을 내 가슴 속에 꿰매 넣은 뒤의 심리적 후유증에 대한 글 세 편을 더 찾아냈다. 그래서 이식을 받은 환자의 절반이 수술 후 어떤 형태로든 심리적 문제를 갖게 됐다는 사실을 알게 됐다. 라우쉬Rausch와 크닌Kneen은 이식수술을 받아야 한다는 생각에 극도의 공포를 느낀 사람의 사례를 들었다. 자신의 원래 심장을 떼어 버리면 영혼을 잃게 되지 않을까 해서였다. 또 다른 보고서에서는 암탉의 심장을 이식받았다고 확신하게 된 환자의 사례를 다뤘다. 그가 어쩌다가 그렇게 믿게 됐는지, 로버트 와이트의 책을 읽은 적이 있는지에 대한 언급은 없었다. 하지만 그의 책을 읽었다면 혹시 머리가 잘리더라도 닭의 심장은 적어도 몇 시간 동안은 뛰게 할 수 있다는 사실에 약간은 위안을 받았을지도 모른다. 어쨌든 남들보다 약간이라도 유리한 것이니까.

심장 기증자의 특성을 이어받지 않을까 하는 걱정은 아주 일반적으로 나타난다. 이성이나 성적 취향이 다른 사람의 심장을 이식받은 환자들 사이에서 특히 흔하다. 제임스 태블러James Tabler와 로버트 프라이어슨Robert Frierson이 쓴 보고서에 따르면 수혜자들은 "기증자가 문란했거나 성욕이 과다했거나, 동성애자 또는 양성애자였거나, 지나치게 남성적 혹은 여성적이었거나, 또는 어떤 형태로든 성적인 역기능을 지니고 있지 않았을까" 궁금해하는 경우가 많다고 한다. 연구자들이 만난 사람들 가운데에는 자신의 기증자가 성적으로 "명성이 자자했다"고 상상하고는 그 수준에 맞춰 사는 수밖에 없다고 생각하는 남자도 있었다. 라우쉬와 크닌은 어느 42세 소방대원이 심장을 이식받았는데, 기증자가 여자라서 자신이 덜 남성적이게 되고, 그래서 소방서의 동료들이 자기를 받아들여 주지 않을까 봐 걱정하는 사례를 들었다(오즈는 남자의 심장과 여자의 심장이 실제로 서로 약간 다르다고 한다. 심장수술 전문의라면 심전도를 보고 구별할 수 있는데, 맥박 간격이 약간 다르기 때문이다. 여자의 심장을 남자에게 넣으면 계속해서 여자 심장처럼 뛸 것이다. 그 반대도 마찬가지이다.).

크라프트Kraft가 쓴 보고서를 읽어 보면, 남자들은 다른 남자의 심장을 이식받았을 때 기증자가 정력이 왕성한 호색한이며, 그런 특징이 자기에게도 어떻게든 조금이나마 전달됐을 것으로 믿는 경우가 많은 것 같다. 이식환자들의 병실 담당 간호사들은 남자 이식 환자들이 성에 대한 관심을 되찾은 것으로 보인다는 말을 종종 한다고 한다. 어떤 간호사는 환자로부터 "가슴을 볼 수 있도록, 그런 펑퍼짐한 복장 말고 다른 옷을 입어라"라는 요구를 받았다고 한다. 또 수술 전 7년 동안 발기불능이었던 어떤 환자가 수술을 받은 후 발기한 자신의 음경을 붙잡고 보여 주는 광경도 목격됐다. 한 간호사는 어떤 환자가 자신의 음경을 보여 주려고 파자마의 단추를 풀어놓고 있었다고 말했다. 태블러와 프라이어슨은 이렇게 결론을 맺는다.

"이처럼 수혜자는 기증자의 성격을 따라가게 될 거라는 불합리한 믿음을 빈번히 품는데, 이런 믿음은 전반적으로 일시적이지만, 그럼에도 성생활 패턴을 바꿔놓을 수도 있다."

닭의 심장을 이식받은 남자의 부인이 참을성 많고 생각이 트인 사람이기를 바랄 뿐이다.

H의 수확이 서서히 끝나가고 있다. 마지막 장기인 콩팥을 지금 그녀의 열린 몸통 깊은 곳에서 꺼내고 있다. 흉곽과 복부는 잘게 부순 얼음으로 가득 차 있다. 얼음은 피 때문에 붉게 물들어 있다. 나는 내 메모장에다 "체리 빙수"라고 쓴다. 수술을 시작한 지 거의 네 시간이 다 되어 간다. H는 이제 좀더 일반적인 사체에 가까워 보인다. 갈라진 가장자리 부분의 피부가 마르고 둔하게 보인다.

콩팥은 얼음과 관류액을 채운 파란 플라스틱 그릇에 담겼다. 장기 회수의 마지막 단계를 진행하기 위해 마무리를 담당하는 외과의사가 도착한다. 그는 동맥과 정맥 조각들을 잘라, 마치 셔츠 안에 달린 여분의 단추를 챙기듯 장기와 함께 넣는다. 장기에 붙은 혈관이 너무 짧아 수술이 힘들어질 경우에 대비하기 위해서이다. 반 시간 뒤, 마무리 의사가 옆으로 비켜나고 레지던트가 나서서 H를 봉합한다.

레지던트는 봉합에 대해 포셀트 박사와 의논하며 H의 절개부를 따라 드러난 지방층을 장갑 낀 손으로 쓰다듬는다. 그리고는 마치 H를 안심시키려는 듯 톡톡 두 번 도닥인다. 그는 몸을 돌려

봉합을 시작한다. 나는 그에게 사망한 환자를 상대로 하는 시술은 느낌이 다른지 묻는다.

"아, 물론이죠."

그가 대답한다.

"그러니까, 절대로 이런 식으로 봉합하지 않겠죠."

그는 산 사람들에게 사용하는 촘촘하고 자국이 보이지 않는 봉합법이 아닌, 더 성기고 비교적 투박한 방법으로 꿰매기 시작했다.

나는 말을 바꿔 다시 질문한다. 살아 있지 않은 사람에게 수술하는 느낌이 이상하지 않은가? 그의 대답은 뜻밖이다.

"환자는 살아 있었습니다."

나는 외과의사들이 환자들을 바라볼 때 보이는 것 이상으로 보지 않을 것으로 생각한다. 즉 장기들의 밭으로 보는 것이다. 특히 한 번도 만난 적이 없는 환자라면 더욱 그러리라 생각한다. 그런 관점에서 바라보면 아마도 H가 정말로 살아 있었다고 말할 수 있겠다. 절개된 몸통 이외의 나머지 부분은 헝겊으로 가려져 있었기 때문에 이 젊은 레지던트는 그녀의 얼굴도 보지 못했고 환자가 남자인지 여자인지도 몰랐다.

레지던트가 몸을 봉합하고 있는 동안 간호사 한 사람이 집게를 들고 수술대 아래로 떨어진 피부와 지방 조각들을 주워 그녀의 몸통 속에 떨군다. H의 몸이 마치 편리한 쓰레기통이 된 것 같다. 간호사는 일부러 그렇게 한 거라고 설명한다.

"기증되지 않은 건 모두 원래 주인에게 돌아가는 거죠."

그림 맞추기 조각들이 원래대로 상자 안에 도로 들어가는 것이다.

절개 부분이 모두 봉합되자 간호사 한 사람이 H를 씻어 낸 다음, 시체 보관소로 보내기 위해 담요를 덮어 준다. 습관인지 존중심 때문인지는 몰라도 그는 새 담요를 고른다. 이식 진행 담당자인 피터슨과 간호사가 H를 밀 것 위로 옮긴다. 피터슨은 H를 엘리베이터 안으로 밀고 들어가서 복도 저편에 있는 시체 보관소로 향한다. 여닫이문 너머 뒷방에 담당자들이 있다.

"이거, 여기 두고 가면 됩니까?"

피터슨이 소리친다. H는 이제 "이거"가 됐다. 우리는 밀 것을 냉장실에 밀어 넣어 두라는 안내를 받는다. 안에는 다른 시신 다섯이 있다. H는 거기 먼저 와 있는 시신들과 조금도 달라 보이지 않는다.*

그러나 H는 다르다. 그녀는 아픈 사람 셋을 낫게 해 주었다. 그들에게 지상에서 머무를 시간을 더 늘려 주었다. 죽은 사람으로서 이 정도의 선물을 해 줄 수 있다니 경이롭다. 대부분의 사람들은 살아 있는 동안에도 이 정도의 일은 해내지 못한다. H 같은 사체는 죽은 사람들의 영웅이다.

---

* H의 가족이 관을 열어두고 H를 맨몸으로 눕혀둘 계획이 아니라면 장례식에 나온 사람들은 아무도 장기를 제거한 줄 모를 것이다. 다만, 조직 수확이 있을 경우 팔과 다리 뼈를 회수하는 일이 많은데, 이런 때에는 신체가 약간 변형되어 보인다. 이 경우 PVC 파이프나 막대 같은 걸 넣어 정상적인 형태를 유지시키는데, 이렇게 함으로써 시신을 옮길 영안실 근무자들과 그 밖의 사람들의 인생이 덜 힘들어진다. 그러지 않으면 신체가 약간 국수처럼 흐물흐물해지기 때문이다.

심장과 간과 콩팥의 기증을 기다리며 줄을 선 사람들이 8만 명이나 되고, 그 가운데 16명이 매일 죽어 가고 있는데, H의 가족과 같은 위치에 있는 사람들의 절반 이상이 기증을 거절하고 그 장기를 불태우거나 썩어 가게 놔두기를 택한다는 사실이 나로서는 놀랍고 사무치게 슬프다. 우리는 우리 자신의 생명과 사랑하는 사람들의 생명을 구하기 위해 외과의사들의 수술용 칼을 받아들이지만, 낯선 사람들의 생명을 위해서는 그러지 않는다. H에게는 심장이 없지만, 무심(無心)하다는 말은 그녀에게 절대 안 어울린다.

9
머리만
하나 있으면 돼

참수, 회생,
그리고 인간의 머리이식

인간의 영혼이 자리 잡고 있는 장소가 두뇌 속인지 정말 확실히 알아보고 싶다면 사람의 머리를 잘라 내 그 머리에게 물어보면 될 것이다. 다만 빨리 물어보는 게 좋다. 혈액 공급이 끊어진 머리는 10~12초 뒤에 인사불성이 되기 때문이다. 나아가, 머리를 잘라 내기 전에 미리 그에게 눈짓으로 대답하라고 말해 두어야 할 것이다. 허파가 분리된 관계로, 성대로 공기를 끌어 올릴 수 없고 따라서 말을 할 수 없기 때문이다. 하지만 이렇게 물어보는 게 불가능한 일은 아니다. 만일 그가 머리를 잘라 내기 전과 같은 사람처럼 보인다면 -잘라 내기 전보다는 약간 덜 차분하겠지만- 그렇다면 자아가 정말로 뇌 속에 자리 잡고 있음을 알 수 있을 것이다.

1795년 파리에서 이와 아주 비슷한 실험이 거의 실행 직전 단계까지 갔다. 그 4년 전 교수대 대신 기요틴이 처형 집행인의 공식 도구로 바뀌었다. 이 장치의 이름은 조제프 이냐스 기요탱 Joseph Ignace Guillotin 박사의 이름을 땄지만 그가 기요틴을 발명한 것은 아니다. 그는 단두대라는 이름을 더 좋아했으며, 이 기구의 사용을 위해 로비 활동을 벌였을 뿐이다. 이 기구가 사람을 즉사시키기 때문에 더 인도적이라는 주장이었다.

그러고 나서 그는 다음과 같은 글을 읽게 됐다.

기요틴으로 머리가 절단될 때, 감정과 개성과 자아가 그 즉시 사라지는지는 결코 확실치 않다는 사실을 아는가? 감정과 판단의 거처는 두뇌 안에 있으며, 의식이 기거하는 이 거처는 두뇌에 혈액 공급이 끊어진 뒤에도 계속해서 작동할 수 있음을 알지 않는가? 따라서 두뇌가 생명력을 간직하고 있는 동안 희생자는 자신의 존재를 인식한다. 어떤 남자의 머리가 잘려 나간 뒤, 곁에 있던 외과의사가 그 머리의 척추관 안에 손가락을 찔렀더니 얼굴을 몹시 찡그렸다는 할러Haller의 주장을 기억하기 바란다. 더욱이, 나는 잘려 나간 머리가 이를 가는 것을 보았다는 믿을 만한 증인들도 다수 만났다. 그래서 나는 공기가 발성기관 안을 통과할 수 있다면 … 잘린 머리가 이런 말을 할 수 있으리라 확신한다.
기요틴은 끔찍한 고문이다! 우리는 교수형으로 되돌아가야 한다.

이는 대단히 존경받는 독일인 해부학자 S. T. 죄머링Sömmering이 쓴 편지로서, 1795년 11월 9일 파리의 〈모니터Moniteur〉지에 실렸다(그리고 앙드레 수비랑André Soubiran이 쓴 기요탱의 전기에 재인용됐다.). 기요탱은 깜짝 놀랐다. 파리의 의학계가 술렁거렸다. 이어 파리 의과대학의 사서인 장 조제프 쉬Jean-Joseph Sue는 죄머링의 편을 들며, 잘린 머리는 보고 듣고 냄새 맡고 생각할 수 있다고 주장했다. 그는 동료들에게 실험을 제의했다. "희생자를 주살하기 전에" 운 없는 그의 친구들 몇몇을 통해 눈꺼풀이나 턱의 움직임으로 이루어진 암호를 약속해 놓고, 처형 뒤 머리가 "고통을 완전히 의식하고" 있는지 알려 주는 실험이었다. 의료계에 있던 쉬의 동료들은 소름 끼치고 터무니없는 의견이라며 퇴짜를 놓았고, 실험은 실행되지 않았다.

그럼에도 불구하고 머리가 생존한다는 개념은 대중의 의식 속으로 파고들어 대중문학에도 등장했다. 아래는 알렉상드르 뒤마 Alexandre Dumas가 쓴 《1001 유령들Mille et Un Phantomes》에 등장하는 두 명의 처형 집행인 사이의 대화다.

"참수형을 받았으니 그 사람들이 죽었을 거라고 믿는다는 말인가?"

"아무렴!"

"글쎄, 그렇다면 그 사람들이 다들 통 안에 모여 있는 광경을 들여다본 적이 없는 게 확실하군. 목이 잘린 뒤 족히 5분 동안은 눈을 찌푸리고 이를 가는데, 그걸 한 번도 보지 못했단 말이지. 우린 3개월마다 통을 갈아 줘야 해. 그 사람들이 하도 통 바닥을 망가뜨리니 말일세."

죄머링과 쉬의 발표가 있은 직후, 파리의 공식 처형 집행인의 조수인 조르주 마르탱Georges Martin을 상대로 처형 직후 머리의 움직임에 대한 청문회가 있었다. 수비랑은 120명 정도의 참수형을 목격한 그가 즉시 쪽 (당연히 그랬을 거다) 손을 들어 주었다고 썼다. 마르탱은 그 120명의 머리를 모두 처형 직후 2초 이내에 보았다고 주장하면서 이렇게 말했다.

"언제나 시선이 고정돼 있었습니다. 눈꺼풀은 완전히 움직임이 멎어 있었고요. 입술은 이미 하얘져 있었습니다."

의학계는 일단 안심했고 이로써 소동은 가라앉았다.

그러나 프랑스의 과학계는 아직 머리를 놓아줄 생각이 없었다. 레갈르와Legallois라는 어느 생리학자는 1812년에 출간한 보고서에서, 만일 인격이 정말 두뇌 속에 자리 잡고 있다면, 머리를 몸통에서 절단한 뒤 잘린 대뇌동맥을 통해 산소가 함유된 혈액을 주입하면 머리를 되살릴 수 있을 것이라고 추측했다. 레갈르와의 동료인 뷜피앙Vulpian 교수는 이렇게 썼다.

"만일 참수형을 받아 죽은 직후의 사람 머리를 상대로 생리학자가 이 실험을 행한다면, 어쩌면 그는 끔찍한 광경을 목격하게 될지도 모른다."

이론적으로, 혈액 공급이 지속되는 동안 머리는 생각하고 듣고 보고 냄새를 맡을 수 있다(이를 갈고 눈을 찌푸리고 실험실 탁자를 씹을 수도 있다.). 목 위 신경이 머리의 기관과 근육에 전부 그대로 이어져 있을 것이기 때문이다. 앞에서 살펴본 바와 같이 성대를 사용할 수 없으므로 이 머리는 말을 하지는 못하겠지만, 실험이라는 측면에서 볼 때 아무래도 상관없다. 레갈르와는 실험을 실행에 옮길 자원이나 배짱이 없었으나 다른 연구자들은 그렇지 않았다.

1857년, 프랑스의 의사 브라운-세콰르Brown-Séquard는 개의 머리를 잘라 낸 ("Je décapitai un chien") 뒤, 산소가 함유된 피를 동맥에 주입하여 되살아나게 할 수 있는지 살펴보았다. 머리를 몸통으로부터 절단해 낸 뒤 8분 만에 혈액의 주입이 시작됐다. 그리고 2~3분 뒤, 브라운-세콰르는 개의 의지에 따른 것으로 판단되는 눈과 안면근육의 움직임을 보았다. 개의 두뇌 속에서 뭔가가 진행되고 있음이 분명했다.

파리에서는 참수된 머리가 계속 공급되고 있었으므로, 인간을 상대로 이와 같은 실험을 감행하는 것도 시간 문제였다. 이 일을 할 수 있는 사람은 단 한 명뿐이었다. 시신을 되살려 낸다는 목표로 시신에게 특이한 처치를 하여 한 번 이상 (필시 아주 여러 번) 이름이 알려진 사람이었다. 그는 바로 장 바티스트 뱅상 라보르드, 이 책의 8장에서 혼수상태에 빠져 사망한 거라고 오인받는 환자들을 되살려 내는 방법으로 장시간의 혀 당기기를 주창한 바로 그 장바티스트 뱅상 라보르드이다. 1884년에 프랑스의 당국자들은 기요틴형을 당한 죄수들을 라보르드에게 보내 뇌와 신경계의 상태를 조사하게 했다(이러한 실험에 대한 보고서는 〈과학비평Revue Scientifique〉을 비롯한 프랑스의 여러 의학잡지에 실렸다.). 기요틴형을 당한 머리가 잠시라 해도 자신의 상황을 (몸통이 없이 통에 떨어져 있는 상황을) 의식할 수 있다는 무서운 소문(la terrible legende)의 진위를 라보르드가 파헤칠 수 있지 않을까 하는 기대 때문이었다. 그는 머리가 실험실에 도착하면 신경계통의 반사작용을 일으키려는 생각으로 재빨리 두개골에 구멍을 내 뇌에 바늘을 찔러 넣곤 했다. 머리를 되살리기 위해 브라운-세콰르의 방법을 따라 피를 주입하기도 했다.

라보르드의 첫 실험 대상은 캉피Campi라는 이름의 살인자였다. 라보르드의 묘사를 읽어보면 캉피는 일반적인 흉악범이 아니었다. 우아한 발목, 손톱 손질이 잘 된 하얀 손을 지녔고 피부는 왼쪽 뺨의 찰과상 외에는 흠잡을 데가 없었다. 라보르드는 캉피의 머리가 기요틴의 머리받이 통에 떨어지면서 찰과상이 생긴 것으로 추측했다. 라보르드는 실험 대상의 신상을 살피느라 시간을 들이는 일이 별로 없었다. 그들을 지칭할 때에도 그저 레스테 프레(restes frais)라고만 불렀다. 프랑스어로 이 말을 발음하면 동네 술집에서 '오늘의 특별 요리' 메뉴판에 적혀 있을 법한 맛있는 요리 같은 어감이지만, 글자 그대로 옮기면 "싱싱한 유해"라는 뜻이다.

캉피는 두 동강으로 도착했다. 그리고 늦게 도착했다. 이상적인 상황이라면 처형대로부터 보퀠랭 거리에 있는 라보르드의 실험실까지는 7분이면 도착할 수 있었다. 그러나 캉피의 시신은 1시간 20분이 지나고서야 인도됐는데, 라보르드에 따르면 처형된 죄수의 신체가 시의 공동묘지 경계선을 넘은 다음에야 과학자들 손에 넘겨주게 되어 있는 "멍청한 법률" 때문이었다. 즉 죄수들의 머리가 "순무밭까지 감상적인 여행을 하는" (내 프랑스어 실력이 쓸모가 있다면) 동안 라보르드의 마부들이 뒤따라 갔다가, 거기서 머리를 건네받은 다음 도시를 가로질러 실험실까지 가지고 와야 한다는 뜻이었다. 말할 것도 없이, 캉피의 뇌는 정상이라고 할 만한 상태가 아니게 된 지 한참이나 지난 뒤였다.

사망 직후의 결정적인 시간을 80분이나 허비한 데에 화가 난 라보르드는 다음 죄수의 머리를 묘지 입구에서 인계받아 그 자리에서 실험을 하기로 했다. 그와 조수들은 말이 끄는 포장마차에 실험대와 의자 다섯 개, 촛대, 그밖에 필요한 도구들을 다 갖춘 이동식 임시 실험실을 만들었다. 두 번째 실험 대상은 가마위 Gamahut라는 사람이었다. 그는 자신의 이름을 몸통에 문신으로 새겨두었기 때문에 이름을 잊기란 쉽지 않았을 것 같다. 섬뜩한 것은, 자신의 끔찍한 운명을 예감이라도 한 듯 그는 자신의 목 윗부분 모습을 문신으로 새겨놓았다는 사실이다. 마치 머리가 공중에 떠 있는 듯한 형상이었다.

가마위의 머리가 포장마차 실험실에 도착하자 연구자들은 그의 머리를 지혈제가 발라진 통 안에 세워 놓고 몇 분 만에 작업에 들어갔다. 두개골에 구멍을 뚫고 뇌의 여러 부위에 바늘을 꽂아, 빈사 상태에 빠진 그의 신경계로부터 작은 움직임이라도 일으킬 수 있는지 실험했다. 돌로 포장된 도로를 전속력으로 달리면서 뇌수술을 할 수 있었다는 것은 라보르드의 손놀림이 안정적이었거나 19세기의 포장마차 제작 기술이 뛰어났음을 말해 준다. 아니면 둘 다거나. 마차의 제작자들이 알았더라면 그럴싸한 광고를 만들어 낼 수도 있었을 것이다. '흔들림 없는 올즈모빌의 뒷자리에서 작업 중인 다이아몬드 세공사' 같은 광고 말이다.

　라보르드의 연구팀은 머리에 꽂은 바늘에 전류를 흘려보냈다. 그러자 예상한 대로 가마위의 입술과 턱에서 경련이 일어나는 것을 관측할 수 있었다. 그러다가 어느 순간 거기 있던 모두가 탄성을 질렀다. 가마위가 불안한 마음을 금치 못하겠다는 듯 천천히 눈을 뜬 것이다. 마치 자기가 어디에 있는지, 지옥이라는 곳은 과연 얼마나 낯선 곳인지 알아내려는 듯했다. 그렇지만 물론 흘러간 시간을 고려해 볼 때 그런 움직임은 원시적인 반사운동에 지나지 않았을 수 있다.

　세 번째 기회가 됐을 때 라보르드는 머리를 확보하기 위해 뇌물이라는 원초적인 방법을 동원했다. 이번 머리의 주인은 가니 Gagny라는 이름의 남자였는데, 이웃 경찰서장의 도움을 받은 덕택에 잘린 지 7분이 채 되지 않아 연구실에 도착했다. 목 오른쪽의 동맥에는 산소를 함유한 소의 피를 공급했고, 반대쪽 동맥은 브라운-세콰르가 쓴 방법에서 벗어나, 살아 있는 동물-건강한 개(un

271

chien vigoureux)-의 동맥에 연결했다. 라보르드는 세부 묘사에 대한 감각이 탁월했고, 그런 성향이 당시 의학잡지들의 구미에도 맞아 떨어진 것 같다. 그는 문단 하나를 온전히 할애하여, 절단된 채 실험대 위에 똑바로 놓인 머리가 고동치며 주입되는 개의 피로 인해 왼쪽으로 오른쪽으로 약간씩 흔들거리는 모양을 멋들어지게 묘사했다. 또 다른 보고서에서는 -실험과는 아무 관련이 없는 정보임에도 불구하고- 가마위가 사망한 후 배설기관에 있던 내용물을 세밀하게 묘사하기도 했다. 특히 끝부분에 있던 작은 숙변 덩어리(petit bouchon fécal) 외에는 위와 장이 완전히 비어 있었다는 점에 매료된 듯하다.

가니의 머리를 이용하여 라보르드는 정상적인 뇌의 기능을 되살리는 데에 가장 근접한 결과를 얻었다. 눈꺼풀, 이마, 턱의 근육을 수축시킬 수 있었던 것이다. 한순간에는 가니의 턱이 너무나도 힘차게 닫힌 나머지 이가 맞물리는 소리(claquement dentaire)가 크게 들렸다. 그러나 기요틴의 날이 떨어진 때로부터 피가 다시 공급되기까지 이미 20분이라는 시간이 지나 버렸고 -뇌는 혈액 공급이 끊어진 뒤 6~10분이면 회복 불가능한 수준의 뇌사 상태에 빠져든다- 따라서 가니의 뇌는 제정신 비슷한 상태로 되돌릴 수 있는 시점을 이미 훌쩍 넘긴 뒤였음이 확실하다. 그가 의식이 돌아와 자신의 실망스러운 상태를 알아차리지 못한 것은 차라리 다행한 일이다. 한편 '개(chien)' 역시 덜 '건강한(vigoureux)' 상태였던 마지막 몇 분 동안 자신의 피가 인간의 머리에 주입되는 것을 지켜보면서 자기 나름대로 '이가 맞물리는 소리(claquement dentaire)'를 냈으리라.

라보르드는 이내 머리에 대한 흥미를 잃어버렸지만, 아엠Hayem과 배리어Barrier라는 실험가들이 그의 바통을 이어받았다. 이들 두 사람은 가내공업 공장이라도 차린 듯, 살아 있는 말과 개의 피를 이용하여 도합 스물두 개의 개 머리에 피를 주입했다. 이들은 개 목에 특별히 맞춘 실험대용 기요틴을 설치했으며, 단두 이후 신경 활동의 3단계 변화에 대한 보고서를 출간했다. 초기 단계, 즉 단두 이후 "경련성" 단계에 대해 아엠과 배리어가 묘사한 글을 기요탱 각하가 읽었다면 유감을 금치 못했을 것이다. 보고서에서 이들은 머리를 외관상 관찰했을 때 놀라움, 또는 "대단한 불안(une grande anxiété)"을 보였고, 3~4초 동안 외부세계를 의식하는 것으로 나타났다고 했다.

그로부터 18년 뒤, 보리외Beaurieux라는 이름의 프랑스 의사가 아엠과 바리에의 관찰 결과와 죄머링의 추측이 옳았음을 확인했다. 그는 파리의 공개처형장을 실험장으로 삼아, 랑귀Languille라는 죄수의 목에 기요틴의 날이 떨어진 직후 그의 머리를 대상으로 몇 가지 간단한 관찰과 실험을 했다.

자, 이것이 내가 참수 직후 관찰할 수 있었던 모습이다. 기요틴형을 당한 사람은 눈꺼풀과 입술이 5~6초 동안 불규칙적으로 수축을 반복하다가 멈추었다. 얼굴에서 긴장이 풀리고 눈꺼풀이 눈알을 반

273

쯤 가렸는데, 우리 업에서 종사하는 사람들이 흔히 볼 수 있는 죽어 가는 사람과 꼭 같은 모습이었다. 그 순간 나는 강하고 예리한 목소리로 "랑귀!" 하고 불렀다. 그러자 눈꺼풀이 천천히, 아무런 경련성 근육 수축도 없이 위로 들려 올라가는 것을 볼 수 있었다. 무언가에 의해 잠이나 상념에서 깨어난 사람에게서 일상적으로 보는 것과 같은 모습이었다. 이어 랑귀의 눈은 아주 분명하게 내 눈을 쳐다보았고, 동공의 초점도 맞아 있었다. 그 순간 내가 마주보던 눈길은 죽어 가는 사람에게 말을 걸 때 항상 관찰할 수 있는, 아무 표정 없는 흐리멍덩한 눈길이 아니었다. 내가 마주한 눈길은 의심의 여지 없이 살아서 나를 쳐다보는 생생한 눈길이었다.

몇 초가 지나자 눈꺼풀은 다시 닫혔다. 느릿느릿 일정한 속도로 눈꺼풀이 덮이더니 그의 머리는 내가 부르기 전과 같은 모습으로 돌아갔다. 그 순간 나는 다시 그를 불렀다. 그러자 다시 한번 아무 경련도 없이 느릿느릿 눈꺼풀이 올라갔고, 의심의 여지 없이 살아 있는 눈이 내 눈을 똑바로 쳐다보았다. 이번에는 처음보다도 더 뚫어지게 바라보는 것 같았다. 나는 세 번째로 그를 불러보았다. 그러나 더 이상 움직임은 없었다. 그리고 그의 눈빛은 죽은 사람들과 마찬가지로 흐리멍덩해졌다.

물론 여러분은 이야기가 어디로 이어지고 있는지 눈치를 챘을 것이다. 이야기는 인간의 머리 이식으로 이어지고 있다. 만일 외부의 혈액 주입을 통해 뇌와 –인격과– 그것을 둘러싸고 있는 머리가 제 기능을 유지하게 할 수 있다면, 그렇다면 살아 숨 쉬는 몸통에 머리를 통째로 이식하여 지속적으로 혈액을 공급하지 못할 것도 없다. 이제 달력이 넘어가며 날짜가 바뀌고 지구가 돌고 돌아 때는 1908년, 장소는 미국 미주리주 세인트루이스에 이른다.

찰스 거스리Charles Guthrie는 장기이식 분야의 개척자였다. 그와 동료 알렉시 카렐Alexis Carrel은 혈관봉합술, 즉 하나의 혈관을 다른 혈관에 새는 곳 없이 꿰매 붙이는 기술의 달인이었다. 그 시절에는 대단한 인내심과 손재주를 필요로 하는 작업이었고, 봉합사도 아주 가느다란 실을 사용했다(거스리는 한 때 인간의 머리카락으로 봉합을 시도하기도 했다). 이 기술에 통달한 거스리와 카렐은 봉합술을 닥치는 대로 사용하여, 개의 넓적다리와 앞다리 전체를 이식하고 또 그 과정에서 남는 콩팥을 산 채로 몸 밖 사타구니에 꿰매기도 했다. 카렐은 의학에 남긴 공로로 노벨상을 받았지만 무례하게도 둘 가운데 성격이 순한 쪽인 거스리에게는 상이 돌아가지 않았다.

5월 21일, 거스리는 개 한 마리의 머리를 다른 개의 목에 접합하는 데에 성공했다. 이로써 세계 최초의 인공 쌍두견(雙頭犬)이 생겨났다. 멀쩡한 개의 피가 덧붙인 개의 머리로 먼저 흐르게 한 다음, 멀쩡한 개의 목으로 돌아와 뇌로 들어갔다가, 다시 정상 혈액 순환계로 흐르도록 동맥을 연결했다. 거스리의 저서 《혈관수술 및 응용Blood Vessel Surgery and Its Applications》에는 이렇게 하여 탄생한 역사적인 개의 사진이 실려 있다. 사진에서는 어미 개의 털에 파묻힌 주머니 속에서 커다란 아기 개의 머리가 튀어나와 있는 것처럼 보이는데, 설명이 없으면 희귀종 유대류 개로 착각하기 십상이다. 이식된 머리는 목 밑에서 거꾸로 꿰매져 있어서 두 개의 턱은 서로 맞닿는다. 친밀해 보이지만 실제로는 퍽 껄끄러운 공생관계였을 것이다. 그 시절의 거스리와 카렐이 함께 사진을 찍었다면 이와 비슷한 분위기이지 않을까 상상해 본다.

가니의 머리로 실험했을 때처럼 이번에도 개의 머리를 잘라 내고부터 머리와 뇌에 혈액 공급을 재개하기까지 지나치게 시간이 많이 (20분) 흐르는 바람에 뇌 기능이 제대로 회복되지 않았다. 거스리는 동공 수축, 코의 벌름거림, 혀의 "뒤끓는 듯한" 움직임 등 라보르드와 아옘이 본 것과 비슷한 일련의 원초적 움직임과 기본적 반사운동을 관찰했다. 거스리의 실험 메모를 살펴보면 거꾸로 매달린 머리가 자기에게 벌어진 사건을 인식한 것 같은 느낌을 주는 기록이 꼭 하나 나온다. "5:31. 눈물 분비……." 이 두 마리의 개는 합병증이 나타나자 둘 다 안락사를 당했다. 수술 후 7시간 정도가 지난 뒤였다.

이식한 뒤 대뇌의 기능을 완전히 누린 – 누렸다는 말이 어울릴지는 몰라도 – 최초의 개 머리들은 1950년대에 소련의 이식수술 대가인 블라디미르 드미코프Vladimir Demikhov가 수술한 것들이었다. 드미코프는 "혈관봉합기"를 이용함으로써, 잘라낸 머리에 산소가 공급되지 않는 시간을 최소한으로 줄였다. 그는 완전히 성장한 개에게 강아지 머리를 덧붙여 이식하는 –사실은 머리·어깨·허파·앞발을 통째로 이식했고, 식도는 너저분하게 몸 바깥으로 나와 있었다 – 수술을 스무 차례에 걸쳐 해 보면서, 수술 뒤 어떻게 행동하는지, 얼마나 오래 생존하는지를 보았다(대개 2~6일이었지만, 한 번은 29일간이나 생존했다.).

드미코프는 1954년 2월 24일 실시한 '제2번 실험'에 대한 실험 메모와 사진을 자신의 저서 《중요 장기들의 실험적 이식 Experimental Transplantation of Vital Organs》에 수록했다. 1개월 된 강아지의 머리와 앞발을 시베리안 허스키 같아 보이는 개의 목에 이식하는 실험이었다. 메모에는 이식된 머리가 전적으로 즐거워하고 있다고는 볼 수 없지만 그래도 강아지답게 활발한 모습으로 묘사되어 있다.

>**09:00** 제공자의 머리가 열심히 물과 우유를 마시고, 마치 수용자의 몸으로부터 떨어져 나오려는 듯 낑낑댐.
>**22:30** 수용자를 재우려 할 때 이식된 머리가 연구원 중 한 명의 손가락을 물어 피가 나게 함.
>**2월 26일, 18:00** 제공자의 머리가 수용자의 귀 뒤를 물었고, 그러자 수용자는 짖으면서 머리를 흔들었음.

드미코프가 이식한 대상들은 대개 면역 체계의 거부 반응 때문에 죽었다. 당시는 아직 면역 억제 약물이 개발되지 않은 시기였다. 정상적으로 작동하는 개의 면역 체계는 당연히 자신의 목에 접합된 다른 개의 머리를 적대적인 침입자로 간주할 것이고 또 그에 따라 반응할 것이다. 이런 이유로 드미코프의 연구는 벽에 부딪혔다. 사실상 개와 개의 신체 부위를 모든 조합으로 이식해 본* 그는 결국 연구소 문을 닫고 사람들의 기억에서 사라졌다.

만일 드미트리가 면역학에 대해 좀 더 알았더라면 그의 경력은 완전히 달라졌을지도 모른다. 뇌에는 "면역상의 특권"이라는 게 있고, 그래서 다른 몸통으로부터 피를 공급받는다 해도 거부반응 없이 수 주 동안 살아 있을 수 있다는 사실도 알게 됐을 것이다. 뇌는 혈뇌장벽(血腦障壁)이라는 것에 의해 보호받기 때문에 여타 장기나 조직처럼 거부당하지는 않는다. 거스리와 드미코프가 이식한 개들의 머리는 점막 조직의 경우 수술 후 1~2일 만에 붓고 피가 나기 시작한 데 비해, 뇌의 경우에는 부검 결과 멀쩡했다.

이야기는 여기서부터 이상해지기 시작한다.

1960년대 중반, 로버트 화이트Robert White라는 신경외과 의사가 "적출 뇌 표본," 즉 살아 있는 뇌를 동물의 몸 밖으로 꺼내 다른 동물의 순환계에 연결하여 살아 있게 하는 실험을 시작했다. 드미코프나 거스리의 머리 이식과는 달리, 얼굴도 감각기관도 없는 이러한 뇌는 기억과 생각에 국한된 삶을 살게 될 것이다. 개와 원숭이들의 뇌 다수가 이런 식으로 이식됐는데, 그 장소가 다른 동물

---

* 장기와 머리를 이리저리 옮겨 붙이는 데에 싫증이 나자 드미트리는 개의 절반을 옮겨 붙이는 일에 나섰다. 그의 책에는 개 두 마리를 가로막 위치에서 잘라 상·하반신을 바꿔 붙이고 동맥을 다시 연결한 실험을 자세히 설명하고 있다. 그는 이렇게 하는 편이 장기 두세 개를 이식하는 것보다는 시간이 덜 걸릴 수 있다고 설명했다. 그러나 척수는 일단 절단되면 다시 연결이 불가능하므로 환자의 하반신은 마비될 것이며, 이로 인해 이 수술법은 그다지 큰 반향을 불러일으키지 못했다.

의 목과 복부 안이었음을 감안하면 자기 의식 속에 갇힌 게 오히려 다행일 수도 있겠다. 남의 뱃속이란 TV의 수술 채널에서 호기심 충족을 위해 들여다볼 때야 약간 흥미롭지, 평생 눌러앉을 만큼 좋은 곳은 아니지 않은가.

화이트는 수술 동안 뇌를 차갑게 하여 세포 손상이 일어나는 과정을 둔화시키면 뇌의 기능을 대부분 정상 상태로 유지시킬 수 있음을 알아냈다(오늘날 장기 회수 및 이식 수술에서 쓰이는 기법이다.). 이는 즉 이런 원숭이들의 의식이 −프시케가, 정신이, 영혼이− 자기만의 신체도 감각도 없이 다른 동물 속에서 며칠이고 계속 존재하고 있었다는 말이다. 그건 도대체 어떤 느낌이었을까? 그렇게 한 목적은 도대체 무엇일까? 어떤 명분이 있었을까? 화이트는 언젠가는 인간의 두뇌를 그런 식으로 적출할 생각을 하고 있었을까? 이런 계획을 구상하고 실행에 옮긴 사람은 도대체 어떤 사람일까?

이런 의문을 풀기 위해 나는 오하이오주 클리블랜드시에서 노후를 보내고 있는 화이트를 찾아가기로 마음먹었다. 우리는 메트로 건강관리센터에서 만나기로 했다. 같은 건물의 위층에는 화이트가 역사적인 수술을 한 연구실이 마치 성소 아니면 기자들을 위한 촬영장 같이 보존돼 있다. 나는 커피를 한 잔 마시면서 화이트의 보고서를 훑어볼 생각으로 한 시간 일찍 도착했다. 메트로 건강관리센터 앞 도로를 따라 차를 몰고 오가며 적당한 장소를 찾아보았지만, 그럴 만한 곳은 전혀 없었다. 결국 다시 병원에 돌아와, 주차장 밖 자그마한 잔디밭에 자리를 잡았다. 클리블랜드가 일종의 부흥기를 맞았다는 소문을 들은 적이 있는데, 아마도 이 도시의 다른 지역 얘기였던 모양이다. 그저 평생 눌러앉아 살고 싶은 곳은 아니었다는 정도로만 말해 두겠다. 그래도 원숭이의 뱃속보다는 낫다. 원숭이의 뱃속보다 못한 동네도 있지 않은가.

화이트는 나를 안내하여 병원 복도를 따라 계단을 올라간다. 신경외과를 지나 다시 계단을 올라가자 그의 옛 연구실이 나타났다. 그는 76세로 수술 당시보다 더 말랐지만, 그 외에는 세월이 흘렀음에도 거의 변한 게 없다. 그의 대답에서는 같은 질문을 골백번 받아본 사람에게서 풍길 법한 기계적이고도 참을성 많은 분위기가 난다.

"여기입니다."

화이트가 말한다. 문 옆에 걸린 명패에 '신경학 연구소'라 적혀 있지만, 그걸로는 아무것도 짐작할 수 없다. 안으로 들어서는 것은 실험실이 대부분 백색과 스테인리스 인테리어로 바뀌기 이전인 1968년으로 돌아가는 것과 마찬가지이다. 칙칙한 검은 석판으로 된 카운터에는 하얀 동그라미 얼룩들이 남아 있고, 캐비닛과 서랍은 나무로 만들어져 있다. 먼지를 털어낸 지 꽤 오래됐고, 하나 있는 창문 밖으로 담쟁이가 자라 뒤덮여 있다. 형광등에는 냉장고의 얼음틀에 넣는 흰 칸막이처럼 생긴 낡은 덮개가 붙어 있다.

"여기가 바로 우리가 '유레카!' 하고 소리치며 춤추던 곳입니다."

화이트는 당시를 떠올린다. 사실 춤을 출 수 있을 만큼 넓은 곳은 아니다. 작고 비좁고 천장도 낮고, 연구원들이 앉는 높은 의자 두 개와 붉은털원숭이용으로 축소해 만든 동물 수술대가 있다.

화이트와 동료들이 춤추는 동안, 그 원숭이의 뇌 속에서는 어떤 일이 벌어지고 있었을까? 어느 날 갑자기 생각을 제외한 나머지 차원의 문이 모두 닫혀 버렸다는 사실을 알면 어떤 기분이 될까? 나는 이 질문을 화이트에게 건넸다. 물론 이 질문을 던진 기자는 내가 처음이 아니다. 전설적인 기자 오리아나 팔라치Oriana Fallaci[*]가 1967년 11월호 〈룩Look〉지의 인터뷰 기사에서 화이트의 신경생리학자 리오 매소퍼스트Leo Massopust에게 물었던 질문이다. 그의 질문에 대해 매소퍼스트 박사는 쾌활하게 대답했다.

"감각이 없으면 생각이 좀 더 빨라지지 않을까 합니다. 어떤 종류의 생각일지는 모르죠. 이 원숭이의 경우에는 기본적으로 기억일 것이라 생각합니다. 자신에게 육체가 있었을 때 저장된 정보의 보관 창고 말입니다. 경험이 그 이상 유입되지 않기 때문에 정보가 더 이상 생기지는 않죠. 그렇지만 이것 또한 새로운 경험입니다."

화이트는 듣기 좋은 사탕발림을 하려 하지 않는다. 그는 1970

---

[*] 키싱어Kissinger로부터 아라파트Arafat에 이르는 국가의 수반들을 몰아붙인 전설적인 기자다. (아라파트에게 "남을 짜증나게 만들기 위해 태어난 사람"이란 별명을 붙였다.) 팔라치는 어느 이름 없는 실험실 원숭이의 뇌가 적출되는 과정을 지켜보았다. 그리고는 그 원숭이에게 이름을 붙임으로써, 또 다음과 같은 글을 씀으로써 화이트를 몰아붙였다. "뇌를 꺼내 연결하는 수술이 진행되는 동안, 꼼짝없이 누워 있는 리비Libby의 신체에 대해서는 아무도 주의를 기울이지 않았다. 만일 화이트 교수가 리비의 신체에 피를 주입했다면 머리 없이도 살아남을 수 있었을 것이다. 그러나 화이트 교수는 그러지 않기를 택했고, 그래서 리비의 몸은 잊혀진 채 거기 누워 있었다."

년대에 있었던 격리수용실 연구를 거론한다. 이 연구의 대상자들에게는 감각할 대상이, 듣고 보고 냄새 맡고 느끼고 맛볼 대상이 아무것도 없었다. 다시 말해 이들은 통 속의 뇌에 가장 근접한 - 화이트가 거들어 주지 않아도- 상태의 사람들이었다.

"**이런 상황에서** 사람들은 말 그대로 돌아버렸지요."

화이트는 말한다.

"그리 오래 걸리지 않았습니다."

비록 정신이상 역시 대부분의 사람들에게는 새로운 경험이지만, 화이트에게 두뇌를 적출당하겠다고 자청할 사람이 있을 것 같지는 않다. 화이트 역시 아무에게도 강요할 수 없었다. 아마 오리아나 팔라치가 물망에 오르지 않았을까 싶기는 하다. 화이트는 말을 잇는다.

"게다가, 과학적으로 어떤 쓸모가 있느냐는 문제가 있지요. 무슨 명분을 찾을 수 있겠습니까?"

그러면 붉은털원숭이 한 마리를 그렇게 만든 명분은 무엇이었을까? 알고 보니 두뇌 적출 실험은 새로운 몸에 이식한 머리 전체가 생존하게 만들기 위한 단계 중 하나에 지나지 않았다. 화이트가 등장했을 무렵 초기 단계의 면역 억제 약물이 나와 있었고 조직거부 문제의 대부분이 해결되어 가는 중이었다. 만일 화이트의 팀이 뇌와 관련된 문제점들을 해결하여 정상 기능을 유지하게 할 수 있다면 그들은 머리 전체의 이식을 진행했을 것이다. 이들은 처음에는 원숭이 머리로, 그런 다음 인간의 머리로도 실험할 수 있기를 기대했다.

우리는 화이트의 실험실에서 근처의 중동식 식당으로 대화 장소를 옮겼다. 한 가지 권하고 싶은 게 있는데, 원숭이의 뇌에 대한 대화를 하는 동안에는 바바 가누쉬 같은 음식은 절대 피하기 바란다. 그뿐 아니라 이런 대화에서는 무르고 반짝이는 회색 음식은 무조건 피하는 게 좋다.

화이트는 그 수술을 머리 이식으로 생각하지 않고 전신이식으로 생각한다. 죽어가는 수혜자가 장기 한두 개를 기증받는 게 아니라, 심장이 뛰는 뇌사자의 전신을 얻는 걸로 생각하라는 것이다. 거스르나 드미코프가 만들어낸 머리 둘 달린 괴물들과는 달리, 화이트는 신체 제공자의 머리를 제거하고 그 자리에 새 머리를 붙이려는 것이다. 화이트는 사지마비 환자들이 이런 새 신체를 얻기 가장 적합한 수혜자일 것이라 생각한다. 그의 말에 따르면 우선 사지마비 환자들은 대체로 정상인들보다 장기가 빨리 쇠약해지기 때문에 수명이 짧아진다고 한다. 그들에게 −그들의 머리에게− 새 몸을 달아줌으로써, 10~20년의 수명을 연장시켜줄 수 있다는 것이다. 특히 그들의 경우 삶의 질도 그다지 바뀔 게 없다. 중증 사지마비 환자들은 목 이하가 마비되어 인공호흡이 필요할 정도지만 목 윗부분은 정상적이다. 이식한 머리도 마찬가지이다. 잘린 척수신경을 다시 연결할 수 있는 신경외과의사는 아직 없기 때문에, 수술이 끝난 사람은 여전히 사지마비이다. 그러나 적어도 죽을 날만 기다리는 환자는 아니다. 화이트는 이렇게 말한다.

"이 머리는 듣고 보고 맛을 느낄 수 있습니다. 읽고 음악을 들을 수 있습니다. 그리고 낙마하여 전신마비가 된 크리스토퍼 리브Christopher Reeve처럼 말하는 장치를 목에다 붙일 수 있지요."

1971년에 화이트는 감히 상상할 수 없는 일을 해냈다. 한 원숭이의 머리를 잘라 내, 머리가 없는 다른 원숭이의 몸통에 연결한 것이다. 이 수술은 8시간 동안 계속됐고 수많은 조수의 도움이 필요했다. 조수들은 어디에 서야 할지 무슨 말을 해야 할지 등을 자세하게 지시받았다. 화이트는 수술이 있기 몇 주 전부터 실험실에 나가, 마치 축구 감독처럼 분필로 동그라미와 화살표를 그려 각 사람의 위치를 표시했다. 수술의 제일 첫 단계는 원숭이들에게 기관절개술을 실시하여 호흡기를 서로 연결하는 것이었다. 숨통을 잘라 내야 했기 때문이다. 그다음 화이트는 두 원숭이의 목부분을 척추와 주요 혈관들이 있는 데까지 벗겨냈다. 주요 혈관이란 머리에 피를 공급하는 경동맥 두 가닥과 피를 다시 심장으로 흘려보내는 경정맥 두 가닥을 말한다. 이어 그는 신체 제공자의 목 위쪽 뼈를 깎아내 금속판을 씌우고, 머리의 아래쪽 부분도 마찬가지로 처치했다(혈관을 다시 연결하고 나면 양쪽 금속판을 맞붙이고 나사로 고정했다.). 그런 다음 길고 유연한 관을 이용하여 제공자 신체의 피를 새 머리에 공급하고 혈관을 봉합했다. 끝으로 머리의 원래 몸에서 공급되는 피를 끊어 냈다.

이는 물론 극단적으로 단순화한 설명이다. 이렇게 말하고 보니 마치 이 과정 전체를 주머니칼과 휴대용 반짇고리로도 해낼 수 있을 것 같다. 더 자세한 설명을 보고 싶으면 〈수술Surgery〉 1971년 7월호를 권한다. 수술 절차에 대한 화이트의 보고서가 펜화와 함께 자세히 수록돼 있다. 가장 마음에 드는 그림은 원숭이의 머리가 어디에서 어디로 이동했는지를 보여 주는 그림이다. 한 원숭이의 몸통 어깨 위에 유령처럼 희미하게 머리를 그려 놓아 방금까지 거기 머리가 있었음을 나타내고 있고, 멋을 부린 화살표 하나가 거기서 시작하여 그림을 가로질러 두 번째 원숭이의 몸통 위로 이어지면서 앞 원숭이의 머리가 지금은 거기 있음을 나타내고 있다. 이 그림은 어수선하고 대단히 끔찍했을 수술을 깔끔하고 사무적이며 중립적인 분위기가 풍기게 만든다. 비행기 비상 상황 안내문이 추락하고 있을 상황을 보여 주고 있음에도 질서 정연하고 일상적인 분위기를 풍기는 것과 비슷하다. 화이트는 이 수술을 촬영해 두었는데, 내가 아무리 끈질기게 애원하고 꼬드겨도 보여 주지 않았다. 너무 피비린내가 난다는 것이 그가 밝힌 이유였다.

  잔인함은 견딜 수 있었을 것이다. 견디기 힘든 것은 원숭이의 얼굴에 떠오른 표정이었을 것이다. 마취가 풀리면서 자기가 무슨 일을 당했는지를 깨닫는 순간의 표정 말이다. 앞에서 언급한 보고서에서 화이트는 이 순간을 이렇게 묘사했다.

"원숭이의 두부 교체 이식."

"각각의 두부(머리)는 외부 환경을 의식함이 분명했다……. 시야에 들어오는 사람의 움직임을 따라 눈이 움직였다. 두부의 기본 태도는 내내 적대적이었는데, 이런 태도는 입에 자극을 받으면 무는 행동으로 나타났다."

화이트가 입에 음식을 넣어 주자 이들은 먹이를 씹어 삼키려 했다. 하지만 식도를 연결하지 않아 막혀 있는 상태였으므로 사실 비열한 행동이었다. 원숭이들은 6시간에서 3일 정도 살아 있었는데, 대부분은 거부반응 문제나 출혈 때문에 죽었다(봉합된 혈관 부위에 피가 엉기는 것을 막기 위해 원숭이에게 항응고제를 투입했는데, 이 약물 자체가 여러 가지 새로운 문제를 낳았다.).

나는 화이트에게 자신의 머리를 내놓겠다고 자청하여 나선 사람은 없었는지 물었다. 그는 클리블랜드의 부유한 노인 한 사람을 언급했다. 사지 마비 환자인데, 자신이 죽을 때가 다가왔을 때 신체 이식 수술이 완벽한 수준에 이른다면 한번 시도해 보겠다는 뜻을 분명히 전해 왔다고 한다. 여기서 중요한 부분은 "완벽한 수준"이라는 말이다. 인간을 실험 대상으로 할 때의 문제점은 아무도 처음이 되고 싶어 하지 않는다는 사실이다. 연습용 머리가 되고 싶은 사람은 아무도 없다.

만일 누군가 동의한다면 화이트는 실험을 실행에 옮길까?

"물론입니다. 사람이라 해서 성공하지 못할 이유는 없으니까요."

화이트는 최초의 인간 머리 이식이 이루어질 곳이 미국은 아니라고 생각한다. 급진적인 새로운 방법을 개발하는 사람들이 부딪히는 관료들과 단체들의 저항 때문이다.

"이건 완전히 혁명적인 수술입니다. 사람들은 이게 전신 이식인지 머리 이식인지, 뇌 이식인지 영혼 이식인지를 단정하지 못하죠. 그리고 또 한 가지 문제가 있어요. 사람들은 이렇게 말할 겁니다. '신체 하나에서 얻는 장기로 구할 수 있는 생명이 저렇게나 많은데, 그 신체를 한 사람에게만 주겠다는 말인가. 그것도 마비된 사람에게.'"

물론 간섭하기 좋아하는 단체들이 적은 나라들, 화이트가 강림하여 역사적인 머리 교환술을 실행에 옮기는 것을 환영할 나라들도 있다.

"키이우에서는 내일이라도 할 수 있습니다. 독일과 영국에서는 더 관심이 많아요. 그리고 도미니카 공화국도요. 다들 그걸 원하고 있지요. 이탈리아도 그래요. 그렇지만 돈이 어디서 나옵니까?"

미국에서도 비용이 장애물 가운데 하나다. 화이트는 이렇게 지적한다.

"돈을 그렇게나 많이 잡아먹는 데다가 소수의 환자에게만 도움이 될 수술 연구를 누가 후원하겠습니까?"

누군가가 정말로 비용을 댄다고 가정해 보자. 또 화이트의 수술 과정이 능률적으로 개선되고 실용적임이 증명된다고 가정해 보자. 그러면 장차 치명적인 병으로 인해 신체가 죽어 가는 사람들이 간단히 새로운 신체를 얻어, 화이트의 말을 빌자면 "베개 위의 머리"라도 수십 년을 더 살게 될 날이 올까? 그럴 수 있다. 그뿐 아니라 손상된 척수를 치료하는 기술이 발전하면 장차 외과의사들이 척수를 다시 연결할 수 있는 날이 올 것이고, 그렇게 되면 이런 머리들이 베개에서 일어나 움직이며 자신의 몸을 움직일 수 있을 것이다. 그런 날이 오지 않으리라 생각할 이유가 없다.

한편으로는 그런 날이 올 것이라 보기 어려운 이유도 몇 가지 있다. 그런 비싼 수술 비용을 보험회사들이 떠안을 가능성은 낮고, 따라서 이런 방식의 생명연장법은 대단히 부유한 소수 이외에는 꿈도 꾸지 못할 것이다. 죽을병에 걸린 터무니없이 부유한 사람들을 살리는 데에 의료 자원을 쓰는 게 합당한가? 하나의 문화로서 우리가 죽음을 더 분별 있게 다루고, 더 포용하는 태도를 권장해야 하지 않을까? 화이트는 이 문제에 대해 확고한 입장을 지녔다고 말하지는 않았지만, 수술을 실행에 옮기고 싶다는 부분에는 변함이 없었다.

독실한 천주교인인 화이트는 흥미롭게도 교황청 과학원의 일원이다. 교황청 과학원은 78명가량의 유명한 과학자들로 이루어져 있는데, 2년에 한 번씩 바티칸에 들러 교회가 특별히 관심을 갖는 과학 문제의 근황을 교황에게 알려 준다. 여기에는 줄기세포 연구, 복제, 안락사, 다른 행성의 생명체 등까지도 포함된다. 어떻게 보면 화이트로서는 입장이 난처할 것 같다. 천주교에서는 영혼이 뇌뿐 아니라 신체 전체를 차지하고 있는 것으로 가르치기 때문이다. 이 이야기는 화이트가 교황을 만나 면담하는 자리에서 나왔다.

"이렇게 말씀드렸죠. '교황 성하, 저로서는 인간의 정신 또는 영혼이 물리적으로 뇌 속에 있다고 생각할 수밖에 없습니다.' 교황은 대단히 불편한 기색만 보일 뿐 대답은 하지 않았죠."

화이트는 말을 멈추고 자신의 커피잔을 내려다본다. 그날 너무 솔직하게 말한 걸 후회하는 듯한 눈치다.

"교황님은 늘 불편한 기색이잖아요."

나는 약간 거든다는 뜻에서 말한다.

"그러니까, 건강 문제도 있고요."

나는 교황이 전신이식술을 받을 좋은 후보가 되지 않을까 궁금해한다.

"바티칸에 돈이 많다는 건 누구나 다 알잖아요…."

화이트는 나를 흘끔 쳐다본다. 그의 눈길을 보니 내가 가지고 있는 교황 사진에 대한 이야기는 하지 않는 게 좋겠다는 생각이 든다. 교황이 예복을 잘못 입은 장면이 찍힌 사진들이다. 그의 눈길은 나를 작은 숙변 덩어리(petit bouchon fécal)로 보는 눈길이다.

화이트는 교회가 죽음의 정의를 "영혼이 몸을 떠나는 순간"에서 "영혼이 뇌를 떠나는 순간"으로 바꾸기를 간절히 바라고 있다. 특히 천주교가 뇌사 개념과 장기 이식을 모두 인정하고 있는 상황이라 더욱 그렇다. 그러나 화이트가 이식한 원숭이 머리들이 그렇듯, 바티칸은 이 부분에 대해 내내 적대적인 태도를 보이고 있다.

전신 이식과 관련한 학문이 아무리 발전한다 해도, 화이트뿐만 아니라 심장이 뛰는 사체의 머리를 잘라 내고 거기에 다른 머리를 끼워 붙이려는 사람들은 모두 기증자의 동의라는 커다란 장애물을 해결해야 한다. 신체에서 떼어 낸 장기 하나는 비인격적이고 비개인적이다. 그 장기를 기증함으로써 얻는 인도주의적 이익이 그 장기의 적출로 생겨나는 슬픈 감정보다 크다. 대부분의 경우 그렇다는 말이다. 그러나 신체 이식은 문제가 다르다. 낯선 사람 한 명의 건강을 회복시키기 위해 온전한 몸 하나를 전부 기증할 유족이 있을까?

있을지도 모른다. 과거에도 있었다. 비록 이런 치료용 시체가 수술실로 간 적은 한 번도 없었지만 말이다. 그보다는 약방의 약재에 가까웠다. 연고로, 또는 정제한 팅크제로 삼키거나 먹거나 했다. 유럽과 아시아에서는 수 세기 동안 인체의 일부분이나 조각뿐 아니라 인체 전체가 약전(藥典)의 주요 항목 가운데 하나로 자리 잡고 있었다. 일부 사람들은 실제로 이 역할을 자청하기도 했다. 12세기 아라비아의 노인들이 스스로를 기꺼이 기증하여 "인간 미라 밀과(蜜菓)"가 되었다면(조제법은 다음 장에서 소개한다), 다른 사람에게 자기 몸을 전부 이식하겠다고 자원하는 사람도 있을 것이라 상상하는 것도 어렵지 않다.

음, 정정하겠다. 약간은 어려울 것도 같다.

10
날 먹어 봐

식인에 대한
여러 이야기

12세기 아라비아의 거대한 저잣거리에서는 버려도 아깝지 않을 가방 하나와 돈 보따리 하나를 짊어지고 알맞은 곳을 찾아가기만 하면 간혹 '밀화인(蜜化人)'이라 불리는 물건을 입수할 수 있었다. 밀화인이란 꿀에 담뿍 절인 죽은 사람의 유해이다. 다른 말로 "인간 미라 밀과"라 부르기도 했는데, 이름만 보면 오해하기 쉽지만 꿀에 절인 중동지방의 일반 밀과와는 달리 이 밀과는 디저트로 나오지는 않는다. 이 밀과는 바르는 약으로 또, 이런 말을 해서 미안하지만, 먹는 약으로 쓰였다.

밀과 조제에는 물론 조제자의 노력이 필요했지만, 그뿐 아니라 특이하게도 내용물이 될 사람 자신의 노력이 많이 필요했다.

아라비아에서는 70~80세 정도 되는 노인들이 다른 사람들을 구하기 위해 자기 몸을 기꺼이 바치기도 한다. 이들은 다른 음식은 먹지 않고, 목욕하고 꿀만 섭취한다. 한 달이 지나면 그는 꿀만 배설하게 되고 (대·소변은 완전히 꿀이다) 그 뒤 사망한다. 동료들은 그를 꿀을 가득 채운 석관에 재워 놓고 봉인한 후, 겉에다 몇 년 몇 월인지를 표시한다. 그 뒤 1백 년이 지나 봉인을 떼면 밀과가 만들어져 있는데, 사지가 부러지거나 상처가 났을 때 치료약으로 이용한다. 소량을 내복할 시 즉시 병증이 가신다.

위 조제법은 중국의 뛰어난 박물학자 리스전李時珍이 1597년에 편찬한《본초강목本草綱目》에 나온다. 리스전은 밀화인에 대한 이야기가 사실인지 아닌지는 모른다는 단서를 조심스레 붙였다. 그렇다 해도 마음이 놓이는 것은 아니다. 그가《본초강목》한 구절의 정확성을 따져 보지 않고도 그게 사실이라고 느끼고 있다는 말이 되기 때문이다. 이를 보면 16세기 중국에서 사람의 비듬 ("뚱뚱한 사람 것이 가장 좋다"), 사람 무릎의 때, 사람 귀지, 사람의 땀, 낡은 북의 가죽 ("태운 재를 음경에 바르면 오줌막힘에 좋다"), "돼지 똥에서 짜낸 즙," "나귀 꼬리의 몸쪽 부분에 붙은 때" 등이 약으로 쓰였을 가능성은 매우 높다.

밀화까지 되지는 않았더라도 미라가 된 사람을 의료용으로 사용한 사례들은 16~18세기 유럽의 화학 서적에 자세히 기록돼 있다. 아라비아 이외에는 어느 곳에서도 시체가 되기를 자청했다는 기록이 없지만 말이다. 가장 귀하게 여긴 미라는 리비아의 사막에서 모래바람에 파묻힌 대상(隊商)들의 미라였다. 니콜라 르 페브르Nicolas Le Fèbre는 자신이 쓴 책《화학 총람A Compleat Body of Chymistry》에서, "이처럼 나그네가 두려움과 놀라움에 압도되어 순간 질식하면 신체의 모든 부분에 영혼이 응축된다"고 썼다(불시에 죽음을 당했다는 사실은 또 신체가 병들어 있었을 가능성도 낮다는 뜻이 된다.). 그밖에 미라의 치료 효과가 사해의 역청으로부터 온다고 주장한 사람들도 있었다. 역청이란 아스팔트 같은 물질인데, 당시 사람들은 고대 이집트인들이 이를 방부처리제로 썼을 것이라 생각했다.

물론 리비아의 최상급 미라는 몇 구 나오지 않았다. 그래서 르 페브르는 가정에서 "강건한 청년"의 유해를 재료로 미라 특효약을 만드는 조제법을 소개했다(나아가 이 청년이 빨간머리라야 한다고 명시한 저자들도 있었다.). 놀라움이라는 조건을 충족시키려면 이 청년은 질식이나 교수형으로, 또는 칼에 찔려 죽은 사람이어야 했다. 살을 말리고 훈제하고 배합하는 (독사 살과 포도주 주정 혼합물에 미라 1~3톨만큼) 조제법이 소개돼 있지만 르 페브르는 빨간 머리 청년을 어디서 어떻게 조달할지에 대해서는 한마디도 언급하지 않았다. 그래서 직접 질식시키거나 찔러 죽여야 하는지는 알 수 없었다.

한때 알렉산드리아의 유대인들이 가짜 미라를 거래한 적이 있었다. 처음에는 토굴 등에서 약탈한 진품 미라를 팔았던 것 같다. 바로 이런 까닭에 저자 C.J.S. 톰슨Thompson은 자신의 책《약제사의 비법과 기술The Mysteries and Art of the Apothecary》에서 "유대인들은 결국 옛 박해자들에게 복수한 셈"이라고 쓴 것이다. 진짜 미라의 재고가 바닥나자 장사꾼들은 가짜를 만들어 내기 시작했다. 루이 14세의 주치약사였던 피에르 포메Pierre Pomet는 《약물총람A Compleat History of Druggs》의 1737년판을 펴내면서, 자신의 동료 귀 드 라 퐁텐느Guy de la Fontaine이 "수없이 귀로 들었던 것을 직접 눈으로 확인하기 위해" 알렉산드리아로 떠났다고 썼다. 알렉산드리아에 도착한 그는 어떤 가게에서 주인이 병들고 썩은 온갖 상태의 시체를 아스팔트로 가공하고 붕대로 싸고 가마에서 건조하려는 것을 발견했다. 이런 암시장 거래가 얼마나 흔했는지, 포메 같은 약제 전문가들은 미라를 구입하려는 사람들을 위해 구입 요령까지 알려 주고 있다.

> "윤기가 나는 고운 검은 빛깔이 나고, 뼈나 흙 부스러기가 많지 않은 것, 역한 아스팔트 냄새가 나지 않고 불에 탄 듯 좋은 냄새가 나는 것을 고를 것."

A.C. 우턴Wootton이 1910년에 쓴 《약학 연대기Chronicles of Pharmacy》를 보면, 프랑스의 이름난 외과의사이자 저술가인 암브로와 파레Ambroise Paré가 파리 안에서 밤을 틈타 효시대에서 훔친 마른 시체로 모조 미라가 제조되고 있다고 주장했다는 기록이 있다. 파레는 자신은 한 번도 미라를 처방한 적이 없다고 얼른 덧붙였다. 그렇지만 내가 보건대 그는 소수파였다. 그와는 달리 포메는 그렇

게 만들어진 미라를 자기 약방의 약재로 들여놓았단다(그러나 그는 "물고기를 잡는 용도로 그만"이라고 했다.). 1929년에 책을 출간한 C. J. S. 톰슨은 당시에도 근동지방의 약재시장에서 여전히 사람의 미라를 찾을 수 있었다고 주장했다.

미라로 만든 특효약은 질병보다도 치료 수단이 더 지독한 단적인 예다. 중풍에서부터 어지럼증까지 다양한 증세에 처방되기는 했지만, 단연 흔하게 쓰인 용도는 타박상 치료와 혈액응고 방지였다. 사람들은 부패한 인간의 사체를 겨우 타박상이나 치료하기 위해 삼키고 있었던 것이다. 우턴의 책에 따르면 17세기 약제사 요한 베허Johann Becher는 미라가 "복부 가스 팽만에 아주 효과적이다"고 했다 한다. (복부 가스 팽만을 일으키는 데에 효과적이라면 아무 의심 없이 믿겠다.) 그밖에도 고통보다 더한 스트레스를 안겨 주는, 인간을 원료로 만든 약 몇 가지를 들면 다음과 같다. 쥐가 나지 않게 하려면 사체의 피부를 길게 잘라 종아리에 둘러 묶어 놓는다. "이유 없이 머리칼이 곤두서는 사람의 치료"에는 "오래되어 짓무른 태반"을 썼다 (이것과 다음 것은《본초강목》에서 인용한 것이다). 벌레에는 "맑은 액변"을 썼다 ("인체의 어떤 구멍에 들어간 벌레라도 이 냄새를 맡으면 밖으로 기어 나오고 통증이 가신다"). 습진에는 신선한 피를 얼굴에 주입하는 방법을 썼다 (톰슨이 책을 쓴 당시 프랑스에서는 널리 퍼져 있었던 방법이다). 딸꾹질에는 담석을, 말벌에 물린 데에는 인간의 치석을, 쉰 목에는 배꼽으로 만든 팅크제를, 눈의 염증에는 여자가 뱉은 침을 썼다(고대 로마인들과 유대인, 중국인들은 다들 침에 열광했지만, 내가 살펴본 바에 따르면 자기 자신의 침은 소용이 없었다. 치료법에 따라 쓰이는 침의 종류가 달랐다. 여자의 침, 갓난 남자아이의 침, 황제의 침까지도 있었다. 로마의 황제들이 공민의 복지를 위해 공중 타구에 침을 뱉었다는 말일까. 대부분의 의사들은 타액을 환자에게 한 방울씩 처치하거나 일종의 팅크제 형태로 처방했다. 그러나 리스전의 시대에는 "악귀가 붙어 악몽을 꾸는" 불쌍한 환자를 "얼굴에 가만히 침을 뱉는" 방법으로 치료했다.).

병증이 심각한 경우라고 해도 가끔은 환자들이 의사의 처방을 무시하는 쪽이 오히려 나을 때가 있었다. 《본초강목》에 따르면 당뇨병 환자는 "공중변소에서 퍼 온 오줌 한 잔으로" 치료하라고 돼 있다(환자의 반발이 예상되기 때문에 이 극악한 약을 "몰래" 먹이라고 해 두었다.).

또 한 가지 예로, 화학자이자 왕립과학원의 일원이었던 니콜라 레메리Nicholas Lemery는 인간의 배설물로 탄저병과 흑사병을 치료할 수 있다고 썼다. 그는 그것을 자신이 알아낸 방법이라 주장하지 않고, 자신의 저서 《화학강좌A Course of Chymistry》에서 홈베르크Homberg라는 독일인이 발견했다고 썼다. 홈베르크는 1710년에 다른 곳도 아닌 왕립과학원에서 "사람의 배설물에서 질 좋은 인을 추출하는" 방법을 강연했는데, "이 방법을 찾아내기까지 수많은 시행착오를 거쳤다"고 했다. 레메리는 그 방법을 자신의 책에 소개했다. ("사람이 갓 배설한 보통 굳기의 배설물 125그램을 …….") 홈베르크의 대변에서 나온 인은 실제로 인광을 발산했다고 하는데, 내가 이 광경을 직접 볼 수만 있다면 내 송곳니(말라리아, 유방농양, 발진성 천연두 치료에 유용하다)를 내놓겠다.

최초로 변이 빛을 발하게 만든 사람은 홈베르크일지 몰라도 이를 최초로 처방한 사람은 그가 아니었다. 인분을 의료 목적으로 사용한 사례는 플리니우스Plinius 시대 무렵부터 있었다. 《본초강목》에서는 이를 액상, 재, 국 형태뿐 아니라 "구운" 형태로도 처방했다(유행성 열병으로부터 어린이의 성기 헌 데에 이르기까지 온갖 증세에 처방했다.). A.C. 우턴은 이에 대해, 인간의 것*인 경우 대변은 본질적으로 빵과 고기가 가장 단순한 요소로 변한 것이며, 따라서 "그 효능을 발휘하기에 적합하다고 보는 것이다"라고 쓰고 있다.

사체 약재를 취급한 사람들 전부가 전문 약제사들인 것은 아니다. 고대 로마의 콜로세움에서는 이따금 갓 죽어 식지 않은 검투사의 피가 뇌전증** 치료에 효과가 있다고 알려져 비밀리에 거래되기도 했다. 18세기에 독일과 프랑스에서는 사형 집행인들이 단두대형을 당한 범죄자들의 목에서 흘러나오는 피를 모아 주머니를 두둑하게 불렸다. 이 무렵 피는 뇌전증뿐 아니라 통풍과 부종***에도 처방되고 있었다. 미라 특효약과 마찬가지로 인간의 피가

---

* 생쥐, 말, 시궁쥐, 거위, 돼지, 양, 노새, 당나귀, 개 등의 것과 상대되는 개념의 대변이다. 개똥은 특히 널리 쓰였다. 그중에서도 말린 흰색 개똥으로는 르네상스 시대의 약품인 알붐 그래쿰Album Graecum을 제조했다. 《본초강목》에는 개똥뿐 아니라 거기서 뽑아낸 곡류와 뼈까지도 취급하고 있다. 약제사들에게는 힘든 시대였다.

** 역사적으로 볼 때, 웬만하면 간질환자가 되지 않을 것을 적극적으로 권장한다. 간질 치료제로는 정제한 인간 두개골을 비롯하여 말린 인간 심장, 인간 미라를 뭉친 알약, 사내아이의 오줌, 쥐·거위·말똥, 검투사의 따뜻한 피, 비소, 스트리크닌, 대구 간유, 붕사 등이 사용됐다.

*** 내가 항생제와 처방전이 없이도 구입할 수 있는 항진균제의 시대에 살고 있다는 게 참 다행이라 생각하지만, 오늘날의 의약품이 의학 명명법에 끼친 영향을 생각하면 서글퍼진다. 옛날에는 연주창과 부종이 있었는데 지금은 심실상성부정빈맥(supraventricular tachyarrhythmia)과 혀인두신경통(glossopharyngeal neuralgia)이 있다. 편도선염과 비저병, 마비저의 시대는 갔다. 과다

치료 효과가 있으려면 젊고 활기찬 상태에서 죽은 사람의 피여야 하며, 병으로 쇠약해져 죽은 사람의 피는 소용이 없다고 생각했다. 처형당한 죄수들이 이런 조건에 잘 들어맞았다. 어린아이의 피나 처녀의 피에 목욕하라는 처방을 내릴 때부터 사정은 추악해지기 시작한다. 이런 처방을 하는 가장 흔한 병은 나병이었으며, 사용량은 방울이 아니라 목욕통 단위였다. 이집트의 왕자가 나병에 걸렸을 때 플리니우스는 이렇게 기록했다.

"백성에게 재앙이 닥쳤다. 치료를 위해 목욕실에 사람의 피를 채운 목욕통들이 즐비하게 늘어섰기 때문이었다."

인간의 지방도 처형 집행인의 상품 목록에 포함된 경우가 많았다. 인간의 지방은 류머티즘, 관절통, 그리고 시적으로 들리겠지만 실제로는 아주 고통스러웠을 "사지 떨어짐증"에 이용됐다. 시체 들치기들도 인간 지방 사업에 열을 올렸던 것으로 알려져 있다. 16세기에 스페인으로부터 독립하기 위한 전쟁에 참가한 네덜란드의 육군 외과의사들도 전투가 있고 나면 수술칼과 들통을 들고 전장으로 달려나갔다고 한다. 사형 집행인들이 파는 인간의

육아조직과 뇌연화증도 사라졌다. 피진도, 소모열도 없어졌다. 예전에는 치료에서도 문학적이고 상상을 자극하는 풍미가 있었다. 1899년의 《머크 매뉴얼Merck Manual》에서는 변비 치료법으로 "옷을 입으면서 뜨거운 칼즈배드 물 한 컵을 홀짝홀짝 마실 것"을 권하고 있고, 불면증 치료법으로는 잘 이해가 안 되지만 사랑스럽게도 "내륙으로 이사 가는" 방법을 권하고 있다.

지방은 소나 양의 지방처럼 포장돼 최저가에 거래됐는데, 이와 경쟁하기 위해 17세기 약사들은 향내 나는 허브를 첨가하고 고상한 이름을 붙이곤 했다. 《코딕 조제해설서Cordic Dispensatory》의 17세기 판본에는 "여인버터(Woman Butter)"와 "가엾은 죄인의 지방(Poor Sinner's Fat)"이 수록돼 있다. 이는 비교적 산뜻하지 못한 품목을 내놓을 때 약제사들이 오래전부터 쓰던 비법이었다. 중동지방의 약제사들은 생리혈에 장미향을 첨가해 "처녀의 극치(Maid's Zenith)"라는 이름을 붙여 팔았다. C. J. S. 톰슨의 책에는 "인간 두뇌의 정기(Spirit of the Brain of Man)"를 조제하는 법이 수록돼 있는데, 여기에는 뇌("뇌막, 동맥, 실핏줄, 신경이 모두 포함된")뿐 아니라 모란, 검은버찌, 라벤더, 백합 등도 첨가됐다.

톰슨은 인체를 이용한 치료 약의 대부분은 단순한 연상 작용을 바탕으로 처방되었다고 쓰고 있다. 황달 때문에 피부가 노래졌다? 오줌을 한 잔 마신다. 머리카락이 빠진다? 머리카락을 정제한 특효약으로 두피를 문지른다. 머릿속이 정상이 아니다? "두개골의 정기(Spirit of Skull)"를 코로 흡입한다. 류머티즘에는 인간의 뼈에서 정제해 낸 골수와 기름을 처방했고, 오줌 찌끼는 요로결석을 치료하는 것으로 알려졌다.

어떤 경우에는 역겨운 처방이 의학적으로 올바른 방향으로 나아가는 일종의 샛길 역할을 하기도 했다. 담즙은 그 자체로 청각장애를 치료하는 효과가 있는 것은 아니다. 그러나 만일 귀지가 쌓여 생긴 문제라면 산성인 담즙이 필시 귀지를 녹여 줄 것이다.

사람의 엄지발톱은 구토제가 아니지만, 입에 넣으면 토하게 될 수도 있을 거라는 생각이 든다. 마찬가지로 "맑은 액변"은 독버섯에 대한 진짜 해독제는 아니지만, 만일 환자의 뱃속에서 독버섯을 토해 내게 만드는 게 목적이라면 이 이상 효과적인 것도 별로 없을 것 같다. 자궁탈출증에는 대변을 연고로 썼는데, 대변이 주는 혐오감을 생각하면 이해가 간다. 히포크라테스 이전 시절 의사들은 여성 생식계를 하나의 신체 기관으로 보지 않고 별도의 독립된 개체로, 자기 자신의 의지가 있는 "종잡을 수 없는" 존재로 보았다. 그래서 만일 출산 후 자궁이 제자리에서 빠져나오면, 뭔가 냄새가 고약한 것을 -주로 똥을- 살짝 문질러 주는 것으로 제자리로 돌려보낼 수 있으리라 생각했다. 인간의 침 속 활성성분은 천연 항생제이므로 개에게 물린 데나 눈의 염증, "액취증" 등에 이용했는데, 물론 당시에는 왜 치료 효과가 있는지 아무도 몰랐다.

타박상이나 기침, 소화불량, 복부 가스 팽만 등과 같은 가벼운 병증은 며칠이면 저절로 사라진다. 이 점을 감안하면 약의 효력에 대한 소문이 어떻게 퍼질지 쉽게 짐작이 간다. 용법이나 용량을 정확히 따진 상태의 투약 실험 사례는 없었으며, 모든 것은 풍문으로 들은 증거를 기반으로 했다.

'편도선염에 걸린 피터슨 부인에게 똥을 좀 드렸더니 이젠 괜찮아졌어요!'

104년 동안 의사들 사이에 베스트셀러 참고서 자리를 지켜온 《머크 매뉴얼》의 편집자 로버트 버코우Robert Berkow에게, 효력이 전혀 입증되지 않은 기상천외한 의약품이 어떻게 생겨나는지 그 과정을 물었더니 그는 이렇게 말했다.

"설탕으로 만든 알약이 진통 효과가 있다는 응답이 25~40퍼센트나 나오는 걸 보면 이런 치료제가 사람들 사이에서 어떻게 약으로 쓰이게 됐는지 어느 정도 이해가 갈 겁니다."

또 그는 "평균적인 병증의 평균적인 환자가 평균적인 의사에게 치료를 받았을 때 증세가 호전되기 시작한" 것도 1920년대에 들어선 뒤부터였다고 덧붙였다.

인간을 재료로 만든 특효약 중 널리 쓰이게 된 몇 가지는 약을 조제할 때 유효하다고 생각하여 넣은 성분 때문이 아니라 그 바탕이 되는 재료 때문이었을 가능성이 더 크지 싶다. 톰슨의 책에는 "찰스 왕의 물방울(King Charles' Drops)"(영국 국왕 찰스 2세는 부업으로 화이트홀에 개인 연구소를 차려 놓고 인간 두개골 팅크제 사업을 활발하게 벌였다)을 만드는 방법이 소개돼 있는데, 여기에는 "두개골의 혼"뿐 아니라 아편 230그램과 포도주 주정 네 손가락(진짜로 손가락을 넣으라는 게 아니라 양을 재는 단위다)도 첨가됐다. 유럽에서는 쥐, 거위, 말의 배설물을 포도주나 맥주에 타서 간질 치료제로 사용했다. 마찬가지로, 《본초강목》에서는 인간의 음경을 가루로 만들어 "술과 함께 마신다"고 되어 있다. 치료는 안 되겠지만, 분위기는 한층 띄워 줄 것이다.

사체를 재료로 만드는 약이 거부감이 들 수도 있다. 하지만 이는 요리문화의 차이와 마찬가지로 대체로 자신이 무엇에 익숙해져 있는가에 달려 있다. 골수로 류머티즘을 치료하고 땀으로 연주창을 치료하는 것은, 예를 들어 인간의 성장호르몬으로 왜소발육증을 치료하는 행위보다 심하지도 잔인하지도 않다. 우리는 사람의 피를 주입하는 것에 대해서는 전혀 혐오감을 품지 않으면서도 거기에 몸을 담그는 것은 생각만 해도 소름 끼쳐한다. 귀지를 약으로 쓰던 옛날로 돌아가자는 게 아니라, 약간만 마음을 가라앉히고 생각해 보자는 말이다. 1976년도에 《본초강목》의 영문판을 편집한 버나드 리드Bernard E. Read는 다음과 같이 지적했다.

"오늘날 사람들은 활성 원소와 호르몬·비타민, 질병에 대한 독특한 치료제를 찾아 온갖 종류의 동물 조직을 연구하고 있다. 그뿐 아니라 아드레날린, 인슐린, 에스트론, 월경독 등의 발견으로 볼 때, 대상이 불쾌하게 여겨진다 해도 그것을 극복해야만 가치 있는 것을 얻어낼 수 있다는 개방적인 자세를 취할 수밖에 없다."

실험에 착수한 우리는 돈을 갹출하여, 시립 시체보관소에서 사체를 샀다. 병이나 노환으로 죽지 않고 폭력에 의해 사망한 사람의 시신을 골랐다. 이렇게 우리는 두 달 동안 사람고기만을 먹으며 지냈고, 다들 더 건강해졌다.

화가 디에고 리베라Diego Rivera는 회고록 《내 예술, 내 인생My Art, My Life》에서 위와 같이 적고 있다. 그는 어느 파리 모피상인이 자기 고양이에게 고양이 고기를 먹여 고양이 모피가 더 질겨지고 윤기가 나게 했다는 이야기를 들었다. 그래서 그는 1904년에 함께 해부학을 (당시 미술학도들에게 해부학 공부는 필수였다) 공부하고 있는 동료들 몇몇과 함께 그 효과를 직접 체험해 보기로 했다. 리베라가 이 이야기를 꾸며 냈을 수도 있지만, 현대에 와서도 인간을 약재로 사용했음을 생생하게 보여 주는 예가 되기 때문에 이 책에 소개했다.

리베라를 제외하고 20세기 들어 "두개골의 정기"나 "처녀의 극치"에 가장 가까이 다가간 예로는 사체의 피를 의료용으로 사용한 사례가 있다. 1928년에 V.N. 샤모프Shamov라는 소련 외과의사는 산 사람에게서 뽑은 피 말고 죽은 자의 피를 수혈에 이용할 수 있을지 보려는 실험에 착수했다. 실험은 소련의 전통에 따라 먼저 개를 대상으로 이루어졌다. 그는 시체로부터 6시간 이내에 피를 뽑아낼 경우, 그 피를 수혈받은 개에게 아무런 거부 반응도 나타나지 않음을 알게 됐다. 시체 내에 있는 피는 6~8시간 동안 비감염 상태를 유지했고 혈액세포 또한 산소를 전달하는 능력을 잃지 않는 것으로 나타났다.

2년 뒤, 모스크바의 스클리포소프스키 연구소(Sklifosovsky Institute)가 샤모프의 연구에 대한 소문을 듣고 인간을 상대로 실험을 하기 시작했다. 이들은 실험에 어찌나 열중했는지 특수 수술실까지 설치하여 그곳에서 사체들을 받았다. 《수술》지 1959년 10월호에서 B.A. 페트로프Petrov는 "길거리에서, 사무실에서, 또 그밖에도 사람들에게 갑작스러운 죽음이 닥친 곳으로부터 응급차들이 사체들을 실어 왔다"고 썼다. 제9장에서 소개했던 신경외과의사 로버트 화이트가 내게 들려준 바에 따르면, 소련 시절에는 사체가 공식적으로 국가 소유였고, 따라서 국가가 사체를 가지고 뭔가를 하고 싶으면 그렇게 했단다. (아마도 피를 뽑은 다음에는 시신을 가족들에게 돌려주었을 것이다.)

시체는 산 사람들과 거의 같은 방법으로 헌혈한다. 다만 바늘이 팔이 아니라 목에 들어가고, 또 심장이 움직이지 않아 피가 저절로 솟지도 않기 때문에 몸을 기울여 흘러나오게 해야 한다. 페트로프는 사체를 "트렌델렌부르크(Trendelenburg) 체위"가 되게 놓았다고 했다. 그의 논문에는 경정맥이 튜브에 연결된 펜화와 살균된 특수 병 안으로 피가 흘러 들어가는 사진이 첨부돼 있는데, 그 자리에 차라리 저 수수께끼 같은 트렌델렌부르크 체위가 어떤 모양인지를 보여 주는 그림을 넣었다면 더 좋았을 듯싶다.

내가 호기심을 갖는 이유는, 뮈터 박물관의 2001년도 달력 덕분에 "부인과 검진을 위한 심즈$_{Sims}$ 체위"*의 흑백사진을 한 달 동안 벽에 걸어두고 보며 지냈기 때문이다. (심즈는 이렇게 썼다. "환자는 왼쪽 옆구리를 깔고 누운 채, 다리를 구부린다. 오른쪽을 왼쪽보다 위로 더 많이 구부려야 한다. 팔은 등 뒤에 걸치고 가슴은 앞으로 내민다." 이는 나른하면서 대단히 선정적인 자세이다. 우리의 심즈 박사가 이 체위를 권장하게 된 게 이 자세가 의사가 검진 부위

---

* 심즈 체위는 오늘날 볼 수 없지만, 뉴욕 시 센트럴 파크에 가면 조각상으로 남은 심즈 박사를 볼 수 있다. 내 말이 믿기지 않거든 《항문병학의 로맨스The Romance of Proctology》의 56쪽을 직접 찾아 보면 된다. (심즈는 신체의 구멍에 관한 한 일종의 애호가가 아니었나 싶다.) 추신: 대충 훑어 보았지만 나로서는 그 책의 '로맨스'가 무슨 뜻인지 알 수 없었다.

를 쉽게 살펴볼 수 있기 때문이었는지 아니면 당시 야한 모델들이 즐겨 취한 자세와 비슷하기 때문이었는지 궁금해하지 않을 수 없다.)

찾아본 결과 (내가 워낙 산만하다 보니 《수술》지에서 "트렌델렌부르크 체위를 넘어: 프리드리히 트렌델렌부르크Friedrich Trendelenburg의 삶과 그가 외과에 남긴 업적들"이라는 글을 읽은 덕분에 알게 됐는데) 트렌델렌부르크 체위란 그저 다리가 위로 가고 머리가 아래로 가도록 45도 각도로 기울어지게 누운 자세를 가리키는 말이었다. 트렌델렌부르크는 이 자세를 비뇨 생식기 수술에 사용했다. 복부 안의 기관들이 무게 때문에 상체 쪽으로 쏠리면서 수술에 방해가 되지 않게 되기 때문이다. 기사의 필자는 트렌델렌부르크가 외과 분야의 거물이자 뛰어난 혁신가였던 것으로 묘사하면서, 그토록 뛰어난 사람이 의학에 남긴 작디작은 공헌으로만 기억되고 있다는 사실을 개탄했다. 나는 그가 의학에 남긴 또 한 가지의 작디작은 공헌을 여기 소개함으로써 그 사태를 악화시키고자 한다. 바로, "아바나 여송연으로 병원의 불쾌한 냄새를 바꾼" 것이다. 한 가지 아이러니는 그 기사에 의하면 트렌델렌부르크가 치료 목적으로 피를 흘리는 행위를 공개적으로 비난했다는 사실이다. 그렇지만 그는 사체의 피에 대해서는 아무 의견도 내놓지 않았다.

스클리포소프스키 연구소는 사체의 피를 28년간 순조롭게 수혈에 사용했다. 모두 25톤 정도인데, 연구소의 부속 병원에서 필요로 하는 양의 70퍼센트에 해당하는 분량이다. 이상하게도, 사실 어떻게 보면 그리 이상할 것도 없지만, 소련 외에서는 사체의 헌혈이 유행하지 않았다. 미국에서는 단 한 사람이 이 일을 감히 실행에 옮겼다. 바로 잭 키보키언Jack Kevorkian이다. 나중에 100여 명의 안락사를 도와주어 "저승사자 의사"라는 별명을 얻은 사람인데, 그러기 훨씬 전에 이미 그 별명의 주인 자격을 얻은 것 같다. 1961년에 그는 소련에서 사용한 방식을 적용하여 사체 네 구의 피를 빼내 살아 있는 환자 네 명에게 수혈했다. 환자들은 모두 산 사람에게 수혈받을 때와 비교적 비슷한 반응을 보였다. 키보키언은 죽은 헌혈자의 가족에게 자신의 행동을 알리지 않았는데, 어차피 보존 처리 과정에서 시체의 피를 빼낸다는 이유에서였다. 그는 또 피를 수혈받은 환자들에게도 입을 다물었기 때문에, 네 명의 뜻하지 않은 실험대상들은 지금 자기 몸속으로 흘러 들어오는 피가 시체에서 뽑은 것이라는 사실을 몰랐다. 이들에게도 사실을 알리지 않은 근거는 이랬다. 그것이 소련에서 30년 동안 사용된 기술이므로 안전한 것이 분명하고, 따라서 만일 환자들이 거부감을 갖는다 해도 "새로우면서 약간은 불쾌한 아이디어에 대한 감정적인 반응"일 뿐이라는 것이었다. 이는 파스타 소스에다 대고 자위한다는 소문이 있는 변태 요리사들이나 써먹을 만한 변명이다.

그밖에 《본초강목》과 톰슨, 레메리, 포메의 글에서 언급된 인간의 온갖 신체 부위 가운데 오늘날 의학에 쓰이고 있는 것은 한 가지밖에 찾을 수 없었다. 바로 태반이다. 미국과 유럽의 산모들은 산후우울증을 피하기 위해 간혹 태반을 먹는다. 레메리나 리스전의 시대(정신 착란, 쇠약, 의지박약, 결막염 등의 치료용)와는 달리 오늘날에는 태반을 약제사들에게서 살 수 없다. 자신의 것을 직접 요리해 먹어야 한다. 이는 임신 관련 웹사이트 대여섯 군데에서 찾아낼 수 있을 정도로 주류에 속하는 전통이다. "가상 출산 센터(Virtual Birth Center)"라는 웹사이트에서는 태반 칵테일(야채주스 240그램, 얼음 조각 2, 당근 1/2컵, 생 태반 1/4컵을 믹서에 넣어 10초간 돌린다), 태반 라자냐, 태반 피자 조리법을 배울 수 있다. 라자냐와 피자는 산모 말고도 누가 같이 먹을 거라는 생각이 드는데-저녁 식사로 내놓는다든가 학부모 모임에서 간식거리로 나올 법하므로-, 그러기 전에 손님들에게 미리 귀띔해 주기만을 바랄 뿐이다.

영국의 "35세+엄마(Mothers 35 Plus)" 사이트에는 태반구이와 태반말랭이를 비롯하여 "여러 가지 멋진 요리법"이 올라와 있다. 언제나 개척 정신이 강한 영국 TV는 채널 4의 인기 프로그램인 〈TV 디너TV Dinners〉에서 마늘태반볶이 조리법을 방영했다. 1998년에 방영된 이 프로그램은 시청자 아홉 명의 항의를 받고 방송심의위원회로부터 가벼운 징계를 당했으며, 이를 두고 어느 뉴스에서는 사안에 대한 "과민한" 반응이었다고 보도하기도 했다.

나는 《본초강목》에 수록된 인체 부위 가운데 오늘날 중국에서 사용되고 있는 부분이 더 있는지 알아보기 위해 학자이자 저술가로, 《중국의 식인Cannibalism in China》를 쓴 케이 레이 총Key Ray Chong에게 연락했다. 그는 제목만 보면 다정다감하게 느껴지는 "사랑하는 사람들을 위한 치료"라는 글에서 상당히 끔찍한 역사적 사실

몇 가지를 소개한다.

그에 따르면 손아랫사람들(대개는 머느리)이 자신의 몸에서 살을 베어 내 병든 웃어른(대개는 시어머니)의 원기를 회복시키는 특효약을 만들어 바침으로써 효심을 보일 것을 강요받았다고 한다. 이런 관습은 송나라(960~1126) 시대에 본격적으로 자리를 잡기 시작하여 명나라 시대를 지나 1900년대 초까지 이어졌다. 총은 이에 대한 증거를 표로 만들어 제시하고 있는데, 각기 해당 정보의 출처, 기증자, 수혜자, 베어낸 부위, 그것으로 만든 음식이 표시돼 있다. 환자들의 식사로 언제나 무난한 국과 죽이 가장 흔한 음식이었는데, 다만 두 경우 모두 구운 살점을 함께 내놓았다(하나는 오른쪽 유방, 다른 하나는 넓적다리와 상박). 실험정신이 강한 어떤 아들은 "왼쪽 허리 지방"을 아버지에게 드렸는데, 이는 아마도 복부지방절제술의 문헌상 최초 기록이 될 것 같다. 이 표는 보기에는 좋지만 좀더 자세한 정보를 보고 싶은 마음이 굴뚝같은 상황에서는 좀 답답하게 느껴진다. 시어머니에게 자기의 왼쪽 눈을 바친 어린 며느리는 자신의 헌신적인 마음을 표현하려 한 걸까, 아니면 앙심을 품고 시어머니를 몸서리치게 만들려 한 걸까? 명나라 시대의 사례는 그 수가 너무나도 많아, 총은 개별적인 사례를 표로 만들지 않고 범주별로 나눠 각 사례별 건수만 나열했다. 넓적다리 286조각, 팔 37조각, 간 24조각, 어딘지 알 수 없는 부위 13조각, 손가락 4개, 귀 2개, 구운 유방 2개, 갈비뼈 2개, 허릿살 1개, 무릎 1개, 뱃가죽 1개가 병든 노인들에게 바쳐졌다.

리스전이 이러한 관습을 비난했다는 점이 흥미롭다. 버나드 리드는 이렇게 썼다.

"리스전은 무지한 사람들 사이에 이러한 관행이 있음을 인정하면서, 부모는 아무리 아파도 자기 자식들에게 그런 희생을 기대해서는 안 된다고 보았다."

오늘날의 중국도 당연히 그의 의견에 공감하겠지만, 그럼에도 불구하고 이런 관습에 대한 보도가 가끔씩 들려온다. 총은 1987년 5월 〈타이완 뉴스Taiwan News〉에 실린 기사를 인용하면서, 병든 어머니를 위해 자신의 넓적다리를 베어 요리한 사건을 소개한다.

총은 "오늘날에도 중화인민공화국에서는 일부 질병을 치료하기 위해 사람의 손·발가락, 손·발톱, 말린 오줌, 대변, 모유 등을 사용할 것을 정부 차원에서 강력히 권장하고 있다"고 쓰고 있지만 (그는 《중약대사전中藥大辭典》을 인용한다), 실제로 먹고 있는 사람을 내게 소개시켜 주지 못했고 나 또한 추적을 말 그대로 포기하고 말았다. 그러다가 몇 주 뒤 그에게서 이메일이 하나 날아왔다. 그 주에 발행된 〈재팬 타임스Japan Times〉에 실린 "중국인 3백만 명이 오줌을 마신다"는 제목의 기사가 첨부돼 있었다. 비슷한 시기에 나는 인터넷에서 우연히 글을 한 편 찾아냈다. 이제는 폐간된 〈홍콩 이스턴 익스프레스Hong Kong Eastern Express〉의 기사를 〈런던 데일리 텔레그라프London Daily Telegraph〉가 그다음 날 인용 보도한 기사인데, 홍콩 근처에 있는 선전(深圳)시의 공·사립 병·의원에서 피부병이나 천식 치료제 및 강장제로 낙태아를 팔거나 나눠 주고 있다는 내용이었다. 〈익스프레스〉 기자는 태아를 구하는 여자로 위장하여 선전 여성 아동 보건센터에 갔다가 이런 말을 들었다고 주장했다.

"오늘 낙태한 태아가 열 개 있어요. 대개는 우리 의사들이 집에 가져가서 먹죠. 그런데 당신은 그리 건강해 보이지 않으니 당신에게 드릴게요. 가져가서 드세요."

기사 내용은 거의 촌극에 가까운 수준이다. 병원 청소원들이 "저 귀한 보약을 서로 가져가려고 다투는" 사례도 있고, 홍콩 뒷골목에서 허름한 옷을 입은 사람들이 태아를 하나에 300달러씩 받고 팔기도 하며, 또 "친구들을 통해 태아 약을 알게 된" 어느 소심한 사업가는 천식 치료를 위해 2주에 한 번씩 보온병을 들고 남몰래 선전시로 가서 "한 번에 20~30개씩"을 가져온다는 내용도 있었다.

이 기사도 그렇고 300만 명의 중국인들이 오줌을 마신다는 기사도 그렇고, 나로서는 이게 사실인지, 부분적으로 사실인지, 아니면 노골적으로 중국인들을 공격하려는 의도에서 쓴 글인지 알 수 없었다. 사실 여부를 알아내기 위해 나는 중국인 통역가이자 연구원으로 예전에 중국에서 나를 위해 힘써 주었던 샌디 완Sandy Wan에게 연락했다. 알고 보니 샌디는 선전시에서 살았던 적이 있고, 기사에서 언급된 병원들 얘기를 들어본 적도 있으며, 친구들이 아직도 거기 살고 있다고 했다. 그리고 그 친구들은 고맙게도 태아를 찾아다니는 환자 역할을 해 주었다. 그것도 기꺼이.

샌디의 친구 우Wu와 가이Gai는 약용으로 쓸 태아를 구할 수 있다는 소문을 들었다며 개인 의원들부터 찾아다녔다. 두 사람 모두 같은 대답을 들었다. 예전에는 태아를 구할 수 있었지만, 얼마 전에 선전시 당국이 태아나 태반의 판매를 법적으로 금지시켰다는 것이다. 그리고 그것들을 "통합경영되는 건강관리 제품 회사"가 수집해 간다고 했다. 그게 무슨 말인지, 또 "그것들"로 무엇을 하는지는 금방 알게 됐다.

우는 그 지역에서 가장 큰 국립병원인 선전 인민의원의 중의학과에 가서, 얼굴에 생긴 피부병의 치료를 의사에게 부탁했다. 의사는 타이바오(胎寶) 캡슐이라는 것을 권했는데, 병원 약국에서 병당 2.5달러씩에 팔리고 있었다. 우가 어떤 약인지 묻자 의사는 낙태아와 태반으로 만든 것이라 대답하면서 피부에 아주 좋다고 말했다. 한편 내과에 간 가이는 의사에게 천식이 있다고 말하고 친구들이 낙태아를 권하더라고 말했다. 의사는 태아를 환자들에게 직접 판매하는 사례는 들은 적이 없다면서, 보건국에서 관리하는 회사가 걷어 가서 캡슐로 만든다고 했다. 바로 우양이 처방받은 그 타이바오 캡슐이었다.

또 샌디는 자신이 사는 도시인 하이커우(海口)시에서 의사로 일하는 친구에게 〈익스프레스〉 기사를 읽어 주었다. 샌디의 친구는 기사가 과장됐다고 생각하면서도 태아 조직이 건강에 이로운 점이 있기 때문에 이를 쓰는 것은 괜찮다는 반응을 보였다. 그녀는 이렇게 말했다.

"그걸 다른 쓰레기들과 함께 내버린다면 애석한 일이지." (그리스 도교인인 샌디는 태아를 그런 식으로 이용하는 것을 부도덕하다고 생각한다.)

내가 보기에 중국인들은 무엇을 입에 넣는가 하는 문제에서만큼은 미국인들에 비해 훨씬 더 실용적이며 덜 감정적인 것 같다. 타이바오 캡슐의 존재에도 불구하고 나는 중국인들 편이다. 힌두교도들이 소를 숭배한다고 하여 우리가 소를 가지고 허리띠와 고깃덩이를 만드는 게 잘못이지는 않듯, 미국인들이 개를 사랑한다고 해서 페이샨(沛縣)의 중국인들이 개고기를 빵에 싸서 아침식사로 먹는 게 부도덕해지지는 않는다. 우리는 누구나 성장 배경과 문화에 길들여지며 자라났다. 정말 합리적인 사회라면 식인행위를 떳떳하게 받아들일 것이라 생각하는 사람들도 있다. (적어도 한 명은 있다.) 디에고 리베라는 회고록에서 이렇게 쓰고 있다.

"인간이 현재의 기계적이고 원시적인 수준보다 더 고차원적인 문명에 다다르면 인육을 먹는 행위는 용납될 것이다. 그때쯤이면 모든 미신과 불합리한 금기를 모두 내던졌을 것이기 때문이다."

물론 태아를 알약으로 만들어 먹는 문제는 산모의 권리가 개입되어 있기 때문에 복잡하다. 만일 알약으로 만들기 위해 병원이 낙태아를 판다면 –아니면 거저 나눠 주든– 적어도 산모의 동의는 얻어야 할 것이다. 그러지 않는다면 매정하고 무례한 일이다.
만일 타이바오 캡슐을 미국에서 판매하려 한다면 실패를 면치 못할 것이다. 한 가지 이유는 보수 종교에서 모든 태아의 지위를 완전한 인간과 같은 수준에 놓고 있기 때문이다. 발생학적으로 태아보다 더 분화한 형제들이 누리고 있는 권리 전부를 태아들 역시 고스란히 지니고 있다고 생각하는 것이다. 또 한 가지 이유는 체질적으로 까다로운 미국인들의 성격 때문이기도 하다. 중국인들은 까다로운 사람들이 아니다. 샌디는 "세 번 비명을 지른다"는 유명한 중국 음식 이야기를 들려주었다. 갓 태어난 새끼 쥐를 어미에게서 빼앗아(첫 번째 비명), 뜨겁게 달군 프라이팬에 넣고 익혀(두 번째 비명), 먹는다(세 번째 비명).

그렇지만 우리 역시 바닷가재를 끓는 물에 산 채로 넣기도 하고, 또 집에 쥐가 돌아다니면 풀을 칠한 덫을 놓아 발바닥이 붙은 채 굶어 죽게 만들고 있지 않은가. 그러니 성급히 돌멩이를 던지지는 않도록 하자.

나는 이런 궁금증이 들기 시작했다. 혹시 사람고기를 단순히 실용적인 이유 때문에 식용으로 쓰는 문화가 있을까?

중국에는 오랫동안 식인행위를 해온 생생한 역사가 있지만, 식인과 관련된 금기가 다른 곳보다 더 약한 것 같지는 않다. 중국 역사를 통틀어 수천 번 있었던 식인행위 가운데 절대다수는 굶주림 때문이거나 전쟁 동안 적개심이나 복수심을 보이기 위해 어쩔 수 없이 사람고기를 먹은 경우에 해당했다. 사실 식인에 대한 강한 금기가 없었다면 원수의 간이나 심장을 먹는 행위가 심리적으로 그토록 잔인하게 여겨지지는 않았을 것이다.

케이 레이 총은 "맛이 좋아 인간을 먹은" 사례를 열 건밖에 찾아내지 못했다. 다른 먹을 게 없거나 원수가 밉거나 병든 부모를 치료해야 하기 때문이 아니라, 맛도 좋고 그냥 버리기도 아까워 죽은 사람의 살과 장기를 먹는 경우를 말한다. 그는 옛날 중국의 사형 집행인들에게는 —인간의 피와 지방을 팔아 주머니를 불리는 것 외에도— 또 다른 직업적인 혜택이 있었는데, 바로 심장과 뇌를 집에 가져가 먹을 수 있었다고 한다. 현대에 들어서는 주로 살인의 희생자들이 인육으로 먹히는 경향이 있다. 살인자에게는 이것이 기억에 남을 만한 식사인 동시에 시신을 처리하는 편리한 방법이 되는 것이다.

총은 베이징北京의 어느 부부 이야기를 소개한다. 이들은 어느 10대 아이를 죽인 다음 살을 요리하여 이웃들과 나눠 먹었는데, 이웃들에게는 낙타고기라고 말했다 한다. 이 이야기는 《중화일보 Chinese Daily News》 1985년 4월 8일자에 실렸는데, 이들 부부는 전쟁으로 먹을 것이 귀하던 시절 사람고기에 맛을 들여 사람고기 생각이 간절한 나머지 범행을 저질렀다고 자백했다고 한다. 총은 이 기사가 그리 억지스러운 내용이 아니라고 생각한다. 굶주림으로 인한 식인행위는 중국 역사상 널리 퍼져 있었기 때문에, 특히 기근이 심한 지역이라면 세월이 가면서 인육에 대한 취향이 발달했을 수도 있다고 보는 것이다.

인육은 맛이 상당히 좋다고 한다. 1874년에 콜로라도 주에서 탐사부대원으로 복무했던 앨프레드 패커Alfred Packer는 식량이 떨어지자 동료 다섯 명의 고기를 먹었는데 (그는 나중에 그 다섯 명의 동료를 살해한 혐의를 받았다), 그로부터 9년 뒤 어느 기자에게 남자의 가슴 고기가 그가 먹어본 고기 가운데 "가장 맛있는" 고기였다고 털어 놓았다. 1878년에는 망가져 표류하던 범선 샐리 스틸만(Sallie M. Steelman) 호에서 생환한 한 선원이 죽은 동료 선원의 고기를 자신이 먹어 본 "어떠한 비프스테이크에도 뒤지지 않았다"고 말했다. 리베라는 (그의 해부 실습실 이야기를 믿는다면) 여자 사체의 다리와 가슴, 빵가루를 묻힌 갈비를 "진미"로 생각했고, 특히 "비네그레트 소스를 친 여자의 골"을 맛있어했다.

중국인들이 이따금 인육에 맛을 들인다는 총의 이야기도 있고 중국인들의 천성적인 식습관도 있지만, 그럼에도 불구하고 오늘날 맛이 좋아 사람고기를 먹는 행위는 사례를 찾아보기도 힘들거니와 진위를 확인하기는 더더욱 어렵다. 1991년 로이터(Reuters)의 보도("손님들, 인육만두를 맛있게 먹어")에 따르면 하이난(海南)성의 어느 화장장에서 일하던 왕휘라는 남자가 화장 직전에 사체의 엉덩이살과 넓적다리를 베어 냈다가 발각됐다. 그는 그렇게 베어 낸 고기를 근처에서 백사(白寺)라는 이름의 식당을 운영하는 형 왕광에게 주었고, 그렇게 왕광은 3년 동안 동생네 손님들의 아랫도리 고기로 만든 "스촨(四川)식 만두"로 사업을 번창시켰다고 한다. 두 형제가 붙들린 것은 교통사고로 죽은 어느 아가씨의 부모가 화장 직전에 마지막으로 딸을 한 번 더 보고 싶어 했기 때문이었다. 기자는 이렇게 썼다. "그들은 딸의 엉덩이살이 베여 나간 것을 보고 경찰에 신고했다."

2002년 5월 6일에 로이터는 또 한 번 화장장 근무자들의 식인 행위를 기사로 내보냈다. 기사는 프놈펜 출신의 남자 두 사람의 일탈행위를 자세히 실었다. 이들은 사람의 손가락과 발가락을 "안주로 먹은" 죄로 고발당했으나, 식인에 관한 법률이 없어 기소되지는 않았다고 한다.

이러한 이야기에서는 근거 없는 뜬소문 냄새가 물씬 난다. 샌디 완은 자기도 이와 비슷한 이야기를 들었다고 했다. 어느 중국 식당 주인이 교통사고만 나면 부리나케 달려가 죽은 운전자의 엉덩이살을 베어 내서 고기말이찜의 재료로 쓴다는 내용이었다. 그리고 하이난의 로이터 기사에는 의심스러운 구석도 있다. 부모가 딸의 엉덩이를 어떻게 볼 수 있었을까? 마지막으로 딸을 한 번 더 봤을 때에는 딸이 관 안에 똑바로 누워 있었을 텐데. 게다가 로이터가 인용한 《하이난 특구 일보Hainan Special Zone Daily》에 실린 기사 원문에는 범인들의 이름은 명시되어 있으면서도 그들이 사는 곳은 명시되지 않았다. 그 까닭은 무엇일까? 그래도 이건 로이터 기사가 아닌가. 이들은 기사를 지어내지 않는다. 안 그런가?

중국남방항공의 기내식은 햄버거 롤과 알루미늄 접시 안에서 이리저리 굴러다니는, 아무 고명도 얹지 않은 쭈그러진 비엔나 소시지였다. 비엔나 소시지는 햄버거 롤에 넣기에는 너무 작았다. 아니, 그 어떤 롤에 넣기에도 너무 작았다. 심지어 소시지보다 겉껍질이 더 컸다. 기내식인 걸 감안해도 비위가 거슬렸다. 승무원은 식사를 다 돌리자마자 뒤로 돌더니, 곧장 비행기 앞쪽으로 가서 식사를 차례차례 걷어 쓰레기 봉지에 떨구기 시작했다. 아무도 먹지 않으리라는 정확한 판단이었다.

만일 백사식당이 아직도 있다면 앞으로 한 시간 정도 후에 이와 맞먹게 혐오스러운 식사를 주문할 수 있을 것이다. 얼마 후면 비행기는 엉덩이살 형제가 산다는 하이난 섬에 착륙할 것이다. 홍콩에 들렀을 때 나는 하이난에 잠시 들러 이야기를 추적해 보기로 했다. 알고 보니 하이난성은 다른 성에 비해 작은 편으로, 중국 동남해안에서 떨어진 곳에 있는 섬 하나 면적이라고 한다. 이 섬에는 대도시가 하나 있다. 하이커우다. 그리고 장의사인 척하고 (기자임을 밝히고 문의 메일을 보냈더니 답장이 오지 않았기 때문에) 공식 "하이난 윈도우" 웹사이트 관리자에게 이메일을 보내 알아본 바에 따르면 이 하이커우에는 화장장이 한 군데 있다. 만일 그 기사가 사실이라면 사건은 바로 거기에서 일어났을 것이다. 나는 화장장에 가서 왕광과 왕휘 형제를 추적하여, 그들의 동기가 무엇인지 물어볼 생각이다. 그저 손쉽게 돈을 벌어 보려는 욕심 때문이었을까, 아니면 단순히 실리적으로 생각해서 멀쩡한 고기를 태워 없애는 게 아까워 그랬을까. 자신의 행동이 잘못됐다는 생각은 없었을까? 그 만두를 본인들도 먹고 맛있어했을까? 모든 시체를 이런 식으로 재활용해야 한다고 생각했을까?

하이난의 웹사이트 관리자와 편지를 주고받으면서 나는 하이커우가 작고 밀집된, 거의 자그마한 시가지 수준의 도시에 주민

대다수가 영어를 하는 곳일 거라고 믿게 됐다. 그 관리자는 화장장의 주소를 알지 못했는데, 그래도 나는 사람들에게 그냥 물어보면 찾아갈 수 있을 줄 알았다. 그가 "그냥 택시 기사에게 물어봐도 됩니다" 하고 썼기 때문이다.

그런데 웬걸, "그냥 택시 기사"에게 내가 머물 호텔로 데려가 달라고 하는 데에만도 반 시간이 걸렸다. 그는 영어를 한마디도 하지 못했다. 하이커우의 다른 택시 기사들과 대다수의 주민 역시 마찬가지다. 영어를 할 이유가 없다. 하이난에 오는 외국인은 거의 없고, 다만 본토에서 중국인들이 휴가차 올 뿐이니까. 택시 기사는 결국 영어가 몇 마디 되는 친구에게 전화를 걸었고, 덕분에 나는 방대하게 펼쳐져 있는 도시 한가운데의 현대식 고층빌딩 안에 들어서게 됐다. 지붕에 거대한 붉은 한자로 적힌 글자가 이 호텔의 이름이지 싶다. 중국의 대도시 호텔 방은 끝을 삼각형으로 접은 화장지, 손님들에게 제공되는 무료 샤워 모자 등 서구의 호텔을 본떠 꾸며진 모습이다. 그렇지만 사랑스럽게도 항상 어딘가 아주 약간씩 이상한 데가 있다. 이 방에서는 "Shampoo"가 아니라 "Sham poo"라고 띄어 쓴 딱지가 붙은 쪼끄만 병과 시각장애인 안마 서비스 광고지가 거기에 해당한다. 지친 나는 침대에 쓰러졌다. 그러자 침대가 마치 폭격이라도 당한 것처럼 요란한 소리를 낸다. 자칫 폭삭 주저앉았을 수도 있겠다는 생각이 든다.

아침에 나는 호텔 프런트에 물어보았다. 직원 중 한 명이 영어를 약간 할 수 있어서 도움이 됐다. 그렇지만 그 아가씨는 "안녕하

세요?" 하고 말해야 할 상황에서 "괜찮으세요?" 하고 물음으로써 사람을 불편하게 만드는 습관이 있었다. 그 말을 들으니 엘리베이터에서 내리다 카펫에 걸려 넘어진 기분이 든다. 그녀는 "택시"라는 낱말을 알아듣고 바깥을 가리켰다.

전날 밤 나는 여행 준비를 하면서 택시 기사에게 보여 줄 그림을 그려두었다. 사람이 불 위에 누워 있는 그림이다. 곁에다 유골함도 그렸다. 그려놓고 보니 유골함은 러시아의 사모바르 주전자 같아 보인다. 택시 기사에게는 내가 몽골리안 바비큐를 먹을 만한 곳을 찾는 것으로 보일 가능성이 다분히 있었다. 그런데도 기사는 내가 그린 그림을 이해하는 것 같았다. 그는 차를 출발시켜 자동차들의 대열 속으로 끼어들었다. 우리는 오랫동안 차를 달렸다. 실제로 시가지를 벗어나 화장장이 있다는 변두리를 향해 가고 있는 것 같았다. 그러다가 나는 내가 묵고 있는 호텔이 오른쪽에 지나가는 것을 보았다. 우리는 빙글빙글 돌고 있었던 것이다. 어떻게 된 거야? 기분이 좋지 않았다. 나는 흥이 나서 돌고 또 돌고 있는 기사에게 차를 세우라는 시늉을 하고서, 지도를 꺼내 중국관광국이라 표시된 곳을 가리켰다.

우여곡절 끝에 택시는 휘황하게 불을 밝힌 닭튀김집 앞에 멈춰 섰다. 미국 같으면 "제대로 된 치킨!"이라 써 놓았을 법한 곳인데, 여기서는 "새 됐다 치킨!"이라는 뜻의 영어 구호가 붙어 있다. 택시 기사가 몸을 돌리더니 요금을 내라고 했다. 우리는 한동안 서로에게 소리를 지르다가, 어느 순간 그가 차에서 내려 닭튀김집 바로 곁에 있는 쪼끄맣고 어둑한 가게로 다가가 간판을 열심히 가리켰다. 외국인을 위한 관광안내소라 적혀 있었다. 그는 제대로 온 것이었다. 그런 줄도 모르고 따졌던 나만 새 됐다.

안내소 안에 들어서니 다들 담배를 한바탕 피우는 중이었다. 연기의 농도로 보건대 꽤 오랫동안 담배를 피운 것 같다. 연기를 몇 년 동안 계속 피워 모은 듯도 하다. 벽은 맨 시멘트이고 천장은 일부 내려앉는 중이었다. 관광 안내 책자도 열차 시간표도 없었고, 세계지도만 달랑 하나 걸려 있었다. 벽에 설치된 자그마한 제단에는 빨간 전기 양초가 켜져 있고 제물이 한 그릇 올라 있다. 신들은 사과를 잡수시는 중이었다. 뒤쪽 사무실 안에는 포장을 뜯지 않은 새 의자 두 개가 보였다. 나로서는 약간 묘한 데에다 돈을 쓴 것 같다는 생각이 들었다. 천장은 무너져 내리고 있는데, 두세 명 이상의 관광객이 동시에 찾아와 앉을 자리가 필요할 경우는 한 해 내내 거의 없을 듯해 보였기 때문이었다.

나는 거기 있는 여자에게 통역을 한 사람 구하고 싶다고 말했다. 전화 두 통을 걸고 반 시간이 지나자 기적과도 같이 통역이 나타났다. 그 사람이 샌디 완이었다. 나중에 태아 거래에 대한 진상을 추적하는 데에 도움을 준 바로 그 사람이다. 나는 하이커우 화장장 측 사람과 면담을 해야 한다고 말했다. 샌디의 어휘력은 놀라운 수준이었지만, "화장장"이라는 말은 알아듣지 못했다. 흔히 쓰이지 않는 말이니 충분히 이해할 수 있었다.

나는 화장장이 죽은 사람들을 불에 태우는 커다란 건물이라고 설명했다. 그녀는 죽은 사람들을 불에 태운다는 부분을 놓치고 내가 어떤 공장을 찾고 있는 것으로 생각했다.

"뭘 태운다구요?"

샌디가 물었다. 외국인을 위한 관광안내소 직원들 전부가 우리 대화를 알아들으려 애쓰며 귀를 쫑긋 세우고 있었다.

"죽은 사람들요…… 태우는 곳이요."

나는 난감한 미소를 지었다.

"시신 말이에요."

"아."

샌디가 말했다. 그녀는 눈도 깜짝하지 않았다. 그녀가 직원들에게 내 말을 설명하자, 그들은 이런 관광객이 하루가 멀다 하고 찾아온다는 듯 고개를 끄덕였다. 샌디는 내게 화장장 주소를 물었다. 내가 모른다고 대답하자 그녀는 안내센터에 전화를 걸어 화장장 전화번호를 알아냈고, 거기에 전화를 걸어 주소를 알아내는가 하면 화장장 국장과의 면담까지 주선해 주었다. 그녀의 능력은 놀라웠다. 그녀가 국장에게 뭐라고 말했는지, 혹은 내가 그를 만나 무슨 이야기를 할 거라 생각하는지 상상이 가지 않았다. 나는 화장장 국장에게 약간 미안한 생각이 들기 시작했다. 슬픔에 빠진 외국인 미망인이 찾아올 거라고 생각하고 있거나, 아니면 비용을 줄이고 효율을 극대화할 수 있는 새로운 장비를 팔러 온 영업사원의 접대를 기대하고 있을지도 모르는 일 아닌가.

택시 안에서 나는 샌디가 해 줬으면 하는 일을 어떻게 설명하면 좋을까 궁리했다. '사체의 엉덩이살을 잘라 내 자기 형의 식당에서 팔게 한 직원이 있었는지 국장에게 물어봐 주세요.' 아무리 에둘러 말을 만들고 궁리해 봐도 끔찍하게 들렸다. 나는 왜 그걸 알아내야만 할까? 나는 지금 무슨 책을 쓰고 있는 걸까? 샌디가 마음을 바꿀까 봐 두려워 만두에 대해서는 한 마디도 하지 않았다. 나는 어느 장례업 잡지에 낼 기사를 쓰고 있다고 말했다. 택시는 이제 도시를 완전히 벗어나고 있었다. 트럭과 스쿠터들도 거의 오가지 않는다. 사람들은 소달구지를 몰고 있고, 베트남 시골에서 볼 수 있는 동그랗고 뾰족한 모자를 쓰고 있었다. 베트남과의 다른 점은 이곳의 모자는 신문지에 코팅을 입혀 만든 것이라는 사실이다. 어딘가에 〈하이난 특구 일보〉 1991년 3월 23일자 신문을 머리에 쓰고 있는 사람이 있지 않을까 궁금했다.

택시는 비포장도로로 접어들었다. 우리는 검은 연기를 뿜고 있는 벽돌 굴뚝을 지나갔다. 화장장이었다. 더 내려가자 부속 장례 회관과 화장장 사무실이 나타났다. 우리는 널찍한 대리석 계단을 따라 국장실로 안내됐다. 이제부터는 상황이 더 나빠지기만 할 것이다. 중국인들은 기자들, 특히 외국인 기자들을 경계한다. 그 가운데에서도 돈을 내고 찾아온 손님의 가족을 자기 직원이 떼어다 만두로 만들지 않았느냐고 묻는 외국인 기자들은 특히 더 경계한다. 나는 도대체 무슨 생각이었던 걸까?

국장실에는 가구도 별로 없고 아주 널찍했다. 벽에는 시계만 하나 외로이 걸려 있었다. 죽음을 어떻게 장식하면 좋을지 몰랐던 것 같다. 국장이 곧 나올 거라는 말을 듣고 샌디와 나는 의자에 앉았다. 자동차 좌석처럼 바닥에 낮게 놓인 가죽 의자였다. 샌디는 앞으로 어떤 끔찍한 일이 벌어질지 모르는 채 내게 미소를 지었다.

"샌디!" 나는 불쑥 말하고 말았다.

"사실대로 말해야겠어요. 시체들의 엉덩이살을 잘라 자기 형에게 준 사람이……."

그 순간 국장이 들어왔다. 국장은 서구적으로 생긴 중국 여자였는데, 족히 180센티미터는 되어 보였다. 바닥에 바짝 붙어 앉은 낮은 자세에서 바라보니 인간의 비율이 아닌 것처럼 보였다. 바깥에 있는 굴뚝처럼 높고 검은 연기도 뿜어낼 것만 같았다.

국장은 책상 너머에 앉았다. 그녀는 나를 보았다. 샌디도 나를 보았다. 나는 멀미가 나려는 것을 느끼며 이야기를 풀어놓기 시작했다. 고맙게도 샌디는 내 이야기를 귀담아듣기만 할 뿐 아무런 표정도 내비치지 않았다. 그녀는 국장에게 내 말을 전달하기 시작했다. 국장은 웃지 않았고, 사무실에 들어선 이후 내내 웃은 적이 없었다. 어쩌면 웃은 적이 한 번도 없는 사람 같기도 했다.

샌디는 왕휘 이야기를 전했다. 그가 일한 곳이 여기일 것으로 생각하며, 잡지 기사를 쓰는데 그를 만나 몇 마디 물어보고 싶다고 말이다. 국장은 팔짱을 끼고 눈을 가늘게 떴다. 코도 벌름거린 것 같다. 그녀의 대답은 10분 동안 계속됐다. 샌디는 내내 정중하게 고개를 끄덕이면서, 패스트푸드를 주문받는 중이거나 쇼핑몰 가는 길을 물어보는 사람처럼 상대의 말을 차분히 경청하는 태도를 유지했다. 나는 깊은 감명을 받았다. 이윽고 그녀가 내게 말했다.

"국장이, 음, 화가 아주 많이 났어요. 국장은 그런 사실을 전해 듣고 대단히…… 놀랐대요. 그런 이야기는 들은 적이 없다면서요. 자기는 여기 직원들을 모두 아는데, 여기서 일한 지 10년이나 됐으니 그런 사정이 있으면 알 거랍니다. 그리고 또 그게…… 정말 망측한 이야기라는군요. 그래서 당신을 도울 수 없답니다."

나는 국장의 대답을 고스란히 통역해 주었으면 하고 생각했다가, 그냥 안 듣는 게 좋겠다고 생각했다.

택시를 타고 돌아오는 동안 나는 샌디에게 내 입장을 최대한 설명했다. 그리고 그녀를 이런 입장에 놓이게 만든 것에 대해 사과했다. 그녀는 웃었다. 우리 둘 다 웃었다. 우리가 하도 웃으니까 택시 기사도 왜 웃는지 자기도 알아야겠다고 했고, 이야기를 들은 그도 역시 웃었다. 택시 기사는 하이커우에서 성장했는데 왕 씨 형제 얘기는 들은 적이 없단다. 나중에 알고 보니 샌디의 친구들 가운데에서도 그런 얘기를 들어 본 사람이 없었다. 우리는 하이커우 시립도서관에 내려 기사 원문을 찾아보기로 했다. 그런데 〈하이난 특구 일보Hainan Special Zone Daily〉라는 신문은 없고 〈하이난 특구 타임스Hainan Special Zone Times〉라는 주간지가 있을 뿐이었다. 샌디는 1991년 3월 23일에 해당하는 〈하이난 특구 타임스〉 기사를 뒤져 보았지만 인육만두가 언급된 기사는 없었다. 옛 전화번호부에서 백사식당도 찾아보았지만 찾을 수 없었다.

하이커우에서는 더는 할 일이 없었으므로 나는 버스를 타고 남쪽 산야(三亞)로 내려갔다. 바닷가 경치가 아름답고 날씨도 화창했다. 그리고 거기서 나는 화장장을 또 하나 발견했다(이 화장장의 국장에게 샌디가 전화를 했지만 먼젓번과 비슷하게 국장의 노여움만 돋구고 말았다.). 그날 오후 나는 바닷가 모래밭에 수건을 깔고 쉬었다. 몇 걸음 떨어진 곳에는 바닷가를 찾는 사람들을 위한 팻말이 세워져 있었다.

"해변에 침을 뱉지 마시오."

나는 혼자 생각했다.

'해변이 악몽을 꾸거나 종기, 눈의 염증, 액취증을 앓고 있는 게 아니라면 말이지.'

인류학자에게 물어보면 사람들이 다른 사람들을 꼬박꼬박 챙겨 먹지 않은 이유는 경제학 때문이라 말할 것이다. 내가 듣기로 중앙아메리카의 어떤 문화권에서는 실제로 사람을 사육-살이 찔 때까지 적들을 가둬 두었다는-하는 농장이 있었다고는 하지만, 그렇게 하는 게 실용적이지는 않았다. 나중에 그들을 잡아먹음으로써 얻을 이익에 비해 그들을 먹이는 데에 들어가는 음식이 더 많기 때문이다. 다시 말해 육식동물과 잡식동물은 가축으로 삼기에는 별로라는 말이다. 미시건 대학교의 인간성장발달센터에서 일하다가 이제는 은퇴한 인류학자 스탠리 간Stanley Garn은 이렇게 말했다.

"인간은 칼로리를 신체 조직으로 변환하는 데에 대단히 비효율적입니다."

내가 그에게 전화한 것은 그가 〈미국의 인류학자American Anthropologist〉에 인간의 살과 영양학적 가치에 대한 글을 실었기 때문이다. 그는 "소가 훨씬 더 효율적"이라 말했다.

그러나 나는 사로잡은 적의 고기를 먹는 문화보다는 자기 나라의 죽은 자들을 먹는 문화에 더 관심이 많다. 갓 죽은 시체 고기가 있으니까 먹고, 또 가끔은 토란 뿌리 말고도 다른 걸 먹게 되어 좋다는 식의 실리적이고 무미건조한 식인 말이다. 밖에 나가서 사람들을 잡아오거나, 잡아와서 살찌우는 수고를 하는 건 영양학적으로 너무 비효율적이지 않은가.

나는 〈미국의 인류학자〉에서, 죽인 적뿐 아니라 자연사한 자기 동족을 먹는 사례들도 실제로 있다는 내용의 기사를 하나 찾아냈다. 간의 글에 대한 답글이었다. 그렇지만 글의 필자인 샌디에이고의 캘리포니아 대학교 인류학자인 스탠리 월런스Stanley Walens는 모든 경우가 의식의 일부로써 거행된 식인이었다고 썼다. 그가 알기로 같은 부족 사람이 죽었을 때 그냥 살을 발라 나눠 먹는 문화는 없다고 했다.

간은 동의하지 않는 것 같다. 그는 "죽은 자기 동족을 먹은 문화는 아주 많다"고 말했는데, 그에게서 더 구체적인 내용은 알아낼 수 없었다. 그는 또 음식이 귀할 때에는 인구 제한 방법의 하나로 갓난아기를 먹는 부족이 많다고 덧붙였다(너무 많아 구체적으로 나열

할 수 없을 정도라 했다.). 나는 그들이 갓난아기들을 죽였는지 아니면 이미 죽은 갓난아기를 먹었는지 알고 싶었다. 그는 대답했다.

"글쎄요. 먹을 때는 죽어 있었겠죠."

스탠리 간과의 대화는 대체로 이렇게 돌아가는 모양이다. 대화를 주고받는 도중에 무슨 일인지 화제가 식인의 영양학으로부터 매립지 쪽으로 -상당히 급작스럽게- 돌아가더니, 주로 그 얘기만 하는 것이다. 그러더니 이렇게 말했다.

"매립지에 대한 책을 써요."

아마 진심이었던 것 같다.

내가 스탠리 간에게 전화를 건 것은 인간의 살과 장기를 영양학적으로 분석한 인류학자를 찾고 있었기 때문이다. 이유는? 그냥, 궁금해서. 스탠리 간이 정확하게 그런 분석을 한 건 아니지만 인육의 살코기와 지방의 비율을 계산한 적은 있다. 그는 인육이 송아지 고기와 비슷하다고 추정했다. 인체의 평균 체지방 비율을 바탕으로 계산한 것이다. 그는 이렇게 말했다.

"현재 대부분의 국가에서 자국민에 대한 그런 종류의 정보를 얻을 수 있습니다. 그러니 저녁 식사로 어떤 고기를 먹고 싶을지 고를 수가 있죠."

나는 소고기와 사람고기가 어느 정도로 비슷한지 궁금했다. 소고기가 그렇듯이 사람고기도 지방이 더 많이 붙은 조각이 더 맛이 좋을까? 그는 물론이라고 대답하면서, 가축과 마찬가지로 영양 상태가 좋은 사람일수록 단백질 성분이 많다고 덧붙였다.

"왜소한 사람들은 먹을 가치가 거의 없습니다."

보아하니 그가 말하는 왜소한 사람은 난쟁이들이 아니라, 영양 상태가 좋지 못한 제3세계 주민들을 뜻하는 말인가 보다.

내가 알기로 자신의 동족이 상당 부분 포함된 음식을 주식으로 삼는 족속은 오늘날 꼭 한 종류뿐이다. 바로 캘리포니아주의 건공들이다. 이 사실은 1989년에 아시아 이민자들이 이웃의 개를 먹지 못하게 하려는 어이없고도 인종차별적인 법률에 대한 자료를 조사하다가 알게 됐다(이웃의 개를 훔치는 게 불법이기 때문에 먹는 것 역시 이미 불법이다.). 예전에 동물 애호 협회는 안락사시킨 애완동물들을 화장시켜 왔는데, 캘리포니아주에서 대기정화법이 제정되면서 공식적으로 "재처리"라 불리는 방법을 사용하기 시작한 상태였다. 나는 어느 재처리 공장에 전화를 걸어 개가 무엇으로 재처리되는지 알아보았다. 공장장은 이렇게 말했다.

"갈아서 골분을 만들죠."

골분이란 비료와 동물 사료에 흔히 들어가는 재료인데, 시중에서 파는 대다수의 개 사료도 여기에 포함된다.

물론 인간은 죽은 뒤 비료로 만들어지지 않는다. 스스로 원하지 않는 이상 그렇다는 말이다.

11
불길 밖으로,
퇴비통 안으로

새로운 장례 방법에
관한 논의

병원에 갔다가 죽은 소는 영안실로 가지 않는다. 대형 냉장실로 들어간다. 포트 콜린스의 콜로라도 주립대학교 수의과 교육병원에 있는 것과 같은 냉장실 말이다. 대형 냉장실에 들어가는 모든 게 그렇듯 이곳의 시신들은 공간을 최대한 활용하는 방향으로 보관되어 있다. 한쪽 벽에는 마치 범람을 막기 위해 쌓아 둔 모래주머니처럼 양들이 쌓여 있다. 소들은 천장에 매달린 갈고리에 걸려 있어서, 부위별 소고기 명칭을 표시한 그림과 비슷해 보인다. 몸통 한가운데가 토막 난 말 한 마리가 바닥에 두 조각으로 놓여 있다. 공연이 끝난 서커스단의 복장 같다.
 농장 동물의 죽음은 물질적·실용적 차원으로 압축된 죽음이다. 즉, 폐기물 처리 수준을 거의 넘어서지 않는다. 하늘나라로 배웅할 영혼도 조문객도 없으므로 죽음을 감독하는 사람은 더 실용적인 방법을 마음대로 시험해 볼 수 있다. 시체를 처분하는 더 경제적인 방법은 없을까? 더 환경친화적인 방법은? 유해를 가지고 뭔가 쓸모 있는 일을 할 수 있지 않을까? 그렇지만 우리 인간의 죽음은 그렇지 않다. 시체를 처리하는 과정은 수십 세기를 내려오면서 추모와 작별의 예식 속에 들어가 자리를 잡았다. 하관식을 하는 자리에 조문객들이 함께했고, 최근에는 조문객들이 지켜보는 가운데 리모컨으로 작동되는 운반장치에 얹힌 관이 화장로 안으로 천천히 밀려들어 가기도 했다. 오늘날에 이르러서는 영결식이 시신 처리 과정과 분리되기 시작했다. 그래서 대부분의 화장은 조문객이 보지 않는 가운데 진행된다. 그렇다면 우리는 이제 자유로이 새로운 가능성을 탐색해 볼 수 있게 된 걸까?

미시건주 파밍턴 힐즈에 있는 매케이브 장례회관 소유주인 케빈 매케이브Kevin McCabe는 그 대답이 "그렇다"인 것으로 생각하는 사람 중 하나이다. 콜로라도 주립대학이 죽은 양과 말에게 쓰고 있는 방법을 그는 가까운 장래에 죽은 사람에게 실행할 계획이다. 이 처리 과정은 고든 케이Gordon Kaye라는 전(前) 병리학 교수와 브루스 웨버Bruce Weber라는 전(前) 생화학 교수가 발명했는데, 가축 관련 종사자들은 이를 "조직분해(tissue digestion)"라 부르고, 매케이브는 이를 "수분환원(water reduction)"이라 부른다. 케이와 웨버가 만든 WR2 주식회사는 인디애나주 인디애나폴리스에 자리 잡고 있고, 매케이브는 그 회사의 장례사업 부문 고문이다.

　원래 WR2에서 시체처리법을 연구할 때 장례사업 부문은 우선순위가 낮았다. 그러다가 2002년 봄에 조지아주 노블의 레이 브랜트 마쉬Ray Brant Marsh라는 사람이 화장장 종사자들의 명예를 있는 대로 추락시켜 진창 밑바닥에 완전히 쑤셔박고 말았다. 그가 운영하는 트라이스테이트 화장장 주변에서 썩어 가는 시신이 현재까지 339구 발견됐는데, 창고에 쌓여 있기도 했고 연못에 버려지기도 했으며 콘크리트 납골소에 빽빽이 들어차 있기도 했다. 마쉬는 처음에 화장로가 고장 나 작동하지 않았다고 주장했지만, 고장 난 곳은 없었다. 그러다가 썩어 가는 시체의 사진들이 그의 컴퓨터에 보관돼 있었다는 소문이 돌았다. 점차 마쉬는 그저 인색하고 비윤리적인 사람이 아니라 정말 이상한 사람으로 보이기 시작했다. 발견되는 시신 숫자가 늘어나면서 고든 케이는 전화를 받기 시작했다. 여섯 번은 장의사들의 전화였고, 한 번은 뉴욕주 의회 의원이었는데, 모두 사람들이 화장을 기피하기 시작할 경우에 대비해 장례용 조직분해기가 언제쯤이면 출시되겠는가를 묻는 전화였다(당시 케이는 여섯 달이면 출시가 가능할 것으로 내다봤다.).

　케이와 웨버가 개발한 장비는 시신 1구의 조직을 분해하여 원래 무게의 2~3퍼센트까지 줄일 수 있다. 그러면 콜라겐이 빠져나간 뼈만 한 무더기 남는데, 이 뼈는 손가락으로도 쉽게 부스러진다. 그 나머지는 모두 WR2의 홍보 책자에서 "커피색"이라고 표현된 무균질 액체로 바뀐다.

조직분해는 두 가지 핵심 성분에 의존하는데, 바로 물, 그리고 흔히 잿물이라 부르는 알칼리이다. 잿물을 물에 풀면 물의 수소 이온이 떨어져 나오고, 살아 있는 유기체를 구성하는 단백질과 지방을 분해할 수 있는 환경이 조성된다. 바로 이 때문에 "수분환원"이라는 이름이 확실히 완곡하기는 해도 적절한 표현인 것이다. 케이는 이렇게 말한다.

"물을 이용하여 인체의 거대한 분자 간의 화학결합을 끊는 겁니다."

그렇지만 그는 잿물에 대해서는 말을 그럴싸하게 꾸며 대지 않는다. 지난 11년 간을 시체 처리(매케이브는 "처분"이라는 용어를 쓰지만) 세계에서 보낸 사람답다.

"사실상 하수구 세정제를 넣은 압력솥이죠."

자신의 발명품을 두고 케이가 하는 말이다. 이 잿물은 우리가 그것을 삼켰을 때와 그럭저럭 비슷한 작용을 한다. 우리가 잿물을 소화하는 게 아니라 잿물이 우리를 소화하는 것이다. 산에 비해 알칼리가 좋은 점은, 작용을 하는 동안 화학약품 자체가 중성으로 바뀌기 때문에 안전하게 하수구로 흘려보낼 수 있다는 부분이다.

죽은 짐승들의 처리에 조직분해가 좋은 방법이라는 점에는 의문의 여지가 없다. 병원균을 파괴하고, 나아가 더 중요하게는 프리온(prion)까지도 파괴한다(프리온이란 광우병 같은 질병을 일으키는 새로운 개념의 병원체인데, 재처리 공장에서는 이 프리온을 제대로 파괴하지 못한다.). 소각로는 공해를 배출하지만, 조직분해는 그러지 않는다. 그리고 천연

가스를 사용하지 않기 때문에 이 방법은 소각에 비해 10배 정도 싸다.

인간에게는 어떤 이점이 있을까? 장례식장을 운영하는 사람들의 경우에는 경제적인 이점이 있다. 장례용 분해기는 구매 비용이 비교적 싸고(10만 달러 미만), 방금 말했듯 운영비도 10분의 1밖에 들지 않는다. 분해기는 인구가 너무 적어 화장로를 지속적으로 가동할 수 없는 시골 지역에서 특히 유리하다. (화장로는 지속적으로 가동시켜 두는 것이 가장 좋다. 점화하여 사용한 뒤 완전히 식히는 과정을 반복하면 화장로 내벽이 손상된다. 재를 치우고 다음 시신을 넣는 동안만 잠시 화력을 낮추는 방식으로 화력을 계속 유지하는 것이 이상적인데, 그러자면 시신이 줄지어 계속 들어와야 한다.)

장례식장을 운영하지 않는 사람들에게는 어떤 이점이 있을까? 일단 화장과 비슷한 수준의 비용이 든다고 생각할 때 유족들이 굳이 조직분해를 택할 만한 매력이 있는가? 나는 붙임성 좋은 중서부 사람인 매케이브에게, 슬퍼하는 유족들이 조직분해법을 택하게 할 만한 기막힌 계획이라도 있는지 물었다. 그는 이렇게 대답했다.

"간단합니다. 우리에게 찾아와서 '아이를 화장해 주세요' 하고 말하는 가족에게 이렇게 말하는 거죠. '문제 없습니다. 화장시켜 드릴게요. 아니면 저희가 개발한 수분환원법을 쓰셔도 됩니다.' 그러면 그건 뭐냐고 묻겠죠. 그럼 저는 이렇게 설명하는 겁니다. '그러니까, 그건 화장과 비슷합니다. 대신 불이 아니라 고압의 물을 쓰는 거죠.' 그럼 그들은 이렇게 말하겠죠. '좋습니다. 그렇게 하죠!'"

그러면 언론에서는 이렇게 말할 것이다.

"그런데 거기 잿물이 들었잖아요. 잿물에 넣고 삶는 거잖아요!"

내가 그러면 상당히 중요한 부분을 쏙 빼놓고 지나가는 게 아닌가 하고 물었더니 그는 이렇게 대답했다.

"아, 물론 어떤 건지 그들에게 다 알려 줘야죠. 사람들에게 얘길 꺼내 봤는데, 다들 괜찮다던데요."

그가 방금 한 이 말을 곧이들어야 할지는 잘 모르겠지만, 그가 덧붙인 한 마디에는 동감한다. "게다가 사람이 화장되는 광경은 그리 유쾌하지 않답니다."

나는 처리 과정을 직접 봐야겠다는 생각이 들었다. 그래서 플로리다주 게인즈빌에 있는 플로리다주 해부학 이사회 의장에게 연락했다. 거기에서는 지난 5년 동안 해부 실습실을 거친 사체들을 분해기를 이용하여 처리해 오고 있는데, 기증된 사체를 화장하게 되어 있는 주 법규를 빠져나가기 위해 "환원화장"이라는 이름으로 실시되고 있다. 의장으로부터 아무런 답변이 없자 케이는 콜로라도 주립대학교의 전화번호를 알려 주었다. 그리하여 나는 지금 콜로라도주 포트 콜린스의, 가축들이 가득한 대형 냉장실 안에 서 있는 것이다.

분해기는 냉장실로부터 4.5미터 떨어진 하역대 위에 설치돼 있는데, 크기나 지름이 가정용 대형 욕조만 한 스테인리스 통과 비슷하다. 실제로 가득 채우면 욕조나 분해기나 서로 비슷한 양의 뜨거운 액체와 늘어진 몸뚱이를 담을 수 있다. 그 양은 약 800킬로그램 정도이다.

오늘 오후 분해기를 운전할 사람은 목소리가 부드러운 테리 스프래커Terry Spracher라는 야생동물 병리학자이다. 스프래커는 바지 위에 고무장화를 신고 있고 손에는 고무장갑을 끼고 있다. 장화와 장갑에는 피가 묻어 있는데 양의 사체조사*를 하던 중이기 때문이다. 직업을 보면 쉽게 상상이 가지 않지만, 그는 동물을 사랑하는 사람이다. 내가 샌프란시스코에서 산다는 말을 듣고 그는 반색하면서 거기 갔을 때 즐거운 시간을 보냈다고 했는데, 산도 아니고 부둣가도 아니고 식당도 아니고 해양포유동물센터라는 별로 알려지지 않은 곳 때문이었다. 그곳은 북쪽 해안에 자리 잡고 있는 생태연구소인데, 유조선에서 새어 나온 기름에 흠뻑 젖은 수달과 어미를 잃은 해마들을 치료하여 자연으로 돌려보내는 일을 하고 있다. 동물을 다루는 직업은 이런 것 같다. 동물들을 상대로 삶을 꾸리다 보면 동물의 죽음도 겪어야 하는 것이다.

우리 머리 위 천장에는 레일에 설치된 유압식 기중기에 바구니처럼 구멍이 많이 나 있는 적재통이 매달려 있다. 황갈색 머리의 웨이드 클레몬스Wade Clemons라는 과묵한 조교가 단추를 하나 누

---

* 그는 "검시(autopsy)"라는 말을 쓰지 않았는데, "auto-"라는 접두어는 자기와 같은 종의 사체를 의학적으로 검사한다는 뜻을 담고 있기 때문이다. 엄밀히 말해 인간이 다른 인간의 주검을 조사할 때에만, 또는 우리와는 아주 다른 세계가 있어서 양들이 다른 양의 주검을 조사할 때에만 "autopsy"라 부를 수 있다.

르자 적재통이 하역대 위를 따라 움직여, 냉장실 문간에 서 있는 그에게 이동한다. 통을 다 채우고 나면 그는 스프래커와 함께 적재통을 조작하여 다시 분해기 위로 옮긴 다음 분해조 안으로 내릴 것이다.

"감자튀김을 튀길 때와 똑같죠."

스프래커가 나직이 말한다.

냉장실 안의 기중기에 커다란 철 고리가 걸려 있다. 클레몬스가 몸을 숙여, 말의 목 밑동의 굵은 힘줄 다발에 고정된 고리와 기중기의 고리를 서로 연결한다. 클레몬스가 단추를 누른다. 반쪽짜리 말이 들려 올라간다. 우리가 늘 보는 말의 이미지와 –평온하고 온순한 말의 얼굴과 어린 아가씨들이 부드러운 손길로 어루만져 주는 비단 같은 갈기와 목– 선혈이 낭자한 공포영화의 한 장면이 뒤섞인 기괴한 광경이다.

클레몬스는 그 반 토막을 적재통에 내려놓은 뒤 나머지 반 토막을 그 곁에 싣는다. 두 개의 반 토막은 상자 안에 들어 있는 한 켤레의 새 신처럼 잘 어울린다. 물건 포장에 이골이 난 점원처럼 클레몬스는 양들과 송아지 한 마리, 그리고 사체 조사실에서 나온 이름도 모를 미끌미끌한 것들을 담은 350리터짜리 "창자통" 두 개의 내용물 등으로 적재통을 가득 채운다.

이어 그가 단추를 하나 누르자 적재통이 천장의 레일을 따라 느릿느릿 하역대 위를 지나 분해기로 이동한다. 나는 무덤가에서 관을 땅속으로 내릴 때나 화장장에서 운반장치에 얹힌 관이 천천히 화장로 안으로 끌려들어 갈 때 조문객들이 둘러서서 지켜보는 것처럼, 이 곳에 유족들이 모여 있는 광경을 상상한다. 물론 장례용 조직분해기라면 품위를 위해 몇 가지를 바꿔야 할 것이다. 장례용은 원통형 적재통을 사용해야 할 것이고 한 번에 시신 한 구만을 처리해야 할 것이다. 매케이브는 이걸 가족들이 둘러서서 지켜볼 만한 광경이라고는 생각하지 않는다. 물론 "가족들이 설비를 보고 싶어 한다면 얼마든지 그럴 수 있죠" 하고 말하기는 했지만.

적재통이 분해조 안에 자리 잡자 스프래커는 분해기의 철제 뚜껑을 덮은 다음, 컴퓨터로 구동되는 운전계기반의 스위치 몇 개를 누른다. 물과 약품이 분해조 안으로 쏟아져 들어가면서 세탁기 돌아가는 소리가 들린다.

그다음 날 나는 거기로 돌아가 적재통을 들어 올리는 광경을 지켜본다(이 정도 양일 때에는 보통 처리에 여섯 시간이 걸리지만, 콜로라도 주립대학교의 분해기는 파이프를 교체해야 한다.). 스프래커는 나사를 풀고 뚜껑을 연다. 아무 냄새도 나지 않는 데에 용기를 얻은 나는 분해조 위로 올라가 안을 들여다본다. 그제야 무슨 냄새가 난다. 무척 독특하고 입맛 떨어지는 낯선 냄새이다. 고든 케이는 이 냄새를 "비누 같다"고 했는데, 냄새를 직접 맡아 보니 그가 비누를 도대체 어디에서 사는 걸까 하는 생각이 든다. 적재통은 전반적으로 비어 있는 상태이다. 분해조 안에 들어갈 때의 상태와 비교해 보면 상당히 놀랍다. 클레몬스가 기중기를 동작시키자 적재통이 분해조 밖으로 들려 나온다. 바닥에는 뼈 껍질이 45센티미터 정도 높이로 쌓여 있다. 나는 그걸 손가락으로 부스러뜨릴 수 있다는 케이의 말을 그대로 믿기로 마음먹는다.

클레몬스는 적재통의 바닥 가까이에 있는 작은 문을 열고 뼈를 대형 쓰레기통에 쓸어 넣는다. 화장로의 재를 비우는 것에 비해 특별히 더 불쾌하지는 않지만, 그래도 이게 미국의 장례 풍습으로 자리 잡을 거라 상상하기는 힘들다. 그렇지만 이 부분도 장례용 기기에서는 다르게 처리할 것이다. 만일 이게 장례용 조직분해기라면 남은 뼈는 말려 가루를 낸 다음 뿌리게 하거나, 매케이브의 구상대로 일종의 미니 관처럼 만든 "유골상자"에 넣어 납골당에 보관하거나 매장할 수 있을 것이다.

뼈를 제외한 모든 것이 액체가 되어 하수도로 내려갔다. 집에 돌아온 나는 사랑한 사람의 체세포가 마지막에는 시의 하수처리 시스템으로 흘러 들어간다는 사실을 괴롭게 받아들일 사람들에게 어떤 해명을 하겠는지 매케이브에게 물었다.

"사람들은 별로 문제 삼지 않는 것 같습니다."

그는 대답했다. 그리고 화장에 비유하면서 이렇게 말했다.

"하수 시스템으로 들어가지 않으면 대기 중으로 올라갑니다. 환경문제를 인식하고 있는 사람들은 이에 씌운 충전재에서 나오는 수은을 대기 중으로 방출하는 것보다는, 무균질의 중성 물질을 하수도에 흘려보내는 게 더 낫다고 생각하죠."*

---

* 산업공해라는 커다란 범주에서 보면 화장장은 문제가 적다. 가정용 벽난로 하나와 비교해 절반 수

매케이브는 환경의식에 기대 상품을 팔 수 있을 것으로 생각한다. 그게 가능할까?

곧 알아볼 수 있을 것이다. 매케이브는 세계 최초의 장례용 조직분해기를 출시할 예정이다.

화장과 관련된 이야기만 살펴보아도 미국인의 시신 처리 방식을 바꾼다는 게 보통 일이 아니라는 사실을 알게 된다. 자세히 알고 싶으면 가장 좋은 방법은 스티븐 프로테로Stephen Prothero의 《불에 의한 정화: 미국의 화장사Purified by Fire: A History of Cremation in America》를 한 권 사서 읽어 보는 것이다. 프로테로는 보스턴 대학교의 종교학 교수이자 노련한 저술가이며 존경받는 역사학자이다. 그의 책에 첨부된 참고문헌 목록 속 자료는 직접 찾아낸 것과 다른 사람으로부터 인용한 것을 합하여 200건이 넘는다. 두 번째로 좋은 방법은 내가 쓴 다음 문단을 읽는 것이다. 다음의 내용은 프로테로의 책을 내 두뇌 속의 조직분해기에 넣고 돌려 나온 결과물이다.

준의 분진을 방출하고, 일반 식당용 불판과 비슷한 양의 이산화질소를 방출한다. (인체는 거의가 물이기 때문에 놀랍게 생각할 것은 없다.) 가장 문제시되는 것은 치과용 충전재에 포함된 수은인데, 미국 환경보호국과 북미 화장협회의 공동 연구에 따르면 화장로 1기가 1시간 작동하는 동안 0.23그램이 대기 중으로 방출된다. (시신 1구당 0.5g 정도에 해당된다.) 1990년에 영국에서 독자적으로 이루어진 연구 결과가 〈네이처〉에 실렸는데, 이에 따르면 1구당 3g 정도의 수은이 대기중으로 방출된다고 한다. 미국의 연구 결과보다 상당히 많은 양으로서, 기사의 필자는 이를 우려되는 수준으로 보았다. 하지만 발전소나 쓰레기 소각장과 비교했을 때 시신의 치과 재료에서 방출되는 수은은 지구의 대기에 포함된 수은 양에 거의 영향을 미치지 않는다.

역설적이지만 미국에서 화장을 처음 도입할 때 가장 강력하게 내세운 장점 하나가 매장에 비해 공해가 덜하다는 점이었다. 1800년대 중반에 사람들에게 널리 퍼져 있던 그릇된 믿음이 하나 있었다. 시체가 매장돼 부패하면 유독성 기체가 생겨나며, 이게 지하수를 통해 흙 속에 스며들면 땅 위에서 치명적인 독가스를 내뿜어 공기가 오염되고, 이로 인해 그곳을 지나는 사람들이 병든다는 것이었다. 화장은 깨끗하고 위생적인 대안으로 제시됐고, 미국 최초의 화장 시연 행사가 처참하게 실패하지만 않았다면 자리를 잡았을 것이다.

미국 최초의 화장장은 1874년, 은퇴한 의사이자 낙태 옹호론자, 교육지상주의자였던 프랜시스 줄리우스 르모인Francis Julius LeMoyne의 저택 경내에 건립됐다. 사회개혁가로서 그가 지닌 경력은 인상적이지만, 개인 위생에 관한 그의 믿음이 그가 추진한 깨끗하고 위생적인 장례 운동에 불리하게 작용한 것 같다. 프로테로에 따르면 그는 "창조주는 인체가 절대로 물에 닿지 않도록 설계했다"고 믿었고, 그 때문에 그가 가는 곳마다 항상 그에게서 피어오른 독가스가 따라다녔다.

르모인의 첫 고객은 르 팜Le Palm 남작이었는데, 미국과 유럽의 기자들이 초대된 가운데 공개 장례식을 통해 그의 시신을 화장하기로 되어 있었다. 르 팜이 화장을 원한 이유는 분명하지 않지만, 산 채로 매장된 적이 있는 여자(그리 깊이 묻히진 않은 모양이다.)를 만난 일이 있다고 주장한 걸 보면 산 채로 매장될지도 모른다는 두려움도 있었던 것 같다. 사연인즉, 르 팜은 화장이 있기 몇 달이나 전에 사망했고 그래서 보존 처리를 해야만 했다. 그러나 당시의 보존 처리법은 불완전하고 대충대충이었다. 그 탓에 군중 가운데에서도 좀더 떠들썩한 부류의 사람들이 —주로 초대받지 않은 마을 사람들이— 시신을 덮은 헝겊을 걷었을 때의 모습이 보기에 그리 좋지 않았다고 한다. 사람들은 상스러운 농담을 던졌고 어린 학생들은 킬킬거렸다. 전국에서 모여든 신문기자들은 종교의식이 빠져 있고 엄숙한 분위기가 나지 않는 등 장례식이 잔치판 같다며 비꼬았다. 화장은 날개도 펴 보지 못하고 관짝에 들어가게 됐다.

프로테로는 르모인이 비교적 세속적인 방식으로 예식을 진행한 것이 실수였다고 보았다. "하늘나라"도 "전지전능하신"이라는 말도 없는 무심한 추도사, 기능만을 고려한 화장장의 살풍경한 외관 (기자들은 "빵을 굽는 오븐"이나 "커다란 담뱃갑" 같은 용어를 썼다) 등은 꽃과 각종 장식물로 아낌없이 꾸민 관을 앞에 두고 격식을 갖춘 조문객들이 참석한 가운데 호화롭고 장중하게 거행되는 장례식에 익숙하던 미국인들의 심기를 거슬렀다. 미국은 이교도식의 장례식을 받아들일 준비가 되어 있지 않았던 것이다. 제2차 바티칸 공의회의 개혁 결과 천주교가 화장을 금지했던 입장을 완화한 1963년에 들어서야 화장을 통한 시신 처리가 제대로 자리를 잡기 시작했다.

(1963년은 화장으로서는 기념할 만한 해이다. 매장 산업의 사기와 탐욕을 폭로한 제시카 밋포드의 《미국식 죽음》이 출간된 것도 그해 여름이다.)

프로테로는 역사를 통틀어 장례 개혁가들을 고취시킨 것은 종교적인 겉치레와 허식에 대한 염증이었노라고 주장한다. 그들은 무덤의 혐오스러운 점과 보건상의 위험을 자세히 보여 주는 안내물을 나눠 주지만, 정작 그들이 고민한 부분은 로코코식 관, 고용된 조문객들, 비용, 낭비되는 땅 등 전통 기독교식 장례식의 낭비와 가식이었다는 것이다. 르모인 같은 자유사상가들은 더 순수하고 소박하며 장례의 근본 취지를 되찾는 방식을 구상했다. 프로테로가 지적했듯 불행하게도 이들은 장례의 실용적인 측면을 지나치게 강조하는 경향이 있어서 교회의 미움을 사고 대중에게 외면당했다. 미국의 어느 의사는 시체의 새로운 용도를 모색하기 위해 화장 전에 시신의 피부를 벗겨 가죽으로 만드는 방안을 제안했다. 어느 이탈리아인 교수는 시체의 지방을 이용하여 거리의 가로등을 밝히자고 제안하면서, 뉴욕에서 매일 250명이 사망하면 날마다 13,900킬로그램의 연료를 얻을 수 있을 것이라 계산했다. 화장론자 헨리 톰슨 경Sir Henry Thompson은 매년 런던에서 사망하는 8만여 명을 화장하여 그 유해를 비료로 만들 경우의 가치를 금액으로 환산하면 5만 파운드 정도가 된다는 계산 결과를 얻었다. 그렇지만 만일 그 비료를 사 가는 손님이 있다 해도 바가지를 쓰는 셈이 된다. 화장한 유해는 형편없는 비료이기 때문이다. 죽은 사람을 자기 집 정원 거름으로 쓰고 싶다면 헤이의 방식으로 하는 것이 낫다. 조지 헤이George Hay 박사는 피츠버그의 화학자였는데, 이에 관한 1888년도의 신문 기사를 그대로 인용하면 "비료에 섞는 것 외에 다른 용도가 없다 해도 가능한 한 빨리 원소 형태로 환원되도록" 시신을 갈아야 한다고 주장했다. 아래에 헤이 박사의 주장을 소개한다. 매사추세츠주 케임브리지에 있는 오번산 공원묘원의 역사 전시관에서 소장하고 있는 스크랩북에 보관된 신문 기사인데, 그의 제안을 상당히 자세하게 소개하고 있다.

우선 기계는 뼈를 달걀만 한 크기로 부순 다음, 다시 구슬만 한 크기로 부수도록 설계해야 한다. 이렇게 찢어지고 조각난 덩어리를 이제 다지는 기계에 넣고 증기력을 이용하여 다진고기로 만든다. 이 단계가 되면 전신의 조직이 골고루 섞여, 생고기와 생뼈가 균일하게 퍼진 걸쭉한 덩어리 형태로 변한다. 이제 화씨 250도의 열풍으로 이 덩어리를 바짝 말려야 한다. 그 까닭은 첫째로 덩어리를 다루기 쉬운 상태로 바꾸려는 것이고, 둘째는 소독하기 위해서이다. 이 상태가 되면 비료로서 좋은 값을 받으리라 생각한다.

이로써 우리는 마음의 준비가 됐건 말건 오늘날의 인간 퇴비 운동에 이르게 된다. 여기서 우리는 스웨덴으로 가서, 예테보리의 서쪽에 있는 뤼뢴Lyrön이라는 조그만 섬에 가 보아야 한다. 이곳에는 수산네 위-마사크Susanne Wiigh-Masak라는 생물학자이자 기업가가 살고 있다. 위-마사크는 프로메사Promessa라는 이름의 회사를 차렸는데, 이 회사는 화장(스웨덴 인구의 70퍼센트가 택하는 방법) 대신 기술적으로 발전된 형태의 유기퇴비법을 도입하려는 시도를 하고 있다.

이것은 친환경을 표방하는 과격파들의 시시한 시도가 아니다. 위-마사크는 칼 구스타프Carl Gustav 스웨덴 국왕과 스웨덴 교회를 등에 업고 있다. 그리고 죽은 스웨덴 사람을 서로 먼저 퇴비로 만들겠다고 경쟁하는 화장장이 줄을 섰다. 이미 죽은 스웨덴 사람 한 명이 기다리고 있기도 하다(한 불치병 환자가 그녀가 출연한 방송을 듣고 연락해 왔는데, 현재 그는 스톡홀름의 어느 냉동실에 자리를 잡고 기다리고 있다.). 한 대 기업이 후원하고 있고, 국제 특허를 획득했으며, 언론에도 200 차례 이상 보도됐다. 독일, 네덜란드, 이스라엘, 오스트레일리아, 미국 등지의 장례업자와 기업들이 프로메사의 기술을 도입하는 현지 대리점이 되고 싶다며 관심을 표명하고 있다. 그녀는 화장론자들이 장장 한 세기에 걸려 한 일을 단 몇 년 만에 해낸 것 같다.

게다가 그녀의 제안이 조지 헤이 박사의 아이디어와 아주 비슷하기 때문에 더욱 인상적이다. 예를 들어 웁살라에서 어떤 사람이 죽었는데, 죽기 전에 교회에서 나눠 주는 사망 선택 유언장에서 "내가 죽었을 때 새로운 환경친화적 냉동 건조 장례법을 사용할 수 있으면 그렇게 해 주기를 원한다"는 난에 체크했다고 하자. (이 장비는 지금 개발 중이다. 위-마사크는 2003년쯤이면 완성될 것으로 생각하고 있다.) 그의 시신은 프로메사의 기술을 사들인 시설로 보내진다. 그는 액화질소가 들어있는 통에 담겨 냉동된 뒤 두 번째 방으로 들어간다. 여기서는 부서지기 쉬운 상태가 된* 그의 신체를 초음파나 기

---

* 인간은 대부분이 물이기 때문에 냉동상태가 되면 쉽게 부서진다. 어느 정도까지가 물인지는 논의

계적인 진동을 이용하여 잘게 부수는데, 이러면 다진 고기 정도 크기로 부서진다. 아직 얼어 있는 이 조각들은 냉동 건조 과정을 거쳐, 교회의 추모공원이나 자기 집 마당에 심은 기념수의 퇴비로 이용된다.

조지 헤이와 수산네 위-마사크의 차이는, 헤이가 죽은 사람들을 농작물의 비료로 쓰자고 한 것은 죽은 인체를 가지고 뭔가 유익하고 쓸모 있는 일을 하자는 순전히 실리적인 의도에서였다. 반면에 위-마사크는 실리주의자가 아니다. 환경론자이다. 그리고 유럽의 일부 지역에서는 환경 보전주의가 그 자체로 종교에 해당한다. 이런 이유들 덕에 그녀가 성공할 수도 있겠다는 생각이 든다.

위-마사크의 교리를 이해하려면 그녀의 퇴비더미를 한번 살펴보면 된다. 퇴비는 뤼뢴 섬에서 그녀와 가족 명의로 임대한 땅 1.5에이커(1,800평 정도)에 세운 창고 곁에 놓여 있다. 위-마사크는 미국인들이 새로 장만한 홈 시어터나 막내아들의 성적표를 자랑하

의 여지가 있다. 구글(Google)에서 "인체는 70퍼센트가 물"이라는 검색어로 찾아본 결과 웹사이트 64개가 검색됐다. 60퍼센트가 물이라는 사이트가 27개, 80~85퍼센트라는 사이트가 43개, 90퍼센트가 12개, 98퍼센트가 3개, 91퍼세트가 1개였다. 해파리의 경우에는 의견차이가 더 적었다. 98퍼센트 또는 99퍼센트가 물이며, 그런 이유로 오징어처럼 말린 해파리를 구할 수가 없는 것이다. 메릴랜드주 솔즈베리에 있는 솔즈베리 대학교의 운동과학 프로그램 국장인 토드 아스토리노Todd Astorino는 이 질문에 대해 딱 부러지는 답을 해줄 수 있었을 뿐 아니라 소수점 한 자리까지 정밀하게 답해주었다. 우리는 73.8%가 물이다. 이 수치는 자원자 한 사람에게 추적용 방사성 동위원소를 섞은 일정량의 물을 마시게 하여 계산한 것이라고 했다. 여기에서 우리는, 아니, 토드는 몸속에 물이 얼마나 있는지를 계산해낼 수 있다. (몸속에 물이 많을수록 핏속에서 측정되는 동위원소 농도가 옅어진다.) 이 물의 무게를 몸무게와 비교하면 답이 나온다. 과학은 정말 놀랍지 않은가?

듯 손님들에게 퇴비를 보여 준다.

그녀는 더미에 삽을 꽂아 비옥한 흙을 한 삽 뜬다. 뭔지 상상이 가지 않는 조각들이 가득한 복잡한 양상을 띠고 있다. 마치 어른의 도움 없이 어린아이 혼자 구운 라자냐 같다. 그녀는 여기저기를 가리키며 그게 뭔지 알려 준다. 몇 주 전에 죽은 오리의 깃털, 남편 페테르Peter가 섬의 반대편에서 양식하는 홍합의 껍질, 지난주 샐러드를 만들고 남은 양배추. 그녀는 썩는 과정과 퇴비가 만들어지는 과정의 차이점을 설명한다. 퇴비가 되는 과정에 필요한 것은 산소, 물, 섭씨 37도에서 많이 벗어나지 않는 기온 등이 있다. 인간에게 필요한 것과 비슷하다. 그녀의 요지는 이거다. 우리는 모두 자연이며, 모두 같은 재료로 만들어졌고, 기본적으로 필요로 하는 것도 같다. 근본적으로 우리는 오리와 홍합과 지난주에 만든 양배추 샐러드와 다르지 않다는 말이다. 그러므로 우리는 자연을 존중해야 하고, 그래서 우리는 죽을 때 스스로의 몸을 흙으로 돌려보내야 한다는 것이다.

그녀는 우리가 같은 나라에 살지 않는 정도가 아니라 사는 차원 자체가 다르다는 사실을 눈치챈 듯 내가 퇴비를 만드는지 묻는다. 나는 우리 집에는 정원이 없다고 대답한다.

"아, 그러세요."

그녀는 우리 집에 정원이 없다는 사실에 대해 깊이 생각한다. 위-마사크에게는 내 말이 해명이라기보다는 범인의 자백 같이 들리는 것 같다. 지난주에 먹다 남긴 양배추 샐러드 같은 인간이 된 기분이 보통 때보다 더 진하게 든다.

그녀는 퍼 올린 퇴비에 대해 이야기를 계속한다.

"퇴비를 지저분하게 생각해서는 안 돼요."

그녀는 말한다. "사랑스럽다고 생각해야 해요. 낭만적이어야 하고요."

그녀는 시체에 대해서도 비슷하게 생각한다.

"죽음은 새로운 삶의 가능성이죠. 몸이 뭔가 다른 것으로 바뀌죠. 나는 그 다른 걸 최대한 긍정적인 걸로 만들고 싶어요."

사람들은 그녀가 죽은 자들을 정원 폐기물 수준으로 끌어내렸다고 비난해 왔다고 한다. 그녀는 조금 다른 시각으로 바라본다.

"내 말은, 정원 폐기물의 가치를 인체와 같은 수준으로 높이자는 거죠."

그녀가 말하려는 뜻은 유기물은 뭐든지 쓰레기로 취급해서는 안 된다는 것이다. 모두 재활용해야 한다.

나는 위-마사크가 삽을 내려놓기를 기다리고 있다. 그런데 웬일인지 삽이 내게 가까이 다가오고 있다.

"냄새를 한번 맡아 보세요."

그녀가 말한다. 그녀가 만든 퇴비에서 낭만적인 냄새가 난다고까지는 말할 수 없지만, 쓰레기 썩는 냄새가 나는 건 아니다. 최근 들어 내가 맡아 본 여러 가지 냄새에 비하면 향긋한 냄새다.

수산네 위-마사크는 인체를 퇴비로 만든 최초의 사람이 아니다. 영예의 주인공은 팀 에번스Tim Evans라는 미국인이다. 나는 테네시 대학교의 인간 부패 연구시설(제3장을 보시라)에 들렀다가 에번스 얘기를 들었다. 당시 대학원생이었던 에번스는 인구의 대부분이 관 값이나 화장 비용을 댈 수 없는 제3세계 국가들을 위한 하나의 대안이 될 수 있을까 싶어 인체를 퇴비로 만드는 방법을 찾아보았다. 에번스에게서 들은 말인데, 아이티나 중국의 일부 농촌에서는 연고자가 없거나 가난한 가족의 시신을 구덩이에 던져 넣는 경우가 많다고 한다. 중국에서는 그렇게 버린 시체들을 고유황 석탄으로 태운다고 한다.

1998년에 에번스는 가족에 의해 대학교에 기증된 어떤 사람의 시신을 입수했다.

"그는 자기가 나중에 퇴비 재료가 될 줄 전혀 몰랐죠."

에번스는 내가 전화했을 때 그렇게 회상했다. 아마 그편이 오히려 나았을 것이다. 조직을 분해하는 데에 필요한 미생물을 공급하기 위해 에번스는 축사에서 나온 분뇨와 오물에 절은 나무로 만든 대팻밥을 함께 섞어 퇴비로 만들었다. 존엄성 문제가 미묘하게 고개를 든다. (위-마사크는 분뇨를 쓰지 않을 것이다. 그녀는 시신의 상자마다 냉동건조한 미생물을 "소량씩" 섞어 넣을 계획이다.)

그리고 시신을 그대로 묻었기 때문에 에번스는 삽을 들고 나가서 시신을 서너 번 뒤집어 공기를 쐬어 주어야 했다. 이 때문에 위-마사크는 진동이나 초음파로 시신을 잘게 부수려는 것이다. 작은 조각들에는 산소가 쉽게 스며들고, 그래서 바로 거름으로 쓸 수 있을 정도로 빨리 퇴비가 된다. 이는 또 부분적으로는 존엄성과 미관상의 문제를 해결하기 위함이기도 하다.

"퇴비화가 진행되는 동안 시신을 알아볼 수 없어야 돼요."

위-마사크는 말한다.

"작은 조각으로 부서져 있어야 하는 거죠. 상상해 보세요. 저녁 식탁에 가족이 둘러앉아 있다가 누가 이렇게 말한다면 어떻겠어요? '좋아, 스벤. 오늘은 네가 나가서 엄마를 뒤집어 놓을 차례야.'"

실제로 에번스는 약간의 어려움을 겪기도 했다. 그의 경우에는 결과보다 과정이 힘들었다.

"거기 나가는 게 힘들었습니다."

그는 내게 말했다.

"'내가 여기서 뭘 하고 있나?' 하는 생각이 들곤 했죠. 그냥 눈가리개를 쓰고 퇴비더미로 나가곤 했어요."

에번스의 "퇴비 재료"가 완전히 토양으로 돌아가는 데에는 한 달 보름이 걸렸다. 에번스는 만족스러운 결과를 얻었다면서, "보수력이 좋은 아주 검고 비옥한" 물질이 만들어져 있었다고 말했다. 그는 견본을 내게 보내겠다고 했는데, 그건 합법일 수도 불법일 수도 있다. (방부처리하지 않은 사체를 주 경계 너머로 보내려면 허가를 얻어야 하는데, 퇴비가 된 사체를 운송하는 데에 대해서는 아무런 규정이 없다. 우리는 그냥 그대로 두는 게 좋겠다는 결론을 내렸다.) 에번스는 퇴비화 과정이 끝나갈 무렵 퇴비함 위에서 잡초가 무성하게 자라나기 시작했다고 말하면서 좋아했다. 체내의 지방산이 완전히 분해되지 않을 경우, 식물 뿌리에 해로울 수도 있기 때문에 걱정하던 참이었단다.

결국 아이티 정부는 에번스의 제안을 정중히 거절했다. 중국 정부는 환경문제에 대한 관심 때문인지 비용 절감을 위해서인지 (분뇨가 석탄보다 싸니까) 몰라도, 시신을 구덩이에 넣고 석탄으로 태우는 방법에 대한 대안으로 인간 퇴비화에 관심을 보였다고 한다. 에번스와 지도교수 아파드 바스는 인간 퇴비의 실질적인 이점에 대한 백서를 ("······그러고 나면 토양 개량이나 비료로 땅에 안전하게 뿌릴 수 있는 물질로 변한다") 작성해서 보냈지만, 거기에 대한 중국의 응답은 받지 못했다. 에번스는 남부 캘리포니아의 수의사들과 협력하여 퇴비화 서비스를 반려동물 주인들에게 제공할 계획이다. 위-마사크와 마찬가지로 그는 가족들이 심은 나무가 죽은 사람이나 동물의 세포를 흡수하면 살아 있는 기념물이 된다는 구상을 하면서 내게 이렇게 말했다.

"과학으로서는 이게 부활에 최대한 근접하는 겁니다."

나는 에번스에게 장례 시장에 뛰어들 계획은 없는지 물었다. 그는 내 질문을 두 가지 관점으로 대답했다. 만일 인체를 상대로도 퇴비화 서비스를 제공할 생각인지를 묻는 거라면 그 대답은 "그렇다"라고 했다. 그렇지만 이 서비스를 장례식장을 통해 제공하는 게 좋을지는 아직 모르겠다고 했다.

"제가 이 분야에 관심을 갖게 된 이유 중 하나는 현 장례 산업의 관행들이 못마땅하기 때문이거든요. 죽는 비용을 그렇게 과도하게 낸다는 게 말이 안 되죠."

궁극적으로 그는 이 서비스를 자기 자신의 회사를 통해 제공하고 싶어 한다.

그다음 나는 그에게 어떻게 사업을 홍보할 생각인지, 어떻게 굴릴 생각인지 물었다. 그는 유명인 한 사람을 참여시키려 해 본 적이 있다고 대답했다. 티모시 리어리Timothy Leary가 우주 장례식에 대해 널리 알렸듯('히피들의 아버지'였던 티모시 리어리 교수는 자신의 유골을 우주로 쏘아 보내 달라는 유언을 남겼다. -편집자주), 폴 뉴먼Paul Newman이나 워런 비티Warren Beatty 같은 사람이 인간 퇴비화를 알려 주었으면 하는 바람이었다. 에번스는 당시 캔자스주 로렌스에서 살고 있었으므로 같은 주에서 살고 있던 소설가 윌리엄 버로스William S. Burroughs에게 연락했다. 그가 적당히 괴짜인 데다가 죽음이 멀지 않은 상태라고 생각했기 때문이다. 그러나 그에게서 연락이 오지 않았다. 에번스는 결국 정말로 폴 뉴먼에게 연락을 취했다.

"그의 딸이 말 목장을 운영하면서 장애 어린이들에게 재활훈련을 시키고 있어요. 그 집 분뇨를 쓸 수 있을까 해서 전화를 했죠."

에번스는 말했다.

"아마 '별 이상한 놈 다 보겠네' 하고 생각하고 있을 거예요."

에번스는 이상한 놈이 아니다. 그저 생각이 열려 있을 뿐이다. 그것도 대부분의 사람이 굳이 생각하지 않으려는 부분에 대해서.

에번스를 지도해 준 아파드 바스가 더없이 잘 요약해 주었다. "인체를 퇴비로 만든다는 건 멋진 일입니다. 단지 우리나라의 사고방식이 아직 거기까지 쫓아가지 못했을 뿐이지요."

스웨덴의 사고방식은 훨씬 더 앞서가 있다. 정원과 재활용의 나라인 만큼, 수양버들이나 철쭉 덤불로 "계속 살아간다"는 생각이 쉽게 먹혀들지도 모른다. 스웨덴 사람들의 몇 퍼센트가 정원을 가지고 있는지는 모르지만, 이들에게는 식물이 아주 중요한 것 같다. 스웨덴에서는 건물 로비에 작은 숲이 생길 정도로 화분을 많이 늘어놓는다. (옌셰핑의 어느 길가 식당에서는 회전문 밖이 아닌 안에 고무나무가 놓여 있는 걸 봤다.) 스웨덴 사람들은 실용적이어서 소박한 걸 좋아하고 고상한 체하는 것을 싫어한다. 스웨덴 국왕의 편지지에는 그의 인장만 양각으로 새겨져 있다. 멀리서 보면 평범한 미색 종이 같아 보인다. 호텔 방에는 일반적인 여행객들이 필요로 할 만한 것 이상의 비품은 전혀 없다.* 메모지는 세 권이 아니라 한 권만 놓여 있고, 화장실의 휴지는 끝을 삼각형으로 접어놓지 않는다. 그러니 냉동 건조 퇴비가 되어 깨끗한 봉지에 담겼다가 식물에 흡수된다는 것도 스웨덴 사람들의 민족성에는 와닿을 것 같다.

스웨덴이 인간 퇴비 운동을 하기 좋은 곳인 이유는 이뿐이 아니다. 공교롭게도 스웨덴의 화장장들에게는 치과 재료에서 나오는 휘발성 수은에 대한 환경 규정이 부과됐고, 대다수는 새 규정

---

* 경우에 따라 필요 이하일 수도 있다. 예테보리에서는 ("비행 여행객들을 위한") 란드베테르 공항 호텔의 비즈니스급 객실에 묵었는데 거기에는 벽시계가 없었다. 아마도 비즈니스를 하는 사람들이라면 손목시계 정도는 차고 다니리라는 생각에서 시계를 걸지 않은 게 아닌가 한다. TV의 리모컨에는 음소거 스위치가 없었다. 나는 리모컨을 설계하는 스웨덴 사람들이 깨끗한 회의실에 모여 앉아 조용히 설전을 벌이는 광경을 상상해 본다. "그렇지만 잉마르, 그냥 볼륨을 줄이면 되는데 왜 따로 음소거 스위치가 필요하다는 거야?"

에 맞추기 위해 앞으로 2년 이내에 많은 돈을 들여 설비를 교체해야 한다. 위-마사크는 자신의 설비를 구입하는 비용이 정부의 규정을 준수하기 위해 들여야 하는 비용보다 저렴할 것이라 말한다. 그리고 이 나라에서는 매장이 인기가 없어진 지 수십 년이 됐다. 위-마사크는 스웨덴인들이 땅에 묻히는 걸 싫어하게 된 한 가지 이유로 스웨덴의 무덤 공유 의무를 꼽는다. 매장된 지 20년이 지나면 무덤을 다시 파내, 그녀의 표현에 따르면 "방독면을 쓴 사람들이" 시신을 들어내고 무덤을 더 깊이 판 다음 원래 무덤 주인의 시신을 묻고 그 위에다 다른 사람의 시신을 묻는다는 것이다.

그렇다고 해서 프로메사가 아무런 반대에도 부딪히지 않는다는 말은 아니다. 위-마사크는 퇴비화가 보급될 경우 생업에 영향을 받을 사람들을 설득해야 한다. 장의사, 관 제조자, 보존 처리 기술자들 – 밥그릇이 엎어질 사람들 말이다. 그녀는 어제 옌셰핑에서 열린 어느 교구 성직자 협의회에 나가 강연했다. 이들은 교회의 추모공원에 심어질 인간/나무들을 돌볼 사람들이다. 그녀가 강연하는 동안 나는 청중 가운데 냉소를 띠거나 눈알을 부라리는 사람들이 있는지 살펴보았지만 그런 사람은 아무도 없었다. 모두들 스웨덴어로 말하고 있었고 내 통역은 통역을 처음 해 보는 사람이었기 때문에 구별이 쉽지 않았지만, 그들의 의견은 대부분 긍정적이었던 것 같다. 내 통역은 장례 산업과 퇴비 용어를 스웨덴어와 영어로 적어 놓은 (썩다: "moldering, decay") 모눈종이 조각을 들고 자꾸자꾸 봐 가며 통역해 주었다. 한번은 진회색 양복 차림에 머리가 벗겨져 가는 남자가 손을 들더니, 퇴비화는 인간으로서의 특권을 앗아간다고 생각한다며 이렇게 말했다.

"이 처리 과정에서 우리는 숲속에서 죽은 이름 없는 짐승과 마찬가지입니다."

위-마사크는 자기의 관심사는 신체뿐이며, 영혼이나 정신은 이제까지 언제나 그래 왔듯 가족이 원하는 영결식이나 종교 의식을 통해 다뤄질 거라고 대답했다. 그에게는 이 대답이 들리지 않는 듯했다.

"이 방 안을 한 번 둘러보세요."

그는 말했다.

"여기 있는 100명이 전부 거름 자루로 보인다는 겁니까?"

내 통역은 귓속말로 그가 장의사라고 알려 준다. 서너 명 정도가 협의회에 쳐들어온 모양이다.

위-마사크가 강연을 마치고 모두 방 뒤쪽에 마련된 커피와 과자 주위에 모였을 때 나는 그 회색 양복과 동료 장의사들과 한자리에 앉았다. 내 맞은편에는 머리칼이 흰 쿠르트$_{Curt}$라는 이름의 남자가 앉았다. 이 사람도 양복을 입었지만, 이 사람 건 체크무늬였고, 게다가 명랑한 분위기라서 장례식장을 운영하는 사람이라고는 생각되지 않았다. 그는 생태학적 장례식이 언젠가는, 아마도 10년 이내에 현실로 다가올 거라고 생각한다고 했다.

"옛날에는 성직자들이 사람들에게 이래라저래라 간섭했죠."

그는 영결식과 종교 의식과 시신의 처리에 대해 말했다.

"오늘날에는 사람들이 성직자들에게 이래라저래라 합니다."(프로테로에 따르면 화장이 이런 경우에 해당된다. 재를 뿌리는 방법이 매력이 있는 또 한 가지 이유는 의식의 마지막 부분을 장의사들에게서 빼앗아 가족과 친구들에게 돌려줌으로써, 장의사들이 생각하는 것보다 더 의미 있는 행동을 할 자유를 주었다는 사실이다.)

쿠르트는 최근에는 스웨덴의 젊은이들이 공해를 유발한다는 이유로 화장을 멀리하기 시작했다고 덧붙였다.

"이제 젊은이들은 자기 할머니에게 가서 이렇게 말할 수 있게 됐죠. '할머니는 새로운 방법으로 보내드릴게요. 사우나 말고 냉탕으로요!'"

그러더니 박장대소한다. 나는 바로 이런 사람에게 내 장례식을 맡기고 싶다는 결론을 내린다. 위-마사크가 우리 자리에 끼어들었다.

"영업 솜씨가 상당하던데요."

진회색 양복이 그녀에게 말을 건넸다. 그는 스칸디나비아에서 가장 큰 장례업체인 포누스Fonus에서 일하고 있다. 그는 위-마사크가 칭찬을 받아들일 때까지 기다렸다가 짓밟는다.

"그렇지만 저는 아직 모르겠군요."

위-마사크는 눈도 깜짝하지 않았다.

"어느 정도 반대는 있을 거라고 생각했어요. 그래서 제가 더 놀랐던 거죠. 강연하는 동안 청중들이 거의 전부 기분이 좋아 보였거든요."

"장담하는데, 그 사람들은 기분이 좋았던 게 아니에요."

그는 호쾌하게 말한다. 통역이 없었다면 나는 두 사람이 과자에 대해 말하고 있는 줄로 생각했을 것이다.

"사람들이 뭐라고 말하는지 들었거든요."

자동차를 몰고 뤼룐으로 돌아오는 사이에 그 진회색 양복은 '능구렁이'라는 이름으로 변했다.

"내일은 그 사람이 나오지 않았으면 좋겠네요."

위-마사크가 내게 말했다. 그녀는 다음 날 오후 세 시에 스톡홀름에서 포누스의 각 지역 담당 이사들을 앉혀 놓고 발표회를 열기로 되어 있었다. 거기서 강연한다는 사실 자체가 어느 정도 자랑스러운 일이다. 2년 전에 그녀가 그들에게 전화를 걸었을 때에는 아무런 답변도 듣지 못했다. 그러나 이번에는 그들이 먼저 전화를 걸어온 것이다.

수산네 위-마사크에게는 정장이 없다. 그녀는 미국의 복장 평론가들이 "맵시 있는 캐주얼 복장"이라 평할 만한 바지와 스웨터 차림으로 발표회를 진행한다. 허리까지 내려오는 밀빛 머리칼은 땋아서 머리핀을 꽂았다. 오늘 강연에 나오면서 그녀는 화장을 하지 않았지만, 그럼에도 얼굴에 약간의 홍조가 있어서 발랄한 분위기를 준다.

과거에는 이런 자연스러운 분위기가 위-마사크에게 유리하게 작용했다. 1999년에 스웨덴 교회 성직자들을 만났을 때 그들은 위-마사크의 비상업적인 모습을 마음에 들어 했다.

"이렇게 말하더군요. '당신은 사실 장사치가 아니군요.'"

그녀는 포누스의 스톡홀름 본사 나들이를 위해 옷을 차려입으며 말한다. 그녀는 장사치가 아니다. 프로메사의 주식 51퍼센트를 소유하고 있으므로 인간퇴비가 본궤도에 오르면 상당한 돈을 벌어들이기는 하겠지만, 그녀가 추구하는 게 돈이 아니라는 사실은 분명하다. 위-마사크는 열일곱일 때부터 골수 생태론자였다. 그녀는 자동차를 몰지 않고 기차를 타는 여자다. 환경에 부담을 덜 주기 위해서다. 스페인의 바닷가로도 충분한데 태국까지 비행기를 타고 가서 휴가를 즐기는 행위를 못마땅하게 여기는 사람이다. 불필요하게 연료를 태운다는 이유에서다. 그녀는 프로메사가 죽음과는 거의 관계가 없고 오로지 환경 문제에만 집중하고 있음을 주저 없이 인정한다. 본질적으로는 생태학이라는 복음을 전파하기 위한 도구라는 것이다. 죽은 시신들은 환경 운동 메시지만으로는 끌지 못할 언론과 대중의 관심을 끈다. 그녀는 사회활동가 가운데에서도 희귀종이다. 개종한 사람들을 상대로 설교하지 않는 환경론자이기 때문이다. 오늘이 그 좋은 예다. 유기질 퇴비화를 통해 흙에게 보답하는 것이 얼마나 중요한가를 주제로 한 시간 동안 진행될 강연을, 장례회사의 중역 10명이 꼼짝 않고 앉아서 듣기로 되어 있다. 이런 일이 얼마나 자주 일어나겠는가?

스톡홀름의 포누스 본사는 별다른 특징이 없는 어느 사무실 건물의 3층 대부분을 차지하고 있다. 실내장식을 맡은 사람들이 주위에다 빛깔과 자연을 불어넣은 정성의 흔적이 보인다. 카페 탁자들이 늘어선 주위로 화분들이 일종의 실내 생울타리를 이루고 있고, 대형 창유리 크기의 열대어항이 한 점의 티도 없이 깨끗한 상태로 그 한가운데에 놓여 있다. 어디를 둘러봐도 죽음은 드러나 보이지 않는다. 포누스의 로고가 박힌 멋스러운 옷솔들이 통에 담긴 채 안내 창구에서 날 유혹한다.

위-마사크와 나는 회사의 부사장 가운데 한 사람인 울프 헬싱 Ulf Helsing에게 안내받아 인사를 나누는 중이다. 그의 이름이 내 귀에 엘프 헬싱으로 들리는 바람에 내심 무척 즐거워진다. 헬싱은 로비에 있는 다른 엘프들과 같은 회색 양복, 같은 감청색 와이셔츠를 입고, 같은 부드러운 색깔의 넥타이를 맨 채 은제 포누스 배지를 옷깃에 단 같은 복장이다. 나는 헬싱에게 포누스가 이 자리를 마련한 까닭을 묻는다. 위-마사크의 구상에 따르면 냉동 건조는 최근까지 교회가 운영했던 스웨덴의 화장장들이 하게 될 것이다. 장례식장들은 손님들에게 냉동 건조라는 방법도 있다는 사실을 알려 줄 - 그들이 부정적인 결론을 내릴 경우에는 알려 주지 않을 - 것이다.

"우린 신문에서 이에 대한 기사를 계속 눈여겨보고 있었습니다."

그는 수수께끼 같이 대답했다.

"이제는 좀 더 알아볼 때가 됐지요."

어쩌면 포누스 웹사이트에서 실시한, 생태학적 장례식에 관심이 있는지를 묻는 설문조사에 응답한 3백 명의 방문객 가운데 62

퍼센트가 그렇다고 대답한 것도 그 원인 가운데 하나일 것이다.

헬싱은 커피를 저으며 덧붙인다.

"아시겠지만 시신의 냉동 건조는 새로운 아이디어가 아닙니다. 10년 정도 전에 당신 나라에서 누가 생각해 낸 거죠."

그가 말하는 사람은 오리건주 유진의 퇴직 과학 교사인 필립 백맨Phillip Backman이다. 백맨에 대해서는 일전에 위-마사크가 내게 말해 주었다. 팀 에번스나 옛 화장론자들과 마찬가지로 백맨 역시 장례식의 허례허식에 진저리가 나 이런 아이디어를 내게 됐다. 그는 알링턴 국립묘지에서 군 장례식을 담당하면서 몇 년을 보냈다. 대부분 참석자가 아무도 없는 장례식이었다. 여기에다 화학에 대한 지식이 뒷받침되다 보니, 냉동 건조가 시신 매장을 대체할 또 하나의 방법이 되지 않을까 생각하게 된 것이다. 그는 특정 산업 처리과정에서 발생하는 부산물인 액화질소가 천연가스보다 싸다는 사실을 알았다. (위-마사크는 시신 1구당 쓰이는 액화질소 비용이 30달러 상당 들 것으로 추산했다. 화장에 소요되는 천연가스비용은 100달러 정도이다.) 냉동된 시신을 -온전한 신체를 냉동 건조하는 데에는 1년 이상이라는 기간이 필요하기 때문에- 단시간에 냉동 건조될 수 있는 크기로 부수기 위해 그는 시신을 기계로 처리하는 방안을 제안했다.

"소고기를 잘게 써는 것과 비슷합니다."

내가 연락했을 때 백맨이 내게 한 말이다(나중에 위-마사크는 그게 "망치를 이용한 분쇄기"였다고 내게 말해 주었다.). 백맨은 자신이 고안한 처리 과정의 특허를 얻었지만, 주변 장의사들의 반응은 냉랭했다.

"아무도 그 얘기를 하고 싶어 하지 않았죠. 그래서 포기하고 말았습니다."

발표회는 정시에 시작된다. 포누스의 지역 담당 이사 10명이 각자 노트북 컴퓨터를 앞에 놓고 정중한 눈길로 위-마사크를 바라보면서 회의실에 모였다. 그녀는 유기질과 무기질 유해의 차이점에 대한 설명과 화장으로 남는 유해는 영양학적으로 거의 가치가 없다는 이야기로 발표를 시작한다.

"시신을 태운다면 흙으로 돌려보내지 않는 거예요. 우리는 자연으로부터 만들어졌고, 그래서 우리는 자연에게 우리를 돌려줘야 합니다."

청중은 공손하고 조용하게 주의를 기울이고 있다. 다만 제일 뒷줄에 앉은 나와 내 통역만이 가정 교육을 제대로 못 받은 학생들처럼 소곤거리고 있다. 헬싱이 뭔가를 끄적거리는 게 눈에 띈다. 처음에는 메모하는 듯 보였는데, 다 쓰더니 그 종이를 반으로 접는다. 그리고 위-마사크가 등을 돌렸을 때 탁자 저편으로 미끄러뜨린다. 쪽지를 받은 사람은 위-마사크가 다시 뒤돌아설 때까지 쪽지를 자기 노트북 밑에 감춰 둔다.

그들은 위-마사크의 발표를 20분 동안 들은 다음 질문을 시작한다. 헬싱이 시작을 연다.

"윤리적인 문제가 하나 있어요."

그가 말을 꺼낸다.

"숲속에서 죽어 가는 엘크 사슴은 그냥 땅바닥에 드러눕습니다. 그런데 당신은 그걸 잘게 부수고 있군요."

위-마사크는 숲속에서 죽어가는 엘크는 사실 다른 짐승들과 새들에게 뜯어먹힐 가능성이 크다고 대답한다. 그리고 무엇이든 그 엘크를 먹고 싼 똥이 일종의 엘크 퇴비 역할을 할 것이고 그래서 사실상 원하는 목표를 달성하는 셈이 되지만, 사람의 경우에는 유족들이 그걸 마음 편히 받아들일 걸로는 생각하지 않는다고 말한다.

헬싱은 얼굴을 약간 붉힌다. 대화를 이 방향으로 끌고 갈 생각이 아니었던 것이다. 그는 공세를 늦추지 않는다.

"그렇지만 시신을 이런 식으로 부수는 건 윤리적으로 문제가 있는 게 아닙니까?"

위-마사크는 이런 류의 주장을 접한 적이 있다. 그녀는 프로젝트 초기에 덴마크의 어느 초음파 회사에 연락했는데 그곳의 기술자가 바로 이 이유로 협력을 거절했다. 그는 조직을 부수는 비폭력적인 방법으로 초음파를 내세우는 게 부정직하다고 보았다. 위-마사크는 기가 꺾이지 않았다.

"답변드리죠."

그녀는 장의사들에게 말한다.

"신체를 가루로 만들려면 어떤 형태로든 에너지가 필요하다는 걸 우린 다들 알고 있어요. 그렇지만 초음파는 적어도 긍정적인 분위기가 있죠. 폭력이 눈에 보이지 않으니까요. 나는 유족들이 유리벽 반대편에서 그 과정을 볼 수 있도록 했으면 좋겠어요.

아이에게 보여 줘도 아이가 울음을 터트리지 않을 만한 걸 만들고 싶어요."

눈빛이 오간다. 한 사람이 자신의 펜으로 딸깍 소리를 낸다. 위-마사크는 태도를 약간 바꿔 방어태세로 들어간다.

"만일 관 안에 카메라를 집어넣어 보면 지금도 그다지 잘 하고 있는 거라고 생각되지 않을 거예요. 끔찍한 결과가 되겠죠."

누가 냉동 건조 과정이 왜 필요한지 묻는다. 위-마사크는 수분을 제거하지 않으면 땅에 묻기도 전에 작은 조각들이 부패되기 시작하여 냄새가 날 거라고 대답한다. 질문한 사람은 인체의 70퍼센트가 물이기 때문에 물을 제거하면 안 된다고 되받아친다. 위-마사크는 우리 모두의 몸속에 있는 물은 날마다 바뀐다고 설명한다. 빌어온 것이다. 들어왔다가 나가고, 내 몸에서 나온 물 분자가 다른 사람들의 물 분자와 섞인다. 그녀는 질문한 남자의 커피 잔을 가리킨다.

"당신이 마시고 있는 커피는 당신 이웃 사람의 오줌이었어요."

기업을 상대로 발표회를 하면서 그 중역들에게 "오줌"이라는 말을 내던질 수 있는 여자에게는 감탄하지 않을 수 없다.

펜을 딸깍거리는 남자가 모두의 머릿속에 있음이 분명한 화제를 가장 먼저 입에 올린다. 관, 그리고 생태학적 장례운동에 따라 날아가게 될 기업의 이익 말이다. 위-마사크는 냉동 건조되어 가루로 만든 유해를 생분해가 가능한, 옥수수 전분으로 만든 소형 관에 넣는 방법을 제안한다.

"그게 문제예요."

그녀는 인정한다.

"다들 제게 화를 내겠죠."

그리고 미소를 짓는다.

"그 부분에서는 새로운 방법을 생각해 봐야 하지 않을까 싶어요."(화장과 마찬가지로 장례식을 위해 규격화된 관을 임대할 수 있을 것이다.)

화장도 같은 문제에 부딪힌 적이 있다. 스티븐 프로테로에 따르면 오랫동안 장의사들은 사실 재를 뿌리는 게 몇 가지 드문 경우를 제외하고는 불법이 아닌데도 법에 위배된다고 말하라는 권유를 받았다고 한다. 유족들은 유골함과 납골당의 공간 구입을 강요받았고, 심지어는 묘지에 땅을 사서 유골함을 매장하기까지 했다. 그러나 유족들은 스스로 마련한 소박하고 의미 있는 장례식을 강행했고 그래서 재를 뿌리는 풍습이 퍼져나갔다. 그와 동시에 화장 전의 장례식을 위해 관을 임대하는 관행도 자리를 잡았다. 실제 화장 때 같이 태워질, 판지로 만든 값이 싼 "화장 상자"의 생산도 늘어났다. 케빈 매케이브는 내게 이렇게 말한 적이 있다.

"임대용 관이 있는 유일한 이유는 대중이 원하기 때문입니다."

프로메사가 설립된 이후 이 회사에 엄청난 관심이 쏠리자, 장례 산업에서는 아주 가까운 장래에 사람들이 장의사들에게 퇴비법을 요구할 가능성이 있다는 사실을 외면할 수 없게 됐다. (작년에 스웨덴의 어느 신문에서 여론조사를 했는데, 응답자의 40%가 냉동 건조되어 나무의 거름이 되고 싶다고 대답했다.) 스웨덴의 장의사들이 단시일내에 생태학적 장례식을 적극적으로 추천하게 되지는 않겠지만, 적어도 막아보려는 노력은 그만두게 될 것 같다. 포누스의 페테르 괴란손Peter Göransson이라는 젊고 우호적인 지역 담당 이사는 아까 내게 이런 말을 했다.

"뭔가가 굴러가기 시작하고 나면 멈추기가 상당히 어렵죠."

마지막 질문은 울프 헬싱 옆에 앉은 남자가 던졌다. 그는 위-마사크에게 그 서비스를 죽은 동물들을 위해 제공할 계획이 있는지 묻는다. 그녀는 그런 일은 일어나지 않아야 한다는 입장을 확고히 한다. 만일 프로메사가 죽은 소나 반려동물을 처리하는 회사로 알려지게 되면 사람에게 적용하는 데에 필요한 품위를 잃게 될 거라고 설명한다. 현재로도 인간 퇴비에 필수적인 품위를 접목시키기가 어렵다. 적어도 미국에서는 그렇다. 얼마 전에 나는 미국 천주교의 공식 대변단체인 천주교 주교단에 전화를 걸어, 매장에 대한 하나의 대안으로 냉동 건조와 인간 퇴비를 어떻게 생각하는지 물었다. 교환은 내 전화를 교리사무실의 몬시뇨르 존 스트링코스키John Strynkowski에게 연결해 주었다. 몬시뇨르는 퇴비가 되어 땅을 기름지게 하는 것은 트라피스트 수사를 수의로만 싸서 매장하는 방법이나 교회가 인가하는 수장법과 거의 차이가 없다는 부분은 인정했다. 그러나 그는 수장된 시신은 물고기에게 양분을 공급하게 될 거라고 하면서도 퇴비화는 불경한 것으로 받아들였다. 내가 그 까닭을 묻자 그는 이렇게 대답했다.

"글쎄요, 제가 어렸을 때 우리 집에는 사과껍질 같은 걸 넣어 두는 구덩이가 있었습니다. 그걸 퍼내서 비료로 썼죠. 그 얘길 들으니 그 구덩이 생각이 나는군요."

이왕 전화를 건 김에 나는 몬시뇨르 스트링코스키에게 조직분해에 대해 물어보았다. 그는 거의 아무런 망설임도 없이, 교회는 "인간의 유해를 하수구로 흘려보낸다는 발상"에 대해 반대할 것이라고 대답했다. 그는 천주교회는 인간의 시신을 언제나 품위 있게 매장해야 한다고 생각하며, 그게 시신 자체이건 재이건 마찬가지라고 말했다. (재를 뿌리는 행위는 지금도 죄에 해당한다.) 나는 그 회사가 건조장치를 추가로 설치할 계획이라고 말했다. 액화한 유해를 가루로 농축하면 화장하고 남은 유해와 마찬가지로 매장할 수 있다는 이야기를 들려주자 상대방에서는 오랫동안 말이 없었다. 마침내 그는 이렇게 말했다.

"그렇다면 괜찮을 것 같군요."

몬시뇨르 스트링코스키가 통화가 끝나기만을 기다리고 있다는 느낌이 전해왔다.

고형 폐기물 처리와 장례식 사이에는 엄격한 구분선이 있어야 한다. 흥미롭게도 바로 이 점이 미국의 환경보호국이 화장장을 규제하지 않는 이유 가운데 하나다. 만일 환경보호국이 화장장을 규제하려면 "고형 폐기물 소각로"를 규정하는 대기정화법 제129조에 관련 법률이 명시되어야 할 것이다. 워싱턴에 있는 환경보호국 배출기준과의 프레드 포터Fred Porter는 이렇게 설명했다.

"그런데 그렇게 되면 화장장에서 우리가 화장하고 있는 게 '고형 폐기물'이라는 말이 되는 겁니다."

환경보호국은 사랑하는 사람들의 주검을 "고형 폐기물"이라 부른다는 비난을 받고 싶어 하지 않는다.

위-마사크는 퇴비화를 본궤도에 올려놓는 데에 성공할지도 모른다. 폐기물 처리와는 다른 정중한 분위기를 유지하여 유족들이 가진 품위 있는 마지막에 대한 바람을 충족시켜주는 것이 중요하다는 사실을 잘 알고 있기 때문이다. 물론 품위는 어느 정도 포장에 달려 있다. 깊이 파고들면 품위 있게 마지막을 장식하는 방법이란 없다. 그게 부패든 소각이든 해부든 조직분해든 퇴비이든 마찬가지이다. 이들 모두 궁극적으로 조금씩 마음에 들지 않는 구석이 있다. 잘 포장된 완곡한 표현을 세심하게 적용시켜야만 -매장, 화장, 해부학 기증, 수분환원, 생태학적 장례식 등과 같이- 사람들이 받아들일 수 있는 수준으로 올라오는 것이다. 예전에 나는 바다에서 거행되는 해군의 전통 장례식이 멋있다고 생각했다. 망망대해와 거기 쏟아지는 햇살, 장소가 지니는 익명성 같은 것들을 상상했다.

그러다가 어느 날 나는 필립 백맨과 대화를 나누었다. 대화 중에 어느 순간 그는 시신을 처리하는 가장 깨끗하고 빠르고 생태학적으로 가장 순수한 방법 하나는 커다란 파도 풀장에 던지니스 게들을 가득 풀어놓고 그 안에 시신을 두는 것이라고 했다. 이 게는 사람들이 게를 즐겨 먹는 것만큼이나 사람을 즐겨 먹는 모양이다. 그는 이렇게 말했다.

"이틀이면 녀석들이 말끔히 해치울 겁니다. 전부 재활용되는 거죠. 게다가 깨끗하게 마무리됩니다."

갑자기 수장도, 게 요리도 영 구미가 당기지 않게 됐다.

위-마사크는 발표회를 마무리하고, 청중은 박수를 보낸다. 만일 이들이 그녀를 적으로 생각하고 있다면 적의를 참으로 잘 감추고 있는 것이다. 나오는 길에 사진사가 회사의 웹페이지에 올릴 용도로 헬싱과 두 명의 이사들과 함께 사진 촬영을 부탁한다. 우리는 재미없는 복장으로 무대 뒤편에 서서 코러스를 넣어 주는 합창단처럼, 한쪽 발과 어깨를 앞으로 내밀고 나란히 선 자세를 취한다. 내가 포누스 옷솔을 하나 챙기는 동안, 헬싱이 자기 회사 웹사이트에 프로메사로 연결되는 링크를 추가할 계획이라는 말을 들려준다. 조심스런 우정의 시작이다.

옌셰핑을 지나 뤼룬에 있는 위-마사크의 집으로 오는 도중에 언덕 위에 자리 잡은 묘지를 지난다. 이 묘지의 제일 뒤에까지 차를 몰고 들어가면 언젠가는 교회가 무덤을 만들 자그마한 들판이 나온다. 풀이 무성하게 자란 들판 중간쯤에 철쭉이 잡초 사이에 덤불을 이루고 있다. 이게 프로메사의 시험용 무덤이다. 지난 12월에 위-마사크는 냉동 건조한 소 피와 냉동 건조하여 가루로 만든 뼈와 살을 섞어 대략 68킬로그램정도의 인간 사체 대용품을 만들었다. 그녀는 이 가루를 옥수수 전분으로 만든 상자에 넣고 땅에 얕게 묻어 (퇴비가 산소를 공급받을 수 있도록 35센티미터 깊이로) 무덤을 만들었다. 그리고 6월이 되면 이곳으로 돌아와 무덤을 파내, 상자가 분해되고 내용물이 형이상학적인 여행길에 올랐는지 확인할 것이다.

위-마사크와 나는 이름 없는 가축의 무덤가에서 마치 성묘를 온 사람들처럼 말없이 서 있다. 날이 어두워 나무들이 제대로 보이지 않지만 잘 자라고 있는 것 같다. 나는 위-마사크에게 생태학적으로 건전하고 의미 있는 이런 장례법을 추구하다니 대단하다고 말한다. 그리고 그녀를 응원한다고 말한다.

정말이다. 나는 위-마사크가 성공하기를 바라고, WR2가 성공하기를 바란다. 나는 선택의 폭이 넓은 삶을 좋아한다. 마찬가지로 죽을 때에도 선택지가 많아진다면 적극 찬성한다. 위-마사크는 스웨덴 교회의 지지와 기업들의 지지, 설문조사에서 호의적으로 답해 준 사람들의 지지에 용기를 얻었듯이, 나의 말에서도 용기를 얻는다. 소의 기념수 잎사귀를 바람이 흔들고 지나가는 순간, 그녀는 이렇게 털어놓는다.

"내가 미친 게 아니라는 확신이 정말 필요했어요. 예전에도 그랬고, 지금도 그래요."

12
나의 유해

메리 로치는
어쩔 생각일까?

해부학 교수들 사이에서는 자신의 시신을 의학에 기증하는 게 오랜 전통이다. 내가 방문했던 샌프란시스코의 캘리포니아 대학교(UCSF) 해부 실습실 교수 휴 패터슨은 이런 전통을 이렇게 바라본다. "저는 평생 즐겁게 해부학을 가르쳤습니다. 그런데 보세요. 죽고 나서도 몸소 가르치게 생겼잖습니까."

그는 내게 자기가 저승사자를 속이고 있는 것 같은 기분이 든다고 했다. 패터슨에 의하면 르네상스 시대 파도바와 볼로냐의 덕망 높은 해부학 교수들은 죽음이 다가올 때 가장 우수한 학생을 택해 자신의 두개골을 해부학 진열품으로 만들기를 부탁했다 한다. (혹시 파도바에 갈 일이 있거든, 대학교 의과대학에 가면 이런 두개골들을 볼 수 있다.)

나는 해부학을 가르치지 않지만 그런 충동을 이해할 수 있다. 몇 달 전에는 의과대학 교실의 해골이 되면 어떨까 생각해 보았다. 오래전에 레이 브래드버리Ray Bradbury의 소설을 읽은 적이 있는데, 자신의 해골에 집착하게 된 어떤 남자에 대한 이야기이다. 주인공은 자신의 해골을 저 나름의 감각이 있는 사악한 존재로, 그의 몸속에서 그가 죽을 때를 기다려 천천히 뼈의 모습을 드러내는 것으로 생각하게 된다.

나는 나의 해골을, 내 속에 있지만, 나로서는 결코 보지 못할 이 단단하고 아름다운 물체에 대해 생각하기 시작했다. 나는 내 해골을 나의 침략자가 아니라, 나의 대역으로서 내가 이 땅에서 영원히 살아갈 수단으로 생각하게 됐다. '저는 평생 즐겁게 놀러 다니기만 했어요. 그런데 보세요. 죽고 나서는 저도 일하게 되잖아요.' 게다가 혹시 내세라는 게 존재할 경우, 그리고 거기에 출신 행성을 방문하는 여행상품도 포함돼 있을 경우, 그런 기회가 된다면 그 의과대학에 들러 드디어는 내 해골이 어떻게 생겼는지를 보게 될 것이다. 나는 내가 죽은 뒤, 볕이 잘 드는 어느 활기찬 해부학 교실에서 내 해골이 계속 살아간다는 생각이 마음에 들었다. 나는 미래의 의학도들에게 하나의 미스터리가 되고 싶었다.

"이 여자는 누구였을까? 무슨 일을 했을까? 어떻게 이 곳에 오게 됐을까?"

물론 내 유해를 일반적인 방법으로 기증할 경우 이런 미스터리가 생겨나지 않을 위험성이 비교적 크다. 과학에 기증되는 시신의 80퍼센트는 해부 실습용으로 쓰인다. 실습용 사체가 해부자들의 꿈과 생각을 사로잡는 것은 확실하다. 문제는 내가 볼 때 해골은 나이도 없고 미적으로 보기 좋은 반면, 80세 된 시체는 쭈그러지고 활기가 없다는 사실이다. 젊은 사람들이 내 처진 살과 쭈그러든 사지를 뜨악한 눈으로 혐오스럽게 바라볼 거라는 상상은 그리 매력적이지 않다. 사실 지금도 젊은이들은 이미 그런 눈길로 나를 바라보고 있다. 해골은 좀 덜 자존심 상하는 방법인 것 같았다.

실제로 나는 뉴멕시코 대학교의 맥스웰 인류학 박물관과 접촉하기까지 했다. 내가 연락한 곳은 오로지 뼈의 수집만을 목적으로 시신을 기증받는 시설인데, 나는 그 시설의 운영을 책임지는 여성에게 내가 쓰고 있는 책에 대해 설명한 다음, 해골이 만들어지는 과정을 보고 싶다고 했다. 브래드버리의 소설에서는 결국 아름다운 여인으로 둔갑한 외계인이 주인공의 입을 통해 뼈를 뽑아낸다. 그는 자기 거실 바닥에 해파리처럼 늘어져 버리지만 그의 신체에는 아무 상처도 없었다. 피도 흐르지 않았다.

물론 맥스웰 연구실에서 쓰는 방법은 이런 식이 아니다. 그 여성은 내게 두 가지 방법 가운데 하나를 골라 견학하라고 했다. 하나는 "잘라 내는" 방법이고 다른 하나는 "부어 내는" 방법이다. 잘라 내는 방법이란 거의 말 그대로였다. (수납이 가능하며 상당히 전문적으로 뼈를 뽑아낼 수 있는 외계인의 입이라는 장치를 제외하고) 뼈를 꺼낼 수 있는 유일한 방법으로서, 뼈를 둘러싸고 있는 살과 근육을 잘라 내는 것이다. 남는 살점과 힘줄은 특별한 용액 속에 넣고 몇 주 동안 끓여 녹인다. 끓이는 동안 주기적으로 육수를 부어 내고 용액을 바꿔 준다. 나는 파도바의 청년들이 친애하는 스승의 머리가 용액 속에서 부글부글 끓는 동안 이를 곁에서 보살피는 장면을 상상한다. 또 작년에 읽은 신문 기사도 떠올린다. 어느 셰익스피어 극단에서 한 단원이 마지막 부탁이라며 자신의 두개골을 요릭(Yorick. 《햄릿》에 등장하는 어릿광대의 해골)으로 써 달라고 했다고 한다. 이 부탁을 받은 동료들의 표정이 어땠을까? 다들 이런 부탁을 하기 전에 충분히 깊이 생각해 보아야 한다.

한 달쯤 후 나는 뉴멕시코 대학교로부터 이메일을 또 하나 받았다. 곤충을 이용하는 방법으로 바꿨다는 사실을 알려 주기 위한 이메일이었다. 파리 유충과 육식성 딱정벌레들이, 규모는 작아지고 시간은 늘어난 곤충들만의 "잘라 내는" 방법으로 해골을 만드는 것이다.

나는 해골이 되겠다고 신청하지 않았다. 우선 나는 뉴멕시코에서 살고 있지 않고, 대학교 측에서도 내 시신을 데리러 와 주지 않는다. 또 알고 보니 그 대학교에서는 전신 골격 표본을 만들지 않고 부위별 뼈만 채집한다고 한다. 이렇게 채집한 뼈들은 서로 연결되지 않은 상태로 학교의 골학 수집품으로 보관된다.*

---

* 근처에 살거든 무조건 기증하기 바란다. 맥스웰 박물관은 세계에서 유일하게 현대인─지난 15년

알고 보니 미국에서는 의과대학 교재용 골격 표본을 만드는 데가 없었다. 전 세계의 의과대학들이 보유하고 있는 골격 표본의 절대다수는 인도의 캘커타로부터 수입된 것들이다. 그러나 이제는 수입이 불가능하다. 1986년 6월 15일자 〈시카고 트리뷴Chicago Tribune〉에 따르면, 1985년에 인도 정부는 뼈와 두개골을 얻기 위해 아이들을 납치·살해한다는 보도가 난 후 해골 수출을 금지했다고 한다. 비하르주에서는 매달 1,500명의 어린이들이 살해당한 뒤 그 뼈가 캘커타로 보내져 가공·수출된다는 이야기도 있었다. 제발 과장된 이야기이기만을 바랄 뿐이다. 인도 정부의 조치가 있은 뒤, 인체 골격 표본의 보급은 줄고 줄어 거의 끊긴 상태가 됐다.

아시아에서 수출되는 물량이 얼마간 있는데, 중국의 묘지에서 파내고 캄보디아의 킬링필드 대학살 매장지에서 훔쳐 내온다는 소문이 있다. 이런 해골은 낡고 이끼가 끼었으며 전반적으로 품질이 떨어진다. 게다가 대부분 세밀하게 만든 플라스틱제 해골이 실제 인골의 자리를 빼앗고 있다. 장차 해골로 길이길이 남겠다는 내 생각은 그렇게 물거품이 됐다.

또 한동안은 그와 비슷하게 멍청하고 자기도취적인 이유로 하버드 두뇌은행에서 영원히 지내는 방법도 생각해 보았다. 나는

이내의 현대인-의 뼈를 수집·보관하고 있으며, 과학수사에서부터 각종 질병이 뼈에 미치는 영향에 이르기까지 다양한 연구에 이용된다. 추신: 유족들은 이 박물관에 기증된 가족의 뼈를 보러 갈 수 있다. 비록 모두 하나로 연결된 모양을 갖추고 있지는 않겠지만 유족들을 위해 뼈를 늘어놓아 줄 것이다.

〈살롱〉의 칼럼에서 하버드 두뇌은행에 대해 쓴 적이 있는데, 두뇌은행의 국장으로서는 실망스러운 기사였을 것이다. 대단히 가치 있는 연구를 깊이 있게 수행하고 있는 자기 기관에 대해 진지한 기사를 쓸 것으로 생각했기 때문이다. 아래에 그 칼럼 내용을 요약하여 소개한다.

두뇌를 기증할 좋은 이유는 많다. 가장 좋은 이유는 정신적 기능장애 연구의 발전에 기여한다는 사실일 것이다. 동물의 두뇌로는 정신병을 연구하지 못한다. 동물들은 정신병을 앓지 않기 때문이다. 고양이나 자전거 바구니에 들어갈 정도로 몸집이 작은 개와 같은 일부 동물들이 선천적인 개성의 일종으로 정신병을 얻는 것 같기는 하지만, 동물들이 알츠하이머나 정신분열증 같은 뇌 질환을 진단받은 예는 알려진 바 없다. 따라서 연구자들은 정신병을 지닌 사람들의 뇌를 연구할 필요가 있고, 또 독자 여러분이나 나 같은 정상인의 뇌를 (불만이라면 나는 빼고) 대조군으로 연구해야 한다.
그렇지만 내가 기증을 생각하는 이유는 이런 선의와는 조금도 관계가 없다. 내 경우 뇌를 기증하려는 이유는 하버드 두뇌은행 기증자들이 지갑 속에 넣어 휴대하고 다닐 카드 한 장으로 요약된다. 이게 있으면 "전 하버드에 갈 예정이에요!"라고 말하고 다녀도 거짓말이 아니게 되기 때문이다. 하버드 두뇌은행에 가기 위해 머리가 좋을 필요는 없다. 머리가 있기만 하면 된다.
어느 맑은 가을날, 나는 내가 마침내 쉬게 될 장소를 한번 방문하기로 했다. 두뇌은행은 보스턴 근교에 자리 잡고 있는데, 멋진 벽돌 건물들이 어우러진 하버드 맥클린 병원 시설의 일부이다. 나는 메일맨 연구관(Mailman Research Building) 3층으로 안내받았다. 안내인은 그 건물을 "멜먼(Melmon)"이라 발음했는데, 집배원(mailman)들을 대상으로 무슨 연구가 벌어지고 있는지를 묻는 멍청한 질문을 받지 않기 위해서이다.

만일 독자가 두뇌 기증을 고려하고 있다면 두뇌은행에는 가까이 가지 않는 것이 가장 좋다. 거기 도착한 지 10분도 지나지 않아서 나는 24세 된 기술자가 67세 된 사람의 뇌를 얇게 잘라 내는 광경을 지켜보게 됐다. 뇌는 살짝 얼어 있는 상태여서 깨끗하게 잘리지 않았다. 버터핑거 초코바처럼 부스러지면서 잘렸다. 부스러기는 금방 녹아서 더 이상 과자 부스러기처럼 보이지 않게 됐다. 그 기술자는 녹은 부스러기를 종이수건으로 닦아낸다.

"초등학교 3학년 시절이 이렇게 가는구나."

그는 이런 식의 말버릇 때문에 곤란을 겪은 일이 많다. 신문에서 읽은 적이 있는데, 기자가 그에게 자기 뇌를 기증할 생각인지 물었을 때 그는 이렇게 대답했다고 한다. "무슨 말씀. 저는 올 때 들고 왔던 거 그대로 들고 나갈 거예요!"

지금은 그에게 물으면 조용히 이렇게만 대답한다.

"아직 스물넷밖에 안 돼서 잘 모르겠어요."

두뇌은행 대변인이 나를 여기저기로 안내해 준다. 해부실을 나와 복도를 따라가자 컴퓨터실이 나온다. 대변인은 이곳을 자기 "기관의 두뇌"라 부르는데, 다른 기관에서라면 상관이 없겠지만 이곳에서는 약간 헷갈린다. 진짜 두뇌는 복도 끝방에 있었다. 내가 상상했던 것과는 상당히 달랐다. 나는 뇌 전체가 유리병 안에 떠 있을 것으로 생각했다. 그런데 직접 보니 뇌를 절반으로 쪼개, 한쪽은 얇게 잘라 냉동하고 나머지 반쪽은 얇게 잘라 포름알데히드가 든 반찬통에 보관하고 있었다. 나는 내심 하버드가 이보다는 나을 것이라 기대하고 있었던 것 같다. 유리는 아니라도 적어도 타파웨어는 되어야 한다는 생각이 든다. 요즘 기숙사는 어떤 풍경일까 궁금해진다.

(중략) 대변인은 장례식에서 내 뇌가 없어진 걸 알아볼 사람은 없으리라는 확신을 주었다. 확신은 주었지만 내가 두뇌 기증을 실행에 옮기는 방향으로 많이 기울어지지는 않을 정도의 확신이었다. 그는 이렇게 설명했다.

"먼저 피부를 이렇게 잘라 얼굴 위로 벗겨 올립니다."

여기서 그는 핼러윈 가면을 벗는 듯한 동작을 해 보인다.

"그리고 톱으로 두개골 윗부분을 자르고 뇌를 꺼냅니다. 그다음 두개골을 다시 덮어서 나사로 고정하고, 피부를 다시 덮어서 머리를 빗어 내리죠."

그는 활기찬 쇼호스트가 제품 사용법을 설명하는 것처럼 말한다. 그의 말을 들으니 두뇌 적출 작업이 마치 몇 분이면 끝나고 젖은 걸레로 닦아내면 깨끗하게 마무리되는 간단한 일 같다. (하략)

나는 이 방법도 포기했다. 적출 과정 때문이 아니라 −눈치챘겠지만 나는 까탈스러운 사람이 아니다− 내가 엉뚱한 기대를 하고 있었기 때문이다. 나는 하버드에서 병에 보관된 뇌가 되고 싶었다. 분위기 있고 매력 있는 모습으로 진열대 위에 놓여 있고 싶었다. 얇게 조각난 모습으로 창고 냉동실에서 내생을 보내고 싶지 않았다.

진열대 위의 장기가 되는 길은 단 한 가지, 합성수지 보존체가 되는 방법뿐이다. '플라스티네이션(plastination)'이라고 부르는 이 방법은 예컨대 장미꽃이나 인간의 머리 같은 유기조직에 함유돼 있는 수분을 액화 실리콘 폴리머로 맞바꿔 유기체를 그대로 영구 보존체로 바꾼다. 플라스티네이션은 군터 폰 하겐스Gunther von Hagens라는 독일인 해부학자가 개발했다. 합성수지 보존체를 만드는 사람들이 대부분 그렇듯 하겐스 역시 해부학 프로그램을 위한 교육용 인체를 만든다.

그러나 그가 유명해진 것은 논란의 대상이 된 합성수지 전신 보존 전시작품 "쾨르퍼벨텐(Körperwelten)" 때문이다. "인체의 세계"라는 뜻인 이 전시회는 지난 5년 동안 유럽을 순회하면서 세계인의 눈살을 찌푸리게 한 동시에 짭짤한 수입도 올렸다(현재까지 800만 명 이상이 관람했다.). 전시장에서는 피부를 벗긴 인체가 수영, 승마(합성수지 보존체로 만든 말 포함), 체스 등 살아 있는 사람들과 같은 동작을 취한 모습으로 전시된다. 한 작품에서는 인체가 피부를 마치 망토처럼 걸치고 있다. 폰 하겐스는 베살리우스가 남긴 《인체 구조에 관하여》 같은 르네상스 시대 해부학자들의 작품에서 영감을 받았다고 말했다. 이런 책에서는 인체가 의학 교재에서 흔히 보는 반듯하게 누운 자세나 팔을 붙인 채 서 있는 자세가 아니라 움직이는 자세로 그려져 있다. 해골이 손을 흔들며 인사한다. "근육질 남자"가 언덕 위에서 아래의 시가지를 내려다본다. 쾨르퍼벨텐은 전시회가 열리는 곳마다 교회 지도자들과 보수층 인사들의 노여움을 사는데, 주로 인간의 존엄성을 훼손한다는 이유에서이다. 폰 하겐스는 전시된 인체는 그들이 생전에 바로 이런 목적으로 써 달라고 기증한 것이라고 반박한다. (그는 전시회장 출구에 기증서 양식을 쌓아 두고 있다. 2001년도 런던 〈옵저버Observer〉의 어느 기사에 따르면 기증자 수가 3,700명에 이른다고 한다.)

대부분의 경우 폰 하겐스의 인체는 중국의 플라스티네이션 시티라는 곳에서 보존 처리된다. 2백 명의 중국인 근로자들이 그에게 저임금으로 고용되어 있는 것으로 알려져 있다. 그의 기법은 극도로 노동이 많이 들어가고 시간도 오래 걸리기 때문에 놀랄 것도 없다. 한 명을 보존 처리하는 데에 1년 이상이 걸린다. (폰 하겐스의 특허가 만료된 뒤 미국의 다우 코닝이 개선한 기법에서는 처리시간이 10분의 1로 줄었다.) 나는 독일에 있는 폰 하겐스의 사무실로 플라스티네이션 시티를 한번 보고 싶다는 내용의 이메일을 보냈다. 어떤 속임수가 기증된 인체들을 기다리고 있는지 보고 싶어서였다. 그러나 그는 여행 중이었기 때문에 내 메일에 제때 답해주지 못했다.

그래서 중국에는 가지 못했고 그 대신 미시건 대학교 의과대학을 찾아갔다. 여기서는 로이 글로버Roy Glover라는 해부학 교수와 다우 코닝에서 플라스티네이션 기술 개선을 위해 일했던 댄 코코란Dan Corcoran이라는 화공약품상이 전신 사체를 합성수지 보존법으로 처리하고 있다. 이는 "인간, 그 놀라운 내부"라는 이름의 자체적인 박물관 사업을 위한 것으로, 2003년 중반에 샌프란시스코에서 개관할 예정이다. 이들의 보존 사체는 전적으로 교육 목적이다. 플라스티네이션 처리된 (코코란은 이를 "폴리머 보존"이라 부른다) 12구의 인체가 각각 신경계, 소화계, 생식계 등 서로 다른 계통을 보여 줄 것이다. (이 책이 처음 출간될 때까지 미국에서는 쾨르퍼벨텐 전시를 유치한 전시관이 없었다.)

글로버는 내게 합성수지 보존이 어떻게 이루어지는지 보여주 겠다고 했다. 얼굴이 길다란 그를 보니 리오 캐롤Leo G. Carrol이 생각났다. (나는 최근에 《타란툴라Tarantula》를 보았는데 캐롤은 극중 온순한 동물을 거대하고 무섭게 만드는 방법을 알고 있는 과학자로 등장한다. 예를 들면 "경찰견만 한 기니피그!" 같은 식이다.) 그의 사무실에 걸린 일정표 칠판에 "마리아 로페즈 -딸을 위한 뇌- 과학박람회"라 적힌 걸 보면 그는 좋은 사람 같다. 나는 내 유해로 하고 싶은 게 바로 이것이라고 결정했다. 교실과 과학박람회장을 돌아다니며, 어린이들의 감탄을 자아내고 과학자가 되겠다는 꿈을 실어주는 것이다.

글로버는 복도 건너편에 있는 보관실로 나를 안내했다. 한쪽 벽 진열대에 합성수지 보존 처리된 인체기관과 인체 부위가 빼곡히 놓여 있다. 식빵처럼 얇게 잘라 낸 두뇌도 있었고, 깊숙한 데에 숨어 있는 혀의 뿌리와 미로처럼 얽힌 두개골 내의 공동이 보이도록 둘로 가른 사람 머리도 있었다. 이들 기관은 손으로 집어 자세히 살펴보며 감탄을 터트릴 수도 있다. 완전히 말라 있고 아무 냄새도 없기 때문이다. 그러면서도 분명히 진짜이며 플라스틱이 아니다. 해부학을 공부하면서도 해부할 시간이 없는 학문(치의학, 간호학, 언어병리학 등)에서 이런 표본은 하늘이 주신 선물이다.

글로버는 복도 아래쪽에 있는 합성수지 보존 처리실로 나를 안내했다. 그곳은 공기가 서늘했고 이상하게 생긴 육중한 통이 빼곡히 들어서 있었다. 그는 처리 과정을 설명하기 시작했다.

"먼저 시신을 씻습니다."

이 과정은 산 사람을 씻길 때와 비슷하게 이루어진다. 욕조 안에서.

"이게 시신입니다."

글로버는 욕조 안에 누워 있는 인체를 가리켰다. 굳이 말하지 않아도 그래 보였다.

그는 60대 남자였다. 콧수염과 문신이 있는데, 둘 모두 보존 처리가 끝난 뒤에도 그대로 남아 있을 것이다. 머리가 물에 잠겨 있어서 살해당한 사람 같은 충격적인 광경이었다. 또 가슴 앞부분이 나머지 몸통으로부터 분리되어 시신 곁에 따로 놓여 있었다. 마치 로마의 검투사들이 쓰는 갑옷 같아 보였다. 아니면 그렇게 보는 쪽이 마음 편하겠다고 생각한 건지도 모른다. 글로버는 "냉장고 문"처럼 열어서 그 속에 있는 장기를 볼 수 있도록, 코코란과 함께 그 부분에 경첩을 달아 제자리에 붙일 계획이라고 말했다.

(몇 달 뒤 나는 전시물들의 사진을 보았는데, 실망스럽게도 누군가가 냉장고 문이라는 아이디어를 싹둑 잘라 버린 모양이었다.)

두 번째 인체는 아세톤이 든 스테인리스 통 안에 누워 있었는데, 글로버 박사가 뚜껑을 열 때마다 처리실 안이 매니큐어 제거제 냄새로 진동했다. 아세톤은 인체 조직으로부터 물을 빨아내고 실리콘 폴리머가 주입되게 해 준다. 나는 이 사람이 과학 전시관의 좌대에 세워져 있는 광경을 상상해 보았다.

"옷을 입힐 예정인가요, 아니면 그냥 성기를 노출시킬 건가요?"
나는 어색하게 물었다.
"그냥 노출시킬 겁니다."
글로버는 대답했다. 나 말고도 이런 질문을 한 사람이 있었던 모양이다.
"그러니까, 이건 인체 구조상 완벽하게 정상적인 부분이잖아요. 정상적인 걸 감출 필요가 어디 있겠습니까?"

아세톤 통에서 나온 사체는 전신 플라스티네이션 처리조로 옮겨진다. 액화 폴리머가 가득찬 스테인리스 원통이다. 통에 연결된 진공장치가 통 안의 압력을 낮추면 아세톤이 기화하여 몸 밖으로 빠져나온다.

"아세톤이 표본에서 빠져나오면서 공간이 생겨나고, 그 공간으로 폴리머가 빨려들어갑니다."

글로버는 말했다. 그는 내게 손전등을 건네주면서 통의 제일 꼭대기에 있는 둥근 창 안을 들여다보라고 했다. 창은 우연히도 인체 구조상 완벽하게 정상적인 부분을 내려다보게 되어 있었다.

통 안에 있는 시신은 평화로워 보였다. 경찰견만 한 기니피그가 괜히 무섭게 느껴지듯, 시체가 합성수지 보존법으로 가공된다는 개념도 실제보다 더 무섭게 느껴진다. 우리는 저렇게 통 안에 가만히 누운 채 폴리머를 빨아들이며 보존 처리될 뿐이다. 폴리머 처리가 끝나면 누군가가 우릴 꺼내 유토 인형처럼 자세를 잡아 준다. 그런 다음 피부에 촉매를 문질러 발라 주면 촉매가 조직 속으로 스며들면서 경화 과정이 시작된다. 이로써 죽은 상태 그대로 영구히 보존되는 것이다. 나는 미시건 주 남동부의 장의사 딘 밀러Dean Mueller에게 합성수지 보존법으로 가공된 표본이 얼마나 오래도록 보존되는지 물어보았다. (영구보존이라는 이름의 그의 장례회사는 5만 달러라는 가격에 플라스티네이션 장례법을 제공하고 있다.) 그는 적어도 1만 년이라 대답했는데, 그 정도면 제정신인, 아니, 제정신이 아닌 사람이라 해도 관심을 가질 정도의 '영구'라 할 수 있다. 밀러는 국가의 수반들이나 (레닌이 합성수지 보존처리를 받을 수 있었다고 생각해 보라) 부유한 괴짜들을 중심으로 퍼져나갈 것으로 잔뜩 기대하고 있는데, 내가 보기에도 가능성이 있다.

나는 내 장기를 교육용 보조재로 기꺼이 기증하겠지만, 미시간이나 다른 합성수지 보존처리 실험실이 있는 주로 이사하지 않는 한 불가능하다. 내가 사랑하는 사람들에게 나를 미시간으로 운구해 주기를 부탁할 수도 있지만 그건 좀 바보 같다. 게다가 자신의 유해를 과학에 기증할 때는 자기가 원하는 처리방법을 구체적으로 요구할 수 없다. 원치 않는 처리방법만을 명시할 수 있을 뿐이다. 지난 수년간 글로버와 코코란이 합성수지 보존법으로 처리한 시신은 미시간 대학교의 기증서 양식에 "영구 보존"을 반대하지 않는다는 항목에 체크 표시를 했을 뿐, 그렇게 처리할 것을 구체적으로 요구하지는 않았다.

또 내가 생각하고 있는 이유가 한 가지 더 있다. 자신의 유해를 마음대로 하려 하는 건 거의 아무런 의미가 없다는 사실이다. 살아 있지 않으므로 그 결과를 두고 기쁨이나 이익을 느끼지 못하기 때문이다. 자신의 시신 처리 방법을 세밀하고 복잡하게 요구하는 사람들은 필시 자신이 존재하지 않을 거라는 생각을 받아들이기 힘들어서 그럴 것이다. 가족과 친구들이 자신의 시신을 갠지스 강으로 옮겨 주기를 원한다거나 자신의 시신을 미시간주로 보내 주기를 원한다는 쪽지를 남기는 행위는 세상을 떠난 후에도 영향력을 행사하려는, 즉 어떤 면에서는 여전히 이 세상에 남아 있기 위한 한 가지 방편이다. 이는 내가 떠나고 없다는 두려움과 걱정, 그리고 세상에서 벌어지는 어떤 일도 주도할 수 없을 뿐 아니라 관여할 수도 없다는 사실을 받아들일 수 없는 태도에서 비롯되는 증세가 아닐까 한다.

나는 장의사인 케빈 매케이브와 이런 이야기를 주고받았는데, 그는 시신 처리와 관련된 결정은 죽은 자가 아니라 유족들이 해야 한다고 믿고 있다며 이렇게 말했다.

"자기가 죽고 나서 어떻게 될지는 상관할 바가 아니지요."

나로서는 그 정도까지는 아니지만, 그래도 그가 말하려는 게 뭔지 충분히 이해한다. 그것은 유족들이 내키지 않거나 윤리적으로 받아들일 수 없는 일까지 할 필요는 없다는 말이다. 상실에 슬퍼하고 사랑하는 이를 떠나보내는 것만 해도 힘든 일이다. 왜 거기에다 짐을 더 지우는가? 만일 누군가가 자신의 재를 열기구에 넣어 대기권 위로 띄워 주기를 원한다면 그것도 괜찮다. 그러나 만일 그게 어떤 이유로든 부담스럽고 힘들다면 그렇게 하지 않는 게 좋을 것 같다. 매케이브의 입장은 죽은 사람보다는 가족의 바람을 더 중시해야 한다는 것이다. 시신 기증 프로그램을 운영하는 사람들도 비슷하게 생각한다. 메릴랜드 대학교 의과대학의 해부 서비스 담당 국장인 론 웨이드는 이렇게 말한다.

"자신을 **기증하려는** 아버지의 뜻에 반대하는 자녀들도 보았습니다. 그들에게 이렇게 말해 주죠. '여러분에게 최선이라 생각하는 행동을 하십시오. 그 결정을 안고 살아야 하는 사람들이 바로 여러분이니까요.'"

나는 내 어머니와 아버지 사이에서도 이런 일이 벌어지는 걸 보았다. 어렸을 때부터 기성 종교를 거부했던 아버지는 어머니에게 장례식을 치르지 말고 자신을 그냥 평범한 소나무 관에 넣어서 화장해 달라고 부탁했다. 천주교인인 어머니는 내키지 않았지만, 아버지의 뜻을 따랐다. 그리고 후회했다. 어머니가 알지도 못하는 사람들이 어머니에게 장례식을 치르지 않아 서운했다고 말하곤 했다(아버지는 동네에서 사랑받는 인물이셨다.). 어머니는 부끄럽고 비난 당하는 기분을 느꼈다. 유골함의 경우에는 더욱 불편했다. 천주교에서는 화장했다 해도 유해를 매장하도록 하고 있기 때문이기도 하고, 유골함이 집 안에 있는 게 싫기 때문이기도 했다. 아버지는 벽장 속에서 1~2년간 지내셨다. 그러던 어느 날 어머니는 우리 남매에게는 한 마디 말도 없이, 죄책감을 무릅쓰고 아버지를 랜드 장례회관으로 모시고 가서, 어머니 자신을 위해 예약해 뒀던 못자리에 유골함을 매장하게 했다. 처음에 나는 아버지 편을 들며 아버지가 분명하게 요구한 것을 존중해 주지 않았다는 이유로 화를 냈다. 나중에야 나는 아버지의 마지막 청이 어머니에게는 얼마나 커다란 짐이었을지 깨닫고 마음을 고쳐 먹었다.

만일 내가 나의 신체를 과학에 기증한다면 내 남편 에드Ed는 내가 실습실 해부대 위에 누워 있는 장면뿐 아니라 거기서 내가 겪을 모든 일까지도 상상하게 될 것이다. 그래도 상관하지 않을 사람들이 많지만, 내 남편은 산 사람이건 죽은 사람이건 몸에 대해서는 예민하게 구는 성격이다. 눈에 손을 대야 한다는 이유로 콘택트렌즈를 끼지 않겠다는 사람이니까. 수술 채널도 남편이 출장 가고 없는 날 저녁에만 보아야 했다. 2년 전 내가 하버드 두뇌은행에 들어갈까 생각하고 있다고 말했을 때 남편은 고개를 가로저으며 이렇게 대꾸했다.

"하버드대? 나는 반대."

내 시신은 남편 뜻대로 처리될 것이다(장기 기증만은 예외이다. 내가 만일 쓸만한 장기를 지닌 뇌사자가 된다면 누군가는 그걸 활용해야 한다. 남편 성격이 까다롭건 말건 내 알 바 아니다.). 만일 에드가 먼저 떠난다면 그때서야 나의 시신 기증서 양식을 작성할 수 있을 것이다.

그리고 그렇게 된다면 나는 나를 해부할 학생들이 볼 수 있도록 나의 약력을 첨부할 것이다(신체 기증자는 이렇게 할 수 있다.). 그러면 학생들은 못 쓰게 된 내 껍질을 바라보고 이렇게 말할 것이다.

"이야, 이것 좀 봐. 이 여잔 사체에 대한 책을 한 권 썼어."

그리고 가능하다면 나는 어떻게든 내 사체가 윙크하는 모습이 되게 할 것이다.

감사의 말

사체를 가지고 일하는 사람들은 전반적으로 자신이 관심의 대상이 되는 것을 좋아하지 않는다. 그들의 작업이 부정적으로 알려지면 그들의 활동이 오해받고 자금 지원이 흔들리기 십상이다. 아래에 나열하는 사람들은 내 부탁을 무시하고 거절할 온갖 이유가 있었음에도 불구하고 내 부탁을 들어준 분들이다. 말린 드마이오 중령, 존 베이커 대령, 로버트 해리스 중령의 솔직함에 경의를 보낸다. 뎁 마스, 앨버트 킹, 존 캐버노, 웨인 주립대학교 충격실험실 연구원 여러분에게는 내가 좀처럼 얻을 수 없는 기회를 준 데 대해 감사한다. 내가 어리석은 질문을 하면서 오후 내내 귀찮게 굴어도 친절하고 참을성 있게 대해 준 릭 로덴, 데니스 섀너핸,

아파드 바스, 로버트 화이트에게 감사한다.

불가능한 일들을 가능하게 도와준 샌디 완, 존 오슬리John Q. Owsley, 본 피터슨, 휴 패터슨, 그리고 내 친구 론 월리에게 감사한다. 그리고 사흘 동안 나를 참아 준 (그리고 재워 준) 수산네 위-마사크와 그녀의 가족에게 특히 고마운 마음을 전한다. 존 그린우드 John T. Greenwood, 로이 글로버, 니콜 담브로지오, 아트 댈리, 브루스 라티머Bruce Latimer, 케이 레이 총, 아리스 마크리스, 테오 마티네즈, 케빈 매케이브, 맥 맥모니글, 던컨 맥퍼슨, 신디 버, 테리 스프래커, 잭 스프링어Jack Springer, 팀 에번스, 메흐메트 오즈, 마이크 윌쉬, 론 웨이드, 멕 윈슬로Meg Winslow, 폴 이스라엘, 프레더릭 즈가비, 고든 케이, 댄 코코란, 타일러 크레스, 데니스 토빈, 메드-오 휘트슨, 돈 휠키에게 감사한다.

나에게 마티니와 함께 지지를 보내준 제프 그린월드Jeff Greenwald, 끊임없는 열의를 보여준 로라 프레이저Laura Fraser, 그리고 다른 온갖 즐거운 곳을 마다하고 여름휴가 중 사흘을 나와 함께 중국 하이커우에서 지내 준 스테프 골드Steph Gold에게 힘찬 포옹을 보낸다. 클라크Clark답게 대해준 클라크에게, 내가 더없이 우울할 때 나를 웃게 해 준 리사 마고넬리Lisa Margonelli에게, 그리고 사체에 대한 글을 쓰는 여자를 사랑해 주는 에드에게 감사한다.

이야기가 굴러가게 만들어 준 용감하고 재기 넘치는 〈살롱〉의 설립자 데이빗 탈벗David Talbot과 영리하고 굉장히 좋은 대리인 제이 만델Jay Mandel에게 특별히 감사한다. 내 편집자이자 뛰어난

시인이며 소설가인 질 비알로스키Jill Bialosky에게, 끝없는 인내와 통찰과 윤문에 대해 감사한다. 모든 작가에게 이런 편집자를 만나는 행운이 있기를 바란다.

그리고 끝으로 UM 006, H, 아무개 씨, 벤, 운동복 차림의 거구 아저씨, 그리고 40개 머리의 주인들에게 감사한다. 여러분은 죽었으나 잊히지 않았다.

〈참고문헌〉

1장. 머리를 낭비할 순 없지

〈랜싯(The Lancet)〉. "가이 병원(Guy's Hospital)." 1828-29 (2), 537-38.
———. "쿠퍼 대 웨이클리 사건(Cooper vs. Wakley)." 1828-29 (1), 353-73.
리차드슨, 루스(Richardson, Ruth). 《사망, 해부, 빈민(Death, Dissection, and the Destitute)》. 런던: Routledge & Kegan Paul, 1987년.
번즈, 제프리(Burns, Jeffrey P.) 프랭크 리어던(Frank E. Reardon) 로버트 트록(Robert D. Truog). "갓 사망한 환자를 소생처치법 교육에 활용한다(Using Newly Deceased Patients to Teach Resuscitation Procedures)." 〈뉴잉글랜드 의학저널(New England Journal of Medicine)〉 331 (24):1652-55 (1994년).
울프, 리차드(Wolfe, Richard J.). 《로버트 힝클리와 에테르를 이용한 최초 수술의 재현(Robert C. Hinckley and the Recreation of the First Operation Under Ether)》. 보스턴: 프랜시스 카운트웨이 의학도서관(Francis A. Countway Library of Medicine) 내 보스턴 의학도서관(Boston Medical Library), 1993년.
헌트, 토니(Hunt, Tony). 《중세의 수술(The Medieval Surgery)》. 로체스터: Boydell Press, 1992.

2장. 해부학과 범죄

댈리, 아더(F. Dalley, Arthur) 로버트 드리스콜(Robert E. Driscoll) 해리 세틀즈(Harry E. Settles). "통합 해부기증법 — 모든 임상 해부학자들이 알아야 하는 것들(The Uniform Anatomical Gift Act: What Every Clinical Anatomist Should Know)." 〈임상 해부학(Clinical Anatomy)〉 6:247-54 (1993년).
〈랜싯(The Lancet)〉. "인간 시체 도살자들(Human Carcass Butchers)." 사설, 1829년 1월 31일. 1828-29 (1), 562-63.
———. "해부 대상을 입수하기 위해 최근 에든버러에서 일어난 끔찍한 살인사건들(The Late Horrible Murders in Edinburgh, to Obtain Subjects for Dissection)." 〈에든버러 이브닝 쿠랑(Edinburgh Evening Courant)〉에서 발췌 수록. 1828-29 (1), 424-31.
라만, 파즐러(Rahman, Fazlur). 《이슬람 전통의 보건 및 의학 — 변화와 정체성(Health and Medicine in the Islamic Tradition: Change and Identity)》. 뉴욕: Crossroad, 1987년.
래섹, A.M.(Lassek, A.M.). 《인간해부 — 그 드라마와 고투(Human Dissection: Its Drama and Struggle)》. 일리노이 주 스프링필드: Charles C. Thomas, 1958년.
리차드슨, 루스(Richardson, Ruth). 《사망, 해부, 빈민(Death, Dissection, and the Destitute)》. 런던: Routledge & Kegan Paul, 1987년.
베를리오즈, 엑토르(Berlioz, Hector). 《엑토르 베를리오즈의 비망록(The Memoirs of Hector Berlioz)》. 데이빗 케언즈(David Cairns) 편. 런던: Victor Gollancz, 1969년.
베일리, 제임스 블레이크(Bailey, James Blake). 《어느 부활업자의 일기(The Diary of a

Resurrectionist)》. 런던: S. Sonnenschein, 1896년.

볼, 제임스 무어스(Ball, James Moores).《보따리 쌈꾼들 — 현대 부활업자들의 흥망에 대한 이야기(The Sack-'Em-Up Men: An Account of the Rise and Fall of the Modern Resurrectionists)》. 런던 에든버러: Oliver & Boyd, 1928년.

슐츠, 수잔(M. Schultz, Suzanne).《시체 들치기 — 19세기 초 미국에서 행해진 의사 교육을 위한 무덤 약탈(Body Snatching: The Robbing of Graves for the Education of Physicians in Early Nineteenth Century America)》. 노스캐롤라이나주 제퍼슨: McFarland, 1991년.

야브로, 스탠(Yarbro, Stan). "콜롬비아에서 재활용은 죽음의 사업(In Colombia, Recycling Is a Deadly Business)."〈로스앤젤레스 타임스(Los Angeles Times)〉, 1992년 4월 14일.

오니시, 노리미츠(Onishi, Norimitsu). "의과대학들, 탈레반 정권의 폐해가 치유되는 조짐 보여(Medical Schools Show First Signs of Healing from Taliban Abuse)."〈뉴욕 타임스(New York Times)〉, 2002년 7월 15일, A10면.

오르도녜즈, 후안 파블로(Ordoñez, Juan Pablo).《없애도 되는 인간은 없다 — 콜롬비아의 사회 정화, 인권, 성적 성향(No Human Being Is Disposable: Social Cleansing, Human Rights, and Sexual Orientation in Colombia)》. 콜롬비아 인권위원회(Colombia Human Rights Committee) 국제 동성애자 인권 위원회(International Gay and Lesbian Human Rights Commission) 콜롬비아의 인류의무에 관한 존엄성 프로젝트(Proyecto Dignidad por los Derechos Humanos en Colombia)의 합동보고서, 1995년.

오말리, C.D.(O'Malley, C.D.).《브뤼셀의 안드레아스 베살리우스 1514-1564(Andreas Vesalius of Brussels 1514-1564)》. 버클리 로스앤젤레스: University of California Press, 1964년.

콜, 휴버트(Cole, Hubert).《외과의사를 위한 것들 — 부활업자들의 역사(Things for the Surgeon: A History of the Resurrection Men)》. 런던: Heinemann, 1964년.

퍼소드, T.V.N.(Persaud, T.V.N.).《초기 인체 해부사 — 고대로부터 현대의 시작까지(Early History of Human Anatomy: From Antiquity to the Beginning of the Modern Era)》. 일리노이주 스프링필드: Charles C. Thomas, 1984년.

포스너, 리차드(A. Posner, Richard) 캐서린 실보(Katharine B. Silbaugh).《미국의 성 관련법 가이드(A Guide to America's Sex Laws)》. 시카고: University of Chicago Press, 1996년.

3장. 죽음 이후에 일어나는 일

메이어, 로버트(G. Mayer, Robert).《시체 보존처리술 — 역사, 이론 및 실제(Embalming: History, Theory, and Practice)》. 코네티컷 주 노워크: Appleton & Lange, 1990년.

밋포드, 제시카(Mitford, Jessica).《미국식 죽음(The American Way of Death)》. 뉴욕: Simon & Schuster, 1963년.

스트럽, 클래런스(G. Strub, Clarence) L.G. "다코" 프레더릭(L.G. "Darko" Frederick).《시신 보존처리의 원리와 실제(The Principles and Practice of Embalming)》. 제4판. 댈러스: L.G. Frederick, 1967년.

에번스, W.E.D.(Evans, W.E.D.).《죽음의 화학작용(The Chemistry of Death)》. 일리노이 주 스프

링필드: Charles C. Thomas, 1963년.

퀴글리, 크리스틴(Quigley, Christine). 《시체, 그 역사(Corpse: A History)》. 노스캐롤라이나주 제퍼슨: McFarland, 1996년.

틱낫한(Thích Nht Hanh). 《깨어있음의 기적(The Miracle of Mindfulness)》. 보스턴: Beacon Press, 1987년.

4장. 죽은 사람은 운전을 못한다

드루피, S.(Droupy, S.) 외. "인간의 음경동맥(Penile Arteries in Humans)." 〈수술 방사선 해부학(Surgical Radiologic Anatomy)〉 19:161-67 (1997년).

르 포, 르네(Le Fort, René). 《르네 르 포의 악안면 연구(The Maxillo-Facial Works of René Le Fort)》. 휴 틸슨(Hugh B. Tilson) 아더 맥피(Arthur S. McFee) 해롤드 수다(Harold P. Soudah) 편역. 휴스턴: University of Texas Dental Branch.

마티카이넨, 마디(Matikainen, Mardi). "위의 자연적 파열(Spontaneous Rupture of the Stomach)." 〈미국 수술저널(American Journal of Surgery)〉 138: 451-52.

미국 하원의 주간 및 대외 상업 위원회(U.S. House Committee on Interstate and Foreign Commerce). 《자동차 충돌시험에서 인간 사체의 활용 — 감사 및 조사 소위원회 청문회(Use of Human Cadavers in Automobile Crash Testing: Hearing Before the Subcommittee on Oversight and Investigations)》. 제95대 하원, 제2차 회기. 1978년 8월 4일.

브라운, 안젤라(K. Brown, Angela). "경찰에 따르면 한 뺑소니 희생자가 자동차 앞유리에서 사망했다(Hit-and-Run Victim Dies in Windshield, Cops Say)." 〈올랜도 센티널(Orlando Sentinel)〉, 2002년 8월 3일.

빙어, 폴(Vinger, Paul F.) 스테판 뒤마(Stefan M. Duma) 제프 크랜돌(Jeff Crandall). "눈 부상의 위험요소로 본 야구공의 강도(Baseball Hardness as a Risk Factor for Eye Injuries)." 〈안과 자료(Archives of Ophthalmology)〉 117:354-58 (1999년 3월).

세버리, 더윈(Severy, Derwyn) 편. 《제7차 스탭 자동차 충돌 협의회 의사록(The Seventh Stapp Car Crash Conference — Proceedings)》. 일리노이 주 스프링필드: Charles C. Thomas, 1963년.

슐츠, 윌리브로드(Schultz, Willibrord W.) 외. "여성의 성적 흥분과 성교 동안의 남녀 성기 MRI(Magnetic Resonance Imaging of Male and Female Genitals During Coitus and Female Sexual Arousal)." 〈브리티쉬 의학저널(British Medical Journal)〉 319:1596-1600 (1999년).

양, 클레어(Yang, Claire) 윌리엄 브래들리(William E. Bradley). "음경의 인체 척추신경 주변분포(Peripheral Distribution of the Human Dorsal Nerve of the Penis)" 〈비뇨기학 저널(Journal of Urology)〉 159:1912-17 (1998년 6월).

에드워즈, 길리언(M. Edwards, Gillian). "치명적 급성 복부팽만과 함께 나타나는 신경성 대식증 사례(Case of Bulimia Nervosa Presenting with Acute, Fatal Abdominal Distension)." 〈랜싯〉의 독자편지, 1985년 4월 6일자. 822-23.

오코넬, 헬렌(O'Connell, Helen E.) 외. "요도와 음핵 간의 해부학적 관계(Anatomical Relationship Between Urethra and Clitoris)." 〈비뇨기학 저널(Journal of Urology)〉 159:1892-97 (1998년 6월).

클레이스, H.(Claes, H.) B. 비즈네네스(B. Bijnenes) L. 배어트(L. Baert). "좌골해면체근이 발기기능에 미치는 혈역학적 영향(The Hemodynamic Influence of the Ischiocavernosus Muscles on Erectile Function)." 〈비뇨기학 저널(Journal of Urology)〉 156:986-90 (1996년 9월).

킹, 앨버트(King, Albert I.). "승객의 운동학과 충격 생체역학(Occupant Kinematics and Impact Biomechanics)." 《수송체계의 충돌 안전성 — 구조적 충격과 승객보호(Crashworthiness of Transportation Systems: Structural Impact and Occupant Protection)》에서. 네덜란드: Kluwer Academic Publishers, 1997년.

―――― 외. "부상방지에 대한 사체연구의 인도주의적 이익(Humanitarian Benefits of Cadaver Research on Injury Prevention)." 〈외상 저널(Journal of Trauma)〉 38 (4):564-69 (1995년).

패트릭, 로렌스(Patrick, Lawrence). "모의충돌에서 인체에 가해지는 힘(Forces on the Human Body in Simulated Crashes)." 《제9차 스탭 자동차 충돌 협의회 의사록 — 1965년 10월 20-21일(Proceedings of the Ninth Stapp Car Crash Conference — October 20-21, 1965)》에서. 미니애폴리스: University of Minnesota, 1966년.

――――. "안면부상 — 원인과 예방(Facial Injuries — Cause and Prevention)." 《제7차 스탭 자동차 충돌 협의회 — 의사록(The Seventh Stapp Car Crash Conference — Proceedings)》에서. 일리노이 주 스프링필드: Charles C. Thomas, 1963년.

―――― 편. 《제8차 스탭 자동차 충돌 및 현장시범 협의회(Eighth Stapp Car Crash and Field Demonstration Conference)》. 디트로이트: Wayne State University Press, 1966년.

5장. 그 비행기에선 무슨 일이 있었을까

메이슨, J.K.(Mason, J.K.) S.W. 탈턴(S.W. Tarlton). "1967년 커밋 4B 비행기 손실에 대한 의학적 조사(Medical Investigation of the Loss of the Comet 4B Aircraft, 1967)." 〈랜싯(Lancet)〉, 1969년 3월 1일, 431-34.

―――― W.J. 릴즈(W.J. Reals) 편. 《항공우주병리학(Aerospace Pathology)》. 시카고: College of American Pathologists Foundation, 1973년.

스나이더, 리차드(Snyder, Richard G.). "자유낙하에서 극한충격시 인간의 생존 가능성(Human Survivability of Extreme Impacts in Free-Fall)." 민간항공의료연구소(Civil Aeromedical Research Institute), 1963년 8월. 국립 기술정보 서비스(National Technical Information Service)가 전재, 버지니아 주 스프링필드, 간행번호 AD425412.

스나이더, 리차드(Synder, Richard G.) 클라이드 스노우(Clyde C. Snow). "극한 수면水面충격으로 유발되는 치명상(Fatal Injuries Resulting from Extreme Water Impact)." 민간항공의료연구소(Civil Aeromedical Institute), 1968년 9월. 국립 기술정보 서비스(National Technical Information Service)가 전재, 버지니아 주 스프링필드, 간행번호 AD688424.

위팅엄 경, 해롤드(Whittingham, Sir Harold) W.K. 스튜어트(W.K. Stewart) J.A. 암스트롱(J.A. Armstrong). "커밋 항공기 재난의 부상 해석(Interpretation of Injuries in the Comet Aircraft Disasters)." 〈랜싯(Lancet)〉, 1955년 6월 4일, 1135-44.

클라크, 칼(Clark, Carl) 칼 블레흐슈미트(Carl Blechschmidt) 페이 고던(Fay Gorden). "'에어스탑'

구속장치를 통한 충격보호(Impact Protection with the 'Airstop' Restraint System)." 《제8차 스탭 자동차 충돌 및 현장시범 협의회 의사록(The Eighth Stapp Car Crash and Field Demonstration Conference — Proceedings)》에서. 디트로이트: Wayne State University Press, 1966년.

6장. 죽은 사람에게 총을 쏘는 것에 대하여

괴란손, A.M.(Goranson, A.M.) D.H. 잉바르(D.H. Ingvar) F. 쿠티나(F. Kutyna). "고에너지 미사일에 의한 외상에서 대뇌가 뇌파도에 미치는 원격 효과(Remote Cerebral Effects on EEG in High-Energy Missile Trauma)." 〈외상 저널(Journal of Trauma)〉, 1988년 1월, S204.

라 가드, 루이스(La Garde, Louis A.). 《총상 — 그 발생과 합병증 및 치료(Gunshot Injuries: How They Are Inflicted, Their Complications and Treatment)》. 뉴욕: William Wood, 1916년.

마샬, 에반(Marshall, Evan P.) 에드윈 스노우(Edwin J. Snow). 《권총의 저지능력 — 결정적 연구(Handgun Stopping Power: The Definitive Study)》. 콜로라도 주 볼더: Paladin Press, 1992년.

맥퍼슨, 던컨(MacPherson, Duncan). 《총알 관통 — 부상 쇼크로 인한 정신역학 및 무력화의 도식적 분석(Bullet Penetration: Modeling the Dynamics and the Incapacitation Resulting from Wound Trauma)》. 캘리포니아 주 엘 세군도: Ballistic Publications, 1994년.

미 상원(U.S. Senate). 《제1차 팬어메리칸 의학연합 보고서(Transactions of the First Pan-American Medical Congress)》. 제53대 연합회, 제2차 회기, 제1부 5, 6, 7, 8. 1893년 9월.

버저론, D.M.(Bergeron, D.M.) 외. "파쇄형 대용품 다리를 활용한, 대인지뢰에 대한 발의 보호장구 평가(Assessment of Foot Protection Against Anti-Personnel Landmine Blast Using a Frangible Surrogate Leg)." 불발탄 포럼(UXO Forum) 2001, 2001년 4월 9-12일.

보스윙컬, 제임스(Vosswinkel, James A.) 외. "TWA 800기 공중참사에서 입은 부상의 정밀분석(Critical Analysis of Injuries Sustained in the TWA Flight 800 Midair Disaster)." 〈외상 저널(Journal of Trauma)〉 47 (4):617-21.

육군 의무사령관(Surgeon General of the Army). "L.A. 라 가드 대위의 보고서(Report of Capt. L.A. La Garde)." 전쟁부 장관에게 제출된 1893 회계연도 보고서. 워싱턴: Government Printing Office, 1893.

의학교육 및 연구를 위한 러브레이스 재단(Lovelace Foundation for Medical Education and Research). 《충격파의 직접효과에 대한 인간의 내성 평가(Estimate of Man's Tolerance to the Direct Effects of Air Blast)》. 방위 원자력 지원국(Defense Atomic Support Agency) 보고서, 1968년 10월.

존스, D. 개러스(Jones, D. Gareth). 《죽은 자들을 위한 발언 — 생물학과 의학의 사체들(Speaking for the Dead: Cadavers in Biology and Medicine)》. 영국 브룩필드: Ashgate, 2000년.

패클러, 마틴(Fackler, Martin L.). "테오도르 코허와 부상 탄도학의 학문적 기초(Theodor Kocher and the Scientific Foundation of Wound Ballistics)." 〈수술, 산 부인과(Surgery, Gynecology & Obstetrics)〉 172:153-60 (1991년).

펠런, 제임스(Phelan, James M.). "루이스 아나톨 라 가드, 미 육군 의무군단 대령(Louis Anatole La Garde, Colonel, Medical Corps, U.S. Army)." 〈육군 의료회보(Army Medical Bulletin)〉 49

(1939년 7월).

할러, 알브레흐트 폰(Haller, Albrecht von). 《동물의 감각 및 감응부위에 대한 연구보고(A Dissertation on the Sensible and Irritable Parts of Animals)》. 볼티모어: Johns Hopkins Press, 1936년.

해리스, 로버트(Harris, Robert M.) 외. 《하지말단 평가 프로그램 최종보고서(Final Report of the Lower Extremity Assessment Program (LEAP))》. 제2집, 미 육군 외과연구소 연구소(USAISR) 보고서 번호 ATC-8199, 2000년 8월.

7장. 거룩한 희생

니켈, 조(Nickell, Joe). 《토리노의 수의에 대한 평결 ― 최근의 과학적 발견(Inquest on the Shroud of Turin ― Latest Scientific Findings)》. 뉴욕 주 버팔로: Prometheus Books, 1983년.

바베, 피에르(Barbet, Pierre). 《해골산의 의사 ― 외과의사가 바라본 우리 주 예수 그리스도의 수난(A Doctor at Calvary: The Passion of Our Lord Jesus Christ as Described by a Surgeon)》. 콜로라도 주 포트 콜린스: Roman Catholic Books, 1953년.

즈가비, 프레더릭(Zugibe, Frederick T.). "다시 찾은 피에르 바베(Pierre Barbet Revisited)." 〈신돈 N.S.(Sindon N.S.)〉 Quad. No.8, 1995년 12월.

―――. "수의의 남자는 씻겨졌다(The Man of the Shroud Was Washed)." 〈신돈 N.S.(Sindon N.S.)〉 Quad. No.1, 1989년 6월.

8장. 살았을까 죽었을까

너턴, 비비안(Nutton, Vivian). "초기 르네상스 시대 의학의 영혼 해부학(The Anatomy of the Soul in Early Renaissance Medicine)." 《인간의 태아 ― 아리스토텔레스와 아라비아와 유럽의 전통(The Human Embryo: Aristotle and the Arabic and European Traditions)》에서. 데번 주 엑서터: University of Exeter Press, 1990년.

뇌사의 정의를 조사하기 위한 하버드 의과대학 임시위원회(Ad Hoc Committe of the Harvard Medical School to Examine the Definition of Brain Death). "회복 불가능한 혼수상태의 정의(A Definition of Irreversible Coma)." 〈미국 의학협회 저널(Journal of the American Medical Association)〉 205 (6): 85-90 (1968년 8월 5일).

라우쉬, J.B.(Rausch, J.B.) K.K. 크닌(K.K. Kneen). "생명의 선물을 받아들임 ― 심장이식 수혜자의 수술후 적응을 위한 과제(Accepting the Gift of Life: Heart Transplant Recipients' Post-Operative Adaptive Tasks)." 〈보건 부문 사회사업(Social Work in Health Care)〉 14 (1):47-59 (1989년).

로치, 메리(Roach, Mary). "나의 기氣 탐구(My Quest for Qi)." 〈건강(Health)〉 1997년 3월, 100-104.

맥두걸, 덩컨(Macdougall, Duncan). "영혼물질에 관한 가설(Hypothesis Concerning Soul Substance)." 독자편지, 〈미국 의학(American Medicine)〉 11(7): 395-97 (1907년 7월).

―――. "영혼물질에 관한 가설 및 그러한 물질이 존재한다는 실험적 증거(Hypothesis Concerning

Soul Substance Together with Experimental Evidence of the Existence of Such Substance)." 〈미국 의학(American Medicine)〉 II (4):240-43 (1907년 4월).

본데손, 얀(Bondeson, Jan). 《생매장(Buried Alive)》. 뉴욕: W. W. Norton & Company, 2001년.

브룬젤, B.(Brunzel, B.) A. 슈미들-몰(A. Schmidl-Mohl) G. 볼레네크(G. Wollenek). "심장 교체는 인격 교체를 의미하는가? 심장이식 환자 47명에 대한 추적조사(Does Changing the Heart Mean Changing Personality? A Retrospective Inquiry on 47 Heart Transplant Patients)." 〈생명탐구의 특성(Quality of Life Research)〉 1:251-56 (1992년).

에디슨, 토마스(Edison, Thomas A.). 《토마스 알바 에디슨의 일기와 잡다한 관찰(The Diary and Sundry Observations of Thomas Alva Edison)》. 다고버트 룬스(Dagobert D. Runes) 편. 코네티컷 주 웨스트포트: Greenwood Press, 1968년.

에번스, 와인라이트(Evans, Wainwright). "과학자들, 죽은 자들과 접촉할 기계 연구중(Scientists Research Machine to Contact the Dead)." 〈운명(Fate)〉, 1963년 4월, 38-43.

영너, 스튜어트(Youngner, Stuart J.) 외. "장기 회수의 정신사회 및 윤리적 의미(Psychosocial and Ethical Implications of Organ Retrieval)." 〈뉴잉글랜드 의학저널(New England Journal of Medicine)〉 313 (5):321-23 (1985년 8월 1일).

와이트, 로버트(Whytt, Robert). 《국왕폐하의 주치의인 의학박사 고故 로버트 와이트의 업적(The Works of Robert Whytt, M.D., Late Physician to His Majesty)》. 에든버러: 1751년.

크라프트, I.A.(Kraft, I.A.). "심장이식의 정신과적 합병증(Psychiatric Complications of Cardiac Transplantation)." 〈정신의학 세미나(Seminars in Psychiatry)〉 3:89-97 (1971년).

클라크, 오거스터스(Clarke, Augustus P.). "영혼물질에 관한 가설(Hypothesis Concerning Soul Substance)." 독자편지, 〈미국 의학(American Medicine)〉 II (5):275-76 (1907년 5월).

태블러, 제임스(Tabler, James B.) 로버트 프라이어슨(Robert L. Frierson). "심장이식 이후 성에 대한 관심(Sexual Concerns after Heart Transplantation)." 〈심장이식 저널(Journal of Heart Transplantation)〉 9 (4):397-402 (1990년 7/8월).

프렌치, R.K.(French, R.K.). 《로버트 와이트, 그 영혼, 그리고 의학(Robert Whytt, The Soul, and Medicine)》. 런던: 웰컴 의학사 연구소(Wellcome Institute of the History of Medicine), 1969년.

피어솔, 폴(Pearsall, Paul). 《심장의 암호 — 우리 심장 에너지의 지혜와 능력을 끌어내기(The Heart's Code: Tapping the Wisdom and Power of Our Heart Energy)》. 뉴욕: Broadway Books, 1998년.

히포크라테스(Hippocrates). 《인간 속의 부분들(Places in Man)》. 엘리자베스 크레익(Elizabeth M. Craik) 편역 주해. 옥스퍼드: Clarendon Press, 1998년.

9장. 머리만 하나 있으면 돼

거스리, 찰스 클로드(Guthrie, Charles Claude). 《혈관수술과 응용(Blood Vessel Surgery and Its Applications)》. 새뮤얼 하비슨(Samuel P. Harbison) 버나드 피셔(Bernard Fisher)가 거스리 박사의 생애에 대한 소개를 써서 덧붙인 재판본. 피츠버그: University of Pittsburgh Press, 1959년.

드미코프, V.P.(Demikhov, V.P.). 《중요 장기들의 실험적 이식(Experimental Transplantation of

Vital Organs)》. 뉴욕: Consultants Bureau, 1962년.

라보르드, J.-V.(Laborde, J.-V.). "단두 이후의 두뇌자극 — 희생자 두 명에 대한 새로운 실험 — 가니와 에르트방(L'excitabilité cérébrale après décapitation: nouvelle expériences sur deux suppliciés: Gagny et Heurtevent)."《과학비평(Revue Scientifique)》, 1885년 11월 28일, 673-77.

———. "단두 이후의 두뇌자극 — 희생자 한 명에 대한 새로운 생리학적 연구 — 가마위(L'excitabilité cérébrale après décapitation: nouvelle recherches physiologiques sur un supplicié (Gamahut))."《과학비평(Revue Scientifique)》, 1885년 7월, 107-12.

———. "희생자(캄피)의 머리와 몸통에 대한 실험적 연구 (Recherches expérimentales sur la tête et le corps d'un supplicié (Campi))."《과학비평(Revue Scientifique)》, 1884년 6월 21일, 777-86.

보리외(Beaurieux).《범죄인류학 자료집(Archives d'Anthropologie Criminelle)》 T. xx, 1905년.

수비랑, 앙드레(Soubiran, André).《좋은 의사 기요탱과 그의 이상한 장치(The Good Doctor Guillotin and His Strange Device)》. 맬컴 맥크로(Malcolm MacCraw) 옮김. 런던: Souvenir Press, 1964년.

아옘, G.(Hayem, G.) G. 바리에(G. Barrier). "완전빈혈이 뇌와 뇌의 각 부분에 미치는 영향, 단두 이후 수혈을 통한 연구(Effets de l'anémie totale de l'encephale et de ses diverses parties, étudies à l'aide la décapitation suivie des tranfusions de sang)."《일반생리학 및 병리학 자료집(Archives de physiologie normale et pathologique)》, 1887년 제3집, 제10권. 랜드마크 II(Landmarks II). 마이크로피쉬.

커쇼, 알리스터(Kershaw, Alister).《기요틴의 역사(A History of the Guillotine)》. 런던: John Calder, 1958년.

팔라치, 오리아나(Fallaci, Oriana). "죽은 신체와 산 두뇌(The Dead Body and the Living Brain)."《룩(Look)》 1967년 11월 28일.

화이트, 로버트(White, Robert J.) 외. "두뇌의 분리와 이식 — 이러한 고전적 모델 설계에서 수술적 해법을 강조한 역사적 관점(The Isolation and Transplantation of the Brain: An Historical Perspective Emphasizing the Surgical Solutions to the Design of These Classical Models)."《신경학 연구(Neurological Research)》 18:194-203 (1996년 6월).

——— 외. "원숭이의 두부頭部 교환 이식(Cephalic Exchange Transplantation in the Monkey)."《수술(Surgery)》 70 (1):135-39.

10장. 날 먹어 봐

간, 스탠리(Garn, Stanley M.) 월터 블럭(Walter D. Block). "식인의 영양학적 가치는 제한적(The Limited Nutritional Value of Cannibalism)."《미국의 인류학자(American Anthropologist)》 72:106.

레메리, 니콜라(Lemery, Nicholas).《화학강좌(A Course of Chymistry)》. 제4판, 프랑스어 제11판에서 옮김. 런던: A. Bell, 1720년.

로이터(Reuters). "법원, 화장장 식인자들 석방(Court Releases Crematorium Cannibals)."《이런

일 저런 일(Oddly Enough)〉난에서. 2002년 5월 6일.
―――. "손님들, 인육만두를 맛있게 먹어(Diners Loved Human-Flesh Dumplings)." 〈애리조나 리퍼블릭(Arizona Republic)〉, 1991년 3월 30일.
로치, 메리(Roach, Mary). "개를 볶지(산책시키지) 마시라(Don't Wok the Dog)." 〈캘리포니아 (California)〉, 1990년 1월, 18-22.
―――. "요즘은 왜 부종을 앓는 사람이 없을까?(Why Doesn't Anyone Have Dropsy Anymore?)" Salon.com, 1999년 7월 2일.
르 페브르, 니콜라(Le Fèbre, Nicolas). 《화학 총람(A Compleat Body of Chymistry)》. 《화학 실습 (Traicté de la chymie, 1664년)》의 번역. 뉴욕: 리덱스 마이크로프린트(Readex Microprint), 1981년. 랜드마크 II 시리즈. 마이크로오파크.
리, 태너힐(Tannahil, Reay). 《살과 피(Flesh and Blood)》. 뉴욕 주 브라이어클리프 마노어: Stein & Day, 1975년.
리드, 버나드(Read, Bernard E.). 《본초강목 ― 동물약(Chinese Materia Medica: Animal Drugs)》. 리스전李時珍의 《본초강목本草綱目》에서, A.D. 1597년. 타이베이: Southern Materials Center, 1976년.
리베라, 디에고(Rivera, Diego). 《내 예술, 내 인생 ― 자서전(My Art, My Life: An Autobiography)》. 리프린트. 뉴욕 주 미니올라: Dover, 1991년.
번스타인, 애덤(Bernstein, Adam M.) 해리 쿠(Harry P Koo) 데이빗 블룸(David A. Bloom). "트렌델렌부르크 체위를 넘어: 프리드리히 트렌델렌부르크의 삶과 그가 외과에 남긴 업적들(Beyond the Trendelenburg Position: Friedrich Trendelenburg's Life and Surgical Contributions)." 〈수술(Surgery)〉 126 (1):78-82.
샤르마, 요자나(Sharma, Yojana) 그레이엄 허칭스(Graham Hutchings). "중국인들의 식용 태아 거래 적발(Chinese Trade in Human Foetuses for Consumption Is Uncovered)." 〈데일리 텔리그라프(Daily Telegraph)〉 런던, 1995년 4월 13일.
우턴, A.C.(Wootton, A.C.). 《약학 연대기(Chronicles of Pharmacy)》. 런던: Macmillan, 1910년.
웨일런스, 스탠리(Walens, Stanley) 로이 와그너(Roy Wagner). "'식인의 영양학적 가치는 제한적' 이라는 글에 대한 논평(Comment on 'The Limited Nutritional Value of Cannibalism')." 〈미국의 인류학(American Anthropologist)〉 73:269-70 (1971년).
정이鄭義(Zheng, I.). 《홍색기념비紅色記念碑 ― 현대 중국의 식인 이야기(Scarlet Memorial: Tales of Cannibalism in Modern China)》 T.P. 심(T.P. Sym) 옮김. 콜로라도 주 볼더: Westview Press, 1996년.
총, 케이 레이(Chong, Key Ray). 《중국의 식인(Cannibalism in China)》. 뉴 햄프셔 주 웨이크필드: Longwood Academic, 1990년.
키보키언, 잭(Kevorkian, Jack). "인간의 사후수혈(Transfusion of Postmortem Human Blood)." 〈미국 임상병리학 저널(American Journal of Clinical Pathology)〉 35 (5):413-19 (1961년 5월).
톰슨, C.J.S.(Thompson, C.J.S.). 《약제사의 비법과 기술(The Mysteries and Art of the Apothecary)》. 필라델피아: J.B. Lippincott, 1929년.

페터스, 헤르만(Peters, Hermann). 《그림으로 보는 고대 약학사(Pictorial History of Ancient Pharmacy).》윌리엄 네터(William Netter) 옮김 개정. 시카고: G. P. Engelhard, 1889년.
페트로프, B.A.(Petrov, B.A.). "사체의 혈액 수혈(Transfusions of Cadaver Blood)." 〈수술(Surgery)〉 46 (4):651-55 (1959년 10월).
포메, 피에르(Pomet, Pierre). 《약물총사(A Compleat History of Druggs)》 제2집 제1권:《동물약(Of Animals)》. 제3판. 런던, 1737년.
해리스, 마빈(Harris, Marvin). 《먹기 좋아(Good to Eat)》. 뉴욕: Simon & Schuster, 1985년.

11장. 불길 밖으로, 퇴비통 안으로

밀스, 앨런(Mills, Allan). "수은과 화장장 굴뚝(Mercury and Crematorium Chimneys)." 〈자연(Nature)〉 346:615 (1990년 8월 16일).
오번 산 (매사추세츠 주) 공원묘원(Mount Auburn Cemetery) 스크랩북 I, 제5쪽. "시신 처리 — 매장과 화장에 대한 개선안(Disposing of Corpses: Improvements Suggested on Burial and Cremation)." 제호를 알 수 없는 신문 기사, 1888년 4월 18일.
프로테로, 스티븐(Prothero, Stephen). 《불에 의한 정화 — 미국의 화장사(Purified by Fire: A History of Cremation in America)》. 버클리 로스앤젤레스: University of California Press, 2001년.

12장. 나의 유해

국제합동통신사(United Press International). "보스턴의 의학대학, 해골 기근 우려 — 플라스틱 모형은 그저 쓸만한 수준(Boston Med Schools Fear Skeleton Pinch: Plastic Facsimiles Are Just Passable)." 〈시카고 트리뷴(Chicago Tribune)〉, 1986년 6월 15일. 최종판.
오로키, 이모젠(O'Rorke, Imogen). "피부 없는 경이 — 가죽 벗긴 시체 전시회, 대중은 갈채하나 도의적 분개도 일으켜(Skinless Wonders: An Exhibition of Flayed Corpses Has Been Greeted with Popular Acclaim and Moral Indignation)." 〈옵저버(The Observer)〉 (런던), 2001년 5월 20일.

죽음 이후 남겨진 몸의 새로운 삶
죽은 몸은 과학이 된다

초판 1쇄 발행 2025년 9월 25일

지은이	메리 로치
옮긴이	권루시안
펴낸이	최현준

편집	강서윤, 홍지회
디자인	김소영, 홍민지

펴낸곳	빌리버튼
출판등록	2022년 7월 27일 제 2016-000361호
주소	서울시 마포구 월드컵로 10길 28, 201호
전화	02-338-9271
팩스	02-338-9272
메일	contents@billybutton.co.kr
ISBN	979-11-92999-89-0 (03470)

· 이 책은 저작권법에 따라 보호를 받는 저작물이므로 무단전재와 무단복제를 금합니다.
· 이 책의 내용을 사용하려면 반드시 저작권자와 빌리버튼의 서면 동의를 받아야 합니다.
· 책값은 뒤표지에 있습니다. 파본은 구입하신 서점에서 교환해 드립니다.
· 빌리버튼은 여러분의 소중한 이야기를 기다리고 있습니다.
  아이디어나 원고가 있으시면 언제든지 메일(contents@billybutton.co.kr)로 보내주세요.